T0139773

Basistexte Geographie

Herausgegeben von
Martin Coy, Anton Escher
und Eberhard Rothfuß

Band 2

Peter Dirksmeier / Mathis Stock (Hg.)

Urbanität

Franz Steiner Verlag

Bibliografische Information der Deutschen Nationalbibliothek:
Die Deutsche Nationalbibliothek verzeichnet diese Publikation in der Deutschen
Nationalbibliografie; detaillierte bibliografische Daten sind im Internet über
<http://dnb.d-nb.de> abrufbar.

© Franz Steiner Verlag, Stuttgart 2020
Layout und Herstellung durch den Verlag
Druck: Druckerei Steinmeier GmbH & Co. KG, Deiningen
Gedruckt auf säurefreiem, alterungsbeständigem Papier.
Printed in Germany.
ISBN 978-3-515-12410-2

INHALT

IV. ZU EINER THEORIE DES URBANEN

URBANITÄT UND GEOGRAFIE[1]

Peter Dirksmeier / Mathis Stock

Ur|ba|ni|tät *f.* nur Sg.
1. weltmännische Gewandtheit und Höflichkeit
2. städt. Leben, städt. Lebensform[2]

I.

Urbanität ist zweifellos ein bedeutsamer Aspekt in der modernen Stadt- und Sozialgeografie. Viele Forschungsthemen und Forschungsarbeiten in der Humangeografie zielen auf Sachverhalte, die im weitesten Sinne mit Urbanität gefasst werden können. Einführende Vorlesungen und Seminare in die Stadtgeografie kommen nicht ohne eine vertiefte Diskussion des Konzepts aus und erscheinen unvollständig, wenn auf eine solche Begriffserörterung verzichtet wird. Allerdings blieb die Semantik der Urbanität in der deutschsprachigen Humangeografie lange Zeit seltsam nebulös und unbestimmt. Mit Urbanität wird fächerübergreifend das der Stadt anhaftende Unterscheidende in Bezug auf andere Siedlungsformen bezeichnet. Die Idee scheint jedoch in der deutschsprachigen Humangeografie keine nachvollziehbare Begriffsgeschichte aufzuweisen, oder sie gibt diese nicht einfach preis. Es finden sich keine klassischen, vielzitierten Vorträge oder Aufsätze und das Verständnis des Begriffs verharrt letztlich auf der häufig bemühten Common-Sense-Formel einer urbanen Lebensweise, Lebensform oder Gesamtheit großstädtischer Sozialformen. Diese unterschiedlichen sozialen Ausprägungen sind letztlich kontingent und beinhalten je nach Perspektive oder wissenschaftlicher Tradition verschiedenes, wie z.B. kulturelle Diversität, tolerante Geisteshaltungen, Sekundärgruppenbildung, ein Höchstmaß an Arbeitsteilung und Spezialisierung, Individualisierung, Heterogenität, strukturelle Fremdheit, Dichte oder eine große Bevölkerungszahl.

Urbanität ist jedoch in jüngerer Zeit als ein kapitelfüllendes Thema in grundlegende Lehrbücher der Geografie eingegangen. Zu nennen sind etwa die Beiträge von Ilse Helbrecht zu „Urbanität und Ruralität" in dem von Julia Lossau, Tim Freytag und Roland Lippuner herausgegebenen Band *Schlüsselbegriffe der Kultur- und Sozialgeographie* (2014) oder das Kapitel „Stadt und Urbanität" von Ludger Basten

1 Die Herausgeber danken Ilse Helbrecht und Benno Werlen sehr herzlich für ihre kritisch-konstruktive Lektüre sowie hilfreiche Hinweise und Einwände zu einer früheren Version dieser Einleitung.

2 Eintrag Brockhaus, Online unter: https://brockhaus.de/dict/#/search/brockhaus-rechtschreibung
-de-de?q=Urbanit%C3%A4t (03.12.2019).

und Ulrike Gerhardt in dem im Jahr 2016 erschienenen Lehrbuch *Humangeographie kompakt*. Beide Beiträge nutzen zur Begriffsannäherung unter anderem den in diesem Band in deutscher Übersetzung abgedruckten und vielzitierten Aufsatz *Urbanism as a Way of Life* des deutsch-amerikanischen Soziologen Louis Wirth. Dies zeigt letztlich den Grad der Verwurzelung geografischer Stadtforschung in den Gesellschaftswissenschaften an, den insbesondere Elisabeth Lichtenberger hervorgehoben hat (LICHTENBERGER 1998).

Wie die an den Anfang gestellte Definition aus dem *Brockhaus* zeigt, herrschen zwei Bedeutungen von Urbanität in der deutschen Sprache vor. Lange wurde das Wort im Sinne des lateinischen „urbanus" und „urbanitas" – höflich, weltmännisch, geistreich, gewandt, großstädtische Lebensart – als Gegensatz zu „rusticitas" für Charakteristika von *Personen* benutzt (SONNE 2014), selbst in wissenschaftlichen Texten von Historikerinnen und Historikern oder Soziologinnen und Soziologen, seltener jedoch von Geografinnen und Geografen. SONNE (2014: 14) rekonstruiert die Begriffsgeschichte von der Antike bis heute als „Geschichte der zunehmenden Ausdifferenzierung und der schrittweisen Bewusstwerdung zusätzlicher Facetten dessen, was das positiv konnotierte Städtische ausmacht". Der zweite Aspekt der Urbanität als Attribut von Orten oder von städtischen Gesellschaften wird erst seit den 1970er-Jahren benutzt. Es hat also ein Bedeutungswandel stattgefunden, dessen wir uns bewusst werden sollten. Interessanterweise gibt es im französischsprachigen wissenschaftlichen Diskurs den Begriff „citadinité" (Städterhaftigkeit), der als individuelle Aneignung und individueller Bezug zum Städtischen von „urbanité" als Charakteristik des Stadtraums unterschieden wird (LUSSAULT 2013; BIGO & SÉCHET 2016). Der Neologismus „citadinité" wurde – soweit uns nach Auswertung des online-Zeitschriftenarchivs www.persee.fr bekannt – 1962 von Pierre Bourdieu in seinem Aufsatz *Célibat et condition paysanne* eingeführt, jedoch in der Bedeutung dessen, was heute mit Urbanität bezeichnet würde, nämlich die Qualität des Städtischen inmitten einer ländlichen Gegend, die durch das Sprechen von Französisch anstatt des Béarnais indiziert wird. Diese Wahl eines Neologismus durch Bourdieu könnte daher rühren, dass der Begriff „urbanité" für das Weltmännische reserviert war und ein Begriff nottat, der zwar das Urbane unterstreicht, jedoch nicht als weltmännisches Verhalten gelten konnte. In der Folge wurde er vor allem für Forschungen über typische Urbanität arabischer Städte gebraucht (siehe LUSSAULT & SIGNOLES 1996). Seitdem hat sich die Bedeutung des Begriffs „citadinité" gewandelt, um nunmehr individuelle Aneignungen des Städterseins von Zuschreibungen von städtischen Qualitäten zu unterscheiden. Man erkennt folglich eine Veränderung im Gebrauch der Semantiken: Urbanität wandelt sich vom Individuellen zum Räumlichen während Städterhaftigkeit sich vom Sozialen zum Individuellen wandelt.

In dieser Veränderung des Begriffsgebrauchs liegt der Grund, dass nicht von der Existenz einer sogenannten Stadtgeografie auf deren gleichzeitige Problematisierung von Urbanität geschlossen werden darf. Wenn man die frühe Entwicklung der Stadtgeografie hin zu einer geografischen Stadtforschung (LICHTENBERGER 1998) skizziert, fallen zwei Elemente auf: Stadt war für Geografinnen und Geografen zunächst ein Standortproblem, kein Urbanitätsproblem. Es existieren zwar frühe Texte von Elisée Reclus zu *The Evolution of Cities* (1895), Otto Schlüters *Bemerkungen zur Siedlungsgeographie* (1899) oder Friedrich Ratzels *Geographische Lage der grossen Städte* (1903) – interessanterweise im gleichen Buch[3] erschienen wie Georg Simmels *Die Großstädte und das Geistesleben* (in diesem Band). Der Begriff der Urbanität spielt in diesen frühen geografischen Arbeiten jedoch keine Rolle. Die geografischen Stadtforschungen, die insbesondere in Deutschland Anfang des 20. Jahrhunderts entstanden, stellen vielmehr überwiegend landeskundlich-ganzheitliche Beschreibungen von kleineren und mittleren deutschen Städten ohne theoretischen Anspruch dar (MICHEL 2016).

Neuere Forschungen zur Geschichte der deutschsprachigen Stadtgeografie lassen drei Gründe als plausibel dafür erscheinen, dass Stadt und Urbanität dem geografischen Zeitgeist Ende des 19. und Anfang des 20. Jahrhunderts entweder kein Thema waren oder zumindest als unwichtige, wenn nicht als verdächtige oder gar schädliche Gegenstände erschienen. Erstens zeigte sich in der Geografie wie in den Nachbarwissenschaften ein Kulturpessimismus, der die Großstadt als Grund für die antizipierten, in der nahen Zukunft liegenden gesellschaftlichen und bevölkerungspolitischen Probleme ansah. Die Großstadt wurde als pathologische Erscheinung einer aufgrund der Industrialisierung aus dem Takt der Natur gerissenen und modernistischen Gesellschaft betrachtet und nicht als ein spannendes, exotisches und pressierendes Spielfeld für empirische Sozialforschung, wie dies die Stadtforscherinnen und Stadtforscher der Chicago School, und mit ihnen Louis Wirth, kurze Zeit später taten (LINDNER 1990). Vielmehr differenzieren sich am Ende des 19. und zu Anfang des 20. Jahrhunderts unterschiedliche Spielarten einer kulturpessimistischen Großstadtkritik heraus, die deutlich verschiedener sind, als die häufig vorgenommene Reduzierung dieser Missbilligung auf die Schlagworte „Antimodernität", „völkisches Gedankengut" und „Kulturkritik" suggeriert (LEES 1979). Gleichzeitig mit der antimodernistischen Großstadtfeindlichkeit finden sich Intellektuelle unterschiedlichster Provenienz, die prononcierte Antworten auf die modernistischen Herausforderungen zu finden suchten, welche die Großstadt stellte. Die Idee war, Großstadtleben, mithin Urbanität, mit den Bedürfnissen der Menschen in der Großstadt zu versöhnen (ebd.). In dieser anti-kulturpessimistischen Tradition stehen die Essays von Georg Simmel und Louis Wirth in diesem Band. Dagegen zeichneten die überwiegenden Arbeiten in der deutschsprachigen Geografie, insbesondere der Weimarer Zeit, einen dezidierten großstadtfeindlichen Kulturpessimismus aus, der sich zwischen den Pfeilern des Antiparlamentarismus, der Agrarromantik und des Antisemitismus aufspannte und jegliche wissenschaftlichneutrale Auseinandersetzung mit der Großstadt und Urbanität von vornherein desavouierte (KOST 1989). Demnach war die Großstadt kein Forschungsgegenstand der Geografie, sondern ihr Feindbild: „In diesem Zusammenhang gilt die Großstadt als unorganisch, als ‚Reich des Bösen', dem die agrarisch-dörfliche Gemeinschaft als Idealbild entgegengestellt wird" (ebd., 161). Diese kulturpessimistische Ideologie ist ein erster zentraler Grund, warum die deutschsprachige Geografie heute

---

3   Jahrbuch der Gehe-Stiftung Dresden, hrsg. von TH. PETERMANN, Bd. 9, 1903, Dresden.

nicht mit einem wegweisenden Beitrag zur Urbanität aus dieser Zeit aufwarten kann.

Ein zweites wesentliches Argument der Absenz von Urbanität in der frühen deutschsprachigen Geografie liegt in der historischen Situation des Deutschen Reiches am Ende des 19. Jahrhunderts. Die Reichsgründung verlangte nach einer dezidierten „Erfindung" der deutschen Nation als souveränem Staat. Wie Benedict Anderson betont, bedarf es hierzu unter anderem einer Vorstellung von Souveränität als die Formel, die aufgrund der mit der Nationswerdung fehlenden Ableitung einer innerstaatlichen Hierarchie und Ordnung von Gott die damit neu entstehende Pluralität organisiert (ANDERSON 2016). Mythen und Imaginationen sind wesentliche Hilfsmittel dieser Regelung von Pluralität als integralem Bestandteil der Nationserfindung. Zudem musste für den deutschen Fall eine extreme Hierarchie zwischen den Klassen und Schichten der Gesellschaft nivelliert werden, um überhaupt erst eine nationale Gemeinsamkeit zu stiften (ELIAS 1990). Für die Herausbildung des Deutschen Reiches war in diesem Zusammenhang unter anderem die deutsche Kleinstadt ein wichtiger Fixpunkt, um gemeinsame deutsche Werte und Bilder zu imaginieren, wie Joshua Hagen herausstellt. „Images of small towns assumed a central role in a newly forming German national iconography. The medieval walled town, in particular, represented a close-knit classless community of citizens bound together by tradition, civic pride, and the need for common defense" (HAGEN 2004: 208). Die deutsche Kleinstadt firmiert als Synekdoche für die sich herausbildende neue deutsche Nation. Urbanität und Modernität oder auch nur eine gesteigerte soziokulturelle Pluralität in den neu sich herausbildenden Großstädten erscheint vor diesem Hintergrund als hinderlich. Deutschsprachige Geografinnen und Geografen ignorieren folglich diese Thematik und analysieren vielmehr intensiv ländliche Lebensweisen oder dörfliche Bauformen im Deutschen Reich.

Drittens verbindet sich spätestens nach 1918 die geografische Großstadtkritik mit einem neuen Antisemitismus, der insbesondere aus der Landschaftskunde stammend Urbanität eng an das Judentum koppelte (MICHEL 2014). Die moderne Großstadt erscheint in dieser Interpretation als die räumliche Manifestation der Moderne und internalisiert eine „pluralistische Urbanität" (SCHLÖR 2005: 143), die als wenig erstrebenswert angesehen wurde. Wesentlich ist dieser Urbanität ein neues Moment, das als Experimentieren „mit Modellen der Anerkennung von Differenz" (ebd.) beschreibbar ist. In Deutschland waren die urbanen, bürgerlichen Juden ein wichtiger Teil dieses Experiments, sowohl als Experimentatoren als auch als Differenzkategorie. In der deutschsprachigen Geografie führte dies dazu, dass die Großstadt mit ähnlichen binären Oppositionen, Begriffen und Metaphern beschrieben wurde wie das Judentum (MICHEL 2014) und die Figur des urbanen Juden als Personifizierung der rationalen, modernistischen und kühl kalkulierenden Gesellschaft gezeichnet wurde (MICHEL 2018). Urbanität beruhte daher zu einem nicht unwesentlichen Teil auf jüdisch-großstädtischem Leben. In dieser Tatsache liegt die Verwandtschaft von Großstadtfeindschaft und Antisemitismus begründet (SCHLÖR 2005). Der Sozialpsychologe Gordon Allport geht noch einen Schritt weiter und sieht die Koinzidenz von Großstadtfeindschaft und Antisemitismus darin begründet, dass die Figur des Juden als ein generelles Symbol für das negativ konnotierte großstädtische Leben schlechthin diente (ALLPORT 1954). Insbesondere die deutschsprachige Geografie der Weimarer Zeit sah hier eine Gefahr in der Urbanität, die letztlich „Entwurzelung und Wurzellosigkeit des Großstadtmenschen" (MICHEL 2014: 198) bedeutete, wie auch Juden als entwurzelte, zumindest keinen Boden besitzende Menschen gezeichnet wurden.

Vor diesem Hintergrund dauerte es bis in die 1960er-Jahre bis Urbanität als Forschungsgegenstand der Geografie prominent gemacht wurde. Der Wendepunkt einer Entideologisierung der Urbanität in der (west)deutschen Geografie kann mit Erich Otrembas Festvortrag auf dem Deutschen Geographentag 1967 in Bad Godesberg datiert werden, in dem der Kölner Wirtschaftsgeograf eine forschungsthematische Hinwendung der Anthropogeografie zum weltweiten Urbanisierungsprozess forderte, deren Endpunkt er mit Urbanität als ideologiefreiem Bestimmungsort der Durchsetzung des „Geistes" und „Wesens" der Stadt in sämtlichen Räumen der Erde bezeichnete (OTREMBA 1969). Mit den Arbeiten der Münchner Schule der Sozialgeografie nimmt Urbanität in der Dualität von Urbanität und Urbanisierung eine statische Funktion ein, wenngleich sie „produziert" ist, und treibt den Prozess der Urbanisierung, verstanden als die Ausbreitung der Urbanität, an. Hierfür wesentlich ist ein „Urbanitätsgefälle" (MAIER et al. 1977: 57), das quasi ausgeglichen wird im Verlauf der modernen Gesellschaftsentwicklung. Gemeinden und Kleinstädte im ländlichen Raum, die überwiegend von Arbeiterinnen und Arbeitern sowie Bäuerinnen und Bauern bewohnt werden, weisen mehrheitlich eine Innenorientierung in ihren Verhaltensweisen auf, dagegen zeigt die Bevölkerung in stärker urbanisierten Gemeinden eine deutlichere Außenorientierung mit großen Reichweiten (ebd.). Urbanität korreliert in dieser Konzeption der Münchner Schule mit Weltoffenheit und liberalen Werten. Seit den 1990er-Jahren gehört die Frage der Urbanität in der deutschsprachigen Geografie zu den wichtigen Themen, vor allem in Diskursen um die postmoderne Stadt, der gentrifizierten Stadt, der Aufwertung der Innenstädte und der Back-to-the-city-Bewegung. Werlen (2002) fasst diese Entwicklung als Übergang von einem Fokus auf physisch-materielle Aspekte hin zur Fragestellung der symbolischen Aspekte und der Konstitutionsmodi des Städtischen zusammen.

Im 21. Jahrhundert haben sich die Vorzeichen grundlegend gewandelt. Längst ist Urbanität ein fester Bestandteil des geografischen Begriffskanons. Die Art und Weise des Umgangs mit dem Begriff hat sich jedoch geändert. Erstens kann Urbanität nicht mehr nur in den Städten festgestellt werden, sondern auch in den Vorstädten, auf dem Land, in den Bergen oder an den Stränden. Urbanität wird also nicht mehr auf Stadt als einzige territoriale Form des Urbanen, sondern auf verschiedene traditionell als ländlich klassifizierte Räume gewendet (AMIN & THRIFT 2002). Das Städtische ist die entscheidende Denkfigur in einer Theorie, in der *Stadt* als spezifische territoriale Form einer Spielart des Städtischen vorkommt (SCHMID 2006). Unter die Oberkategorie „städtische Orte" werden vielfältige Ausprägungen des Städtischen subsumiert. Die Internet-Revolution bringt Überlegungen über „splintering urbanism" (GRAHAM & MARVIN 2001) und das Verschwinden des Städtischen in einem virtuellen Cyberspace (MITCHELL 1999) hervor, aber auch der Säuberung der Städte von Unerwünschten, z.B. Wohnungslosen, für die Don

Mitchell (1997) den Ausdruck „annihilation of space by law" prägt, werden prominent. Letztlich können tradierte Deutungen der Unterscheidung von Stadt und Land, Großstadt und Kleinstadt oder Stadt und Tourismusresort als eine hierarchische Komplementarität angesehen werden, wobei „Stadt" die jeweils anderen Kategorien übergreift und damit erst mit einer Bedeutung versieht (DIRKSMEIER 2016).

Zweitens kommt der Frage der Praktiken als *doing the urban* herausragende Bedeutung zu, wenn die Emergenz städtisch geprägter Orte aus traditionell ländlich geprägten Lokalitäten heraus erforscht werden soll. Werlen (2002: 212) stellt in diesem Sinne das Städtische als „Summe beabsichtigter und unbeabsichtigter Handlungsfolgen" dar. Nicht nur Stadt ist durch Urbanität charakterisiert, sondern auch alle anderen bekannten Ortstypen urbanisieren sich, und zwar aus Urbanisierungsprozessen heraus, die einerseits mit Zentralität (Zentralisierung) und Emergenz von öffentlichem Raum und andererseits mit Verdichtung und Diversifikation zu tun haben. Die Aktanten dieses Prozesses sind sowohl politische, ökonomische, rechtliche, materielle, technologische und biophysische Elemente als auch Alltagshandeln und dessen kulturelle und symbolische Verweisungen. Wenn, und das ist eine zentrale Einsicht, auf der einen Seite Urbanisierungsprozesse rekonstruierbar sind, dann können auf der anderen Seite auch Desurbanisierungsprozesse beobachtet werden (STOCK & LUCAS 2012): Verödung der Innenstädte durch Suburbanisierung, Verwahrlosung bestimmter Quartiere wie die New Yorker Bronx durch Robert Moses' Aktionen in den 1950er-Jahren, US-amerikanische „Subprime-Viertel" der Finanzkrise von 2008, aus der Mode gekommene Tourismusorte, zum Beispiel die britischen Seebäder seit den 1960er-Jahren mit der aufkommenden Konkurrenz des Mittelmeers als Destination oder die alpinen Brachen in den Alpen (DIENER et al. 2006), *shrinking cities* wie Detroit oder Eisenhüttenstadt aufgrund wirtschaftlichem Strukturwandel, Dialektik von Metropolisierung und Schwächung der Mittelstädte usw.

Drittens laufen diese Prozesse der Urbanisierung in der Gegenwart auf der ganzen Erde als eine Form der Lefebvreschen *urbanisation planétaire* (LEFEBVRE 2000) ab, die neue Aufmerksamkeit erhält. Urbanisierung und Globalisierung hängen eng zusammen, nicht nur als Global Cities und „globale Zentralitäten" (SASSEN 1993), sondern auch als globale Industrialisierung, globale Touristifizierung, globale Digitalisierung, globale Entruralisierung, globale Materialflüsse, *global sourcing* oder globales Abzweigen von Finanzflüssen in Steuerparadiese. Diese globale Urbanisierung ist zwar auch kultureller, sozialer und politischer Art, sie ist jedoch ganz entscheidend an die Wirtschaftsform des Kapitalismus gebunden, der in seiner gegenwärtigen Form als globaler Kapitalismus alle Wirtschaftszweige in seine Expansion einbezieht. Wie dies David Harvey ausdrückt, gibt es im Kapitalismus einen „insatiable drive to resolve its inner crisis tendencies by geographical expansion and geographical restructuring" (HARVEY 2001: 24). Jedoch, und dies ist entscheidend, sind die daraus entstehenden Ortsqualitäten und -bezüge ungleich und nicht uniform oder homogen: touristische Urbanität ist nicht mit ländlicher oder metropolitaner Urbanität identisch. Die Forschungsrichtung des *comparative urbanism* widmet sich in jüngster Zeit diesen lokalen Ausprägungen des Urbanen in unterschiedlichen Gesellschaften (NIJMAN 2007).

Die Metropole wird in den Forschungen als ambivalent herausgestellt; der höchste Grad von Urbanität wird sowohl positiv als auch negativ konnotiert, zwischen Städtelob und -hass oszillierend, wo ambivalente Urbanisierungs- und Desurbanisierungsprozesse ablaufen. Einerseits Sehnsuchtsort (*Topophilia*), ein Möglichkeitsraum, in dem soziale Mobilität anhand von Karrierechancen denkbar ist, wo Geschäftsfelder sich öffnen, wo Ideen kreiert werden, wo ökonomische Chancen möglich sind, wo spezifische städtische Kulturen der Kunst, der Sexualität, der Geselligkeit und des Kosmopolitanen in der Andersartigkeit nicht nur ausgehalten, sondern gefeiert werden, wo der Mensch als Individuum die größten Spielräume hat. Die positiv konnotierte großstädtische Lebensart ist die entscheidende *geographical imagination* sowohl für die sogenannte *creative class* als Arbeits- und Wohnort als auch als Tourismusdestination (STOCK 2019). Damit wird die Stadt zum Ort der Individualisierung, d.h. der Autonomie des Individuums (Beitrag von Ilse Helbrecht in diesem Band), der in sogenannten spätmodernen Gesellschaften ein vorherrschender Wert geworden ist. Andererseits ist die Metropole Angstort (*Topophobia*), in der Urbanität als dichte Heterogenität häufig negativ bewertet wird. Die Konfrontation mit dem „Anderen", die nun in den Alltag einzieht (NASSEHI 1999), die ökonomisch begrenzten Möglichkeiten der Mehrheit aufgrund eines enormen Preisgefälles im Bodenmarkt – Stichwort „Mietenwahnsinn" und Gentrifizierung –, die Vereinsamung, Kriminalität oder soziale Ungleichheit sind Beispiele dieses Misstrauens. Diese Ambivalenz ist nicht neu: Lob und Hass auf die Metropole lagen immer nahe beieinander (SALOMON-CAVIN & MARCHAND 2010).

Die ausgewählten Beiträge in diesem Band zeichnen zunächst die geschichtliche Entwicklung des Begriffs der Urbanität in der geografischen Stadtforschung nach. Unser Ziel ist es dabei, den deutschen Diskurs mit in diesem Band erstmals ins Deutsche übersetzten französischen Arbeiten und englischsprachigen Werken in einen Dialog zu bringen. In ihrer Zusammenschau leiten diese drei Diskurse gleichsam zu einem Nachdenken über relationale und positiv-ambivalente Urbanitätsvorstellungen über, die sich nicht zwischen den Polen des Verschwindens des Sachverhaltes Urbanität, wie Edgar Salin (in diesem Band) dies postuliert und dem Auflösen im Ubiquitären nach Henri Lefebvre (in diesem Band) aufreiben, sondern vielmehr Urbanitätssituationen in der globalen Welt analytisch-begrifflich in den Blick nehmen können.

Wichtige Erkenntnisse, die in der deutschsprachigen Debatte bisher unberücksichtigt bleiben, liefert dabei die historische Entwicklung des französischsprachigen Diskurses. Hier geht zunächst die Schule um Vidal de la Blache auf Distanz zu allem Städtischen. Die Stadt als Standortproblem wurde in klassischer Manier ähnlich wie bei Ratzel (1903) über die geografische Lage und deren Standortfaktoren verhandelt. Die Monografien französischer Geografen – die Studie Raoul Blanchards (1911) über *Grenoble, étude de géographie urbaine* spielt dabei die paradigmatische Rolle – gehen vorübergehend in diese Richtung. Albert Demangeon (1948) spricht von der touristifizierten Côte d'Azur als „glückliche Städte" und erahnt gleichermaßen eine durch Tourismus bestimmte Urbanität. Chabot (1948) fasst im bemerkenswerten Band *Les villes* den damaligen Forschungsstand zusammen, der sich eher auf städtische Funktionen denn auf Urbanität fokussiert. Dem Problem der Urbanität am nächsten kommt wahrscheinlich Maximilien Sorre, der ein „genre de vie urbain", eine urbane Lebensform, analysiert. Sogar der Begriff Urbanität taucht bei ihm auf: „Befreit von den Zwängen des Klimas ist die urbane Lebensform mehr von einer sozialen und ökonomischen Organisation abhängig. Die Städte könnten ohne diese nicht leben, sei es auch nur, weil sie vom wirtschaftlichen Standpunkt Konsumenten sind. Schließlich schafft die Teilnahme an einem Leben von weitgespannten Beziehungen eine Atmosphäre, für die die Worte Höflichkeit und Urbanität geprägt wurden" (SORRE 1948: 199–200, *unsere Übersetzung*).[4]

Als Meilenstein des deutschsprachigen Diskurses – auch auf wissenschaftstheoretischer Ebene – kann Walter Christallers (1933) Studie *Zentrale Orte in Süddeutschland* bezeichnet werden, wenn sie nicht aus der Perspektive der Standorttheorie gelesen wird. Denn dort findet sich die Zentralität als definierendes Element von Stadt. Nicht nur wird die Stadt als „Mittelpunkt ihrer ländlichen Umgebung und *Vermittlerin* des Lokalverkehrs mit der Außenwelt" (CHRISTALLER 1933: 23) angesehen, sondern ebenfalls die Geografie in die sozialtheoretische Position der verstehenden Soziologie nach Max Weber eingebunden (WERLEN 1988). Man könnte diese Frage der Zentralität als erste geografische Annäherung an Urbanität begreifen, indem eine relationale Perspektive auf die Qualität des Städtischen, d.h. als definiert durch Zentralisierung und Konzentration der Interaktionen mit dem Umland, konstruiert wird.[5]

Die deutschsprachige Geografie vollzieht seit den 1970er-Jahren diesen Wandel von einer Wissenschaft der Erde als Landschafts- und Länderkunde oder der von Gesellschaft unabhängigen Raumstrukturen und -faktoren, hin zu einer Sozialwissenschaft, in der Gesellschaft und Individuum in ihren jeweiligen und vielschichtigen räumlichen Dimensionen das Forschungsobjekt darstellen. Damit wandelt sich auch die humangeografische Perspektive auf das Städtische: nicht mehr nur Standortproblem, sondern auch die Qualität des Städtischen inklusive der symbolischen Zuschreibungen werden als Forschungsobjekt einer geografischen Stadtforschung (LICHTENBERGER 1998) konstruiert. Mit dieser (Selbst)Eingliederung in die Sozialwissenschaften kommen neue Fragestellungen auf, welche die klassischen soziologischen aber auch anthropologischen Ansätze als Basis für geografische Forschungen ansehen. Unser Erkenntnisinteresse hat sich gewandelt und damit der Blick auf die Leistungen und Grenzen der früheren Geografie.

Die ausgewählten Beiträge sind in vier Abschnitte gegliedert, die jeweils deutschsprachige, englischsprachige und französischsprachige Beiträge nebenein-

---

4   „Libéré des servitudes du climat, le genre de vie urbain est plus dépendant à l'égard d'une organisation sociale et économique complexe. Les villes ne sauraient vivre sans elle, ne serait-ce que parce qu'elles sont au point de vue économique des consommatrices. Enfin la participation à une vie de relations étendue crée cette atmosphère pour laquelle ont été faits les mots de civilité et d'urbanité."

5   Die raumwissenschaftliche Reinterpretation ab den 1950er-Jahren mit ihrer strukturalistischen Sicht auf geometrische Regelmäßigkeiten ließ die Frage der relationalen Urbanität jedoch wieder vergessen (WERLEN 2002).

anderstellen. Diese dialogische Struktur erlaubt, die geschichtliche Entwicklung der Idee der Urbanität in den unterschiedlichen Kontexten anhand von Schlüsselwerken genau so darzustellen wie die verschiedenen Konzeptionen Urbanitätssituationen in einer globalisierten Welt. Mit der Auswahl der Texte verbindet sich die Hoffnung, die Mannigfaltigkeit des Urbanitätskonzepts in drei unterschiedlichen Wissenschaftskulturen aufzuzeigen, deren Texte hier teilweise in Erst- oder Neuübersetzung vorliegen. Dies bietet Dozentinnen und Dozenten wie Studentinnen und Studenten der Humangeografie eine Gelegenheit, neue Einblicke und Zusammenhänge aus unterschiedlichen zeitlichen Epochen wie national verfassten Diskursen zu erarbeiten, die ohne die Zusammenschau in dieser Anthologie in dieser Breite nicht möglich wären. Die Schwierigkeiten des angemessenen Verständnisses sollten jedoch nicht unterschätzt werden, da die Übersetzungen nur semantische Äquivalenzen schaffen, spezielle konzeptuelle Denotationen jedoch nicht immer transportieren können. Die dreisprachige Bibliographie am Ende des Bandes rundet diese Handreichung ab.

Das erste Kapitel eröffnet der Aufsatz *Die Großstädte und das Geistesleben*. Dem Text zugrunde liegt der im deutschen Sprachraum wohl berühmteste Vortrag zur Urbanität, in dem gleichwohl der Begriff selbst nicht vorkommt, von dem Berliner Philosophen und Soziologen Georg Simmel (1858–1918) aus dem Jahre 1903. Georg Simmel verbindet in diesem Text in vorher nicht gekannter Weise urbane Lebensweisen und Besonderheiten mit den neuen Bedingungen einer funktional und sozial differenzierten modernen und auf Geldwirtschaft aufruhenden kapitalistischen Gesellschaft (MICHEL 2016). Er skizziert eine sachliche Kultur der Großstadt, in der das Verhalten der Urbaniten geradezu reduziert auf das Spielen funktional differenzierter Rollen erscheint (DOEVENDANS & SCHRAM 2005), in denen sie in objektiver kühl-rationaler Weise miteinander interagieren (HARVEY 1990). Georg Simmel beschreibt damit in Grundzügen einen heute noch aktuellen Begriff der Urbanität.

Der sich anschließende Beitrag *Urbanität als Lebensweise* des deutsch-amerikanischen Soziologen Louis Wirth (1897–1952) ist die zweite wichtige Referenz des Urbanitätsbegriffs in der Geografie. Louis Wirth denkt Urbanität ausgehend von einer großen, dicht zusammenlebenden Bevölkerung, die primär eine stärkere individuelle Variation und damit Heterogenität bedeutet. Dies geht einher mit Dichte, sowohl an Individuen als auch an Kontakten. Die Individuen sind demnach gezwungen, Teile ihrer eigenen Individualität Gruppeninteressen unterzuordnen, die wiederum wesentlich sind, damit sich individuelle Interessen in der Großstadt überhaupt Gehör verschaffen können. Louis Wirth sieht damit Urbanität als diejenige Lebensweise an, die sich an diese skizzierten Bedingungen von Größe, Dichte und Heterogenität anzupassen weiß. Der Aufsatz zur Urbanität von Louis Wirth ist heute erste Referenz neben dem Vortrag von Georg Simmel, wenn in der geografischen Stadtforschung mit dem Urbanitätsbegriff gearbeitet wird. Er liegt hier in einer Neuübersetzung vor.

Der dritte Text des ersten Abschnitts des Anthropologen Paul-Henry Chombart de Lauwe (1913–1999) entstammt dem französischen Diskurs und nähert sich Fragen der Urbanität über die Modifizierungen des sozialen Stadtraums durch Eingriffe der industriellen Zivilisation an. Dabei benutzt er das forschungsleitende Konzept *Sozialraum* als multidimensional gedacht zwischen Materialität, sozialer Prägung und symbolischer Dimensionen als Repräsentation oder Wertung. Aus der Sozialmorphologie des Anthropologen Maurice Halbwachs kommend – die sich den räumlichen Formen der Vergesellschaftung annahm – führt er diesen Ansatz durch konsequente Anwendung des Raumkonzeptes weiter. Chombart de Lauwes Arbeiten basieren auf der Grundthese, dass die industrielle Zivilisation den Stadtraum durch den technischen und ökonomischen Zuschnitt des Raums zerstöre.

Der zweite Abschnitt beginnt mit dem Vortrag *Urbanität* des deutschen Ökonomen und Schülers von Alfred Weber, Edgar Salin (1892–1974), den dieser vor dem Deutschen Städtetag im Jahr 1960 gehalten hat. Edgar Salin steht wie kein zweiter deutscher Intellektueller für die „Frage nach der politischen Bedeutung von Urbanität für die gesellschaftliche Entwicklung" (HELBRECHT 2014: 177). Mit dessen Arbeiten zur Urbanität verbindet sich das Postulat einer Unmöglichkeit, Urbanität über „richtiges" Bauen herzustellen. Salin ist der Verfechter einer Urbanität als gentiler Lebensform. Seine Arbeiten, die zeitlebens „die Verbindung von Theorie und Praxis […] im Sinne der ‚politischen Ökonomie'" (SCHÖNHÄRL 2013: 47) zum Ziel hatten, können daher nur zu dem Ergebnis kommen, dass mit der Herrschaft des Nationalsozialismus ein „Absterben der Urbanität" (ebd. 63) in Deutschland einherging.

Demgegenüber vertritt Melvin Webber (1920–2006) in seinem Beitrag *Der urbane Ort und die nicht-verortete urbane Domäne,* der als Auszug erstmalig in deutscher Übersetzung abgedruckt ist, eine liberalere Position zur Urbanität. Melvin Webber war ein US-amerikanischer Planer und Planungswissenschaftler aus Kalifornien (USA), der vor allem in den 1960er-Jahren prägend war. Seine Hauptthese ist, was man *geografische Pluralisierung* nennen könnte, die ein Verschwimmen der Urbanität mit sich bringt. Nach Webber kommt es vor allem durch die berufliche Differenzierung zu Ausdifferenzierungen der verschiedenen geografischen *domains*, in denen die Individuen ihre Praktiken lokalisieren (WEBBER 1964). Diese Einbettung in eine Vielzahl von Orten als Charakteristik des Prozesses der geografischen Pluralisierung und Ausdifferenzierung der Individuen, die sowohl in ortsgebundenen als auch in ortsungebundenen Gemeinschaften agieren, sorgt für die Ausbildung von *urban realms*, urbanen Domänen, die nicht mehr an lokale Orte wie die Stadt gebunden sind. Urbanität wird in dieser Sichtweise durch soziale Interaktionen generiert, nicht durch urbane Morphologie. Das Urbane wird, so die These, ortlos.

Der dritte Beitrag im zweiten Abschnitt rundet die Einführung in die Urbanitätskonzepte mit Arbeiten des marxistischen französischen Philosophen und Stadtsoziologen Henri Lefebvre (1901–1991) ab, der heutzutage zu den großen Theoretikern des Urbanen gezählt wird. Zum Thema der Urbanität schreibt Lefebvre innerhalb von sieben Jahren sechs Bücher: *Le droit à la ville 1* (1968), *Du rural à l'urbain* (1970), *La révolution urbaine* (1970), *La pensée marxiste et la ville* (1972), *Espace et politique. Le droit à la ville 2* (1973) und *La production de l'espace* (1974). Weder davor noch danach wird die Frage der Urbanität in seinem Werk aufgeworfen, mit der er in seinen Studien in Land- und Agrarsoziologie konfrontiert wird. Die Hauptthese von Henri Lefebvre lautet, dass das Urbane an die Stelle der Stadt tritt und sich das Städtische auf verschiedenen Maßstabsebenen re-konfiguriert. Der Prozess der Urbanisierung erfasst die gesamte (Welt-)Gesellschaft durch das Auseinanderbrechen oder Platzen (*éclatement*) der Stadt, ausgelöst wiederum durch die industrielle Revolution. Die Wirkmacht von Lefebvres dialektischem Denken spiegelt sich in seiner prozessualen Herangehensweise an Urbanität, in der das Statische systematisch dynamisiert wird. Lefebvres Verständnis von Zentralität als dynamische Emergenz und Form ist für die Humangeografie besonders interessant, da Letztere bis dato ein globales, statisches Verständnis von sogenannten zentralen Orten konstruiert hat.

Der folgende dritte Abschnitt stellt, aufbauend auf den bisher präsentierten sechs klassischen Studien, unser Angebot an die Leserinnen und Leser dar, weiterführende Wege und Perspektiven zu verfolgen, um mit dem Begriff der Urbanität zu arbeiten. Wir stellen mittels fünf ausgewählter Texte fünf Perspektiven zur Diskussion, die Orientierungspunkte für die weitere Forschung liefern und gleichzeitig weitere bedeutsame Themengebiete des Urbanitätsdiskurses erschließen. Die von uns vorgeschlagenen Perspektiven auf Urbanität sind *Zivilisierung* (ein Text von Peter Gleichmann), *Individualisierung* (ein Text von Ilse Helbrecht), *Globalisierung* (ein Text von Saskia Sassen), *Digitalisierung* (ein Text von Boris Beaude und Nicolas Nova) und *Kulturalisierung* (ein Text von Augustin Berque).

Peter Gleichmann (1932–2006) war ein deutscher Soziologe, dessen Perspektive auf Urbanität von dem zentralen Begriff „Zivilisierung" im Sinne der Theorie zum Prozess der Zivilisation von Norbert Elias (1997) geprägt wurde. Gleichmanns Text aus dem Jahr 1976, *Wandel der Wohnverhältnisse, Verhäuslichung der Vitalfunktionen, Verstädterung und siedlungsräumliche Gestaltungsmacht*, erschließt sich im Kontext der Rezeption der Theorie des Zivilisationsprozesses, die Fragen der Zivilisierung, d.h. Fremd- und Selbstkontrolle von Affekten, Emotionen und körperlichen Bedürfnissen aufwirft. Die Stadt kann demnach als Ort beschrieben werden, in dem die „Verhäuslichung von Vitalfunktionen" (GLEICHMANN 1976) charakteristisch für das zivilisierte gesellschaftliche Leben ist. Der Text ist für das Problem der Urbanität deshalb von großer Bedeutung, weil damit die Frage der gesellschaftlichen Zivilisierung mit Urbanität in zweierlei Weise verflochten wird. Einerseits wirkt Urbanität auf gesellschaftliche Entwicklung durch die Vorhaltung von technischen Mitteln zur Fremd- und Selbstkontrolle. Andererseits bedingen die wandelnden gesellschaftlichen Normen die Art und Weise wie Urbanität gelebt wird.

Die Perspektive der Individualisierung auf Urbanität nimmt dezidiert der Aufsatz *Sokrates, die Stadt und der Tod – Individualisierung durch Urbanisierung* der Kultur- und Sozialgeografin Ilse Helbrecht (*1964) ein. Sie sieht die Stadt als eine Gradmesserin für Gesellschaft an. Der wesentliche gegenwärtige wie zukünftige gesellschaftliche Prozess ist für sie die Individualisierung. Der Aufsatz entwirft ein Verständnis von postindustrieller Urbanität, das sich an die Zukunft wendet und Wege urbanen Wandels aufzeigen will. Die erfolgreiche, postindustrielle und postmoderne Metropole ist in diesem Sinne der Brutplatz durchgesetzter Individualisierung als die bevorzugte Vergesellschaftungsweise in einer postindustriellen Urbanität. Ilse Helbrechts Beitrag liefert so einen Brückenschlag zu weiteren sozial- und stadtgeografischen Problemfeldern wie der Singularisierung, dem demografischen Wandel oder der Gentrifizierung, die sich über Helbrechts stringente Argumentation in den Kontext von Urbanität einordnen lassen.

Die Perspektive der Globalisierung ruft die US-amerikanische Soziologin Saskia Sassen (*1947) in ihrem Beitrag *Global City: Internationale Verflechtungen und ihre innerstädtischen Effekte* auf. Sie liefert die wenig schmeichelhafte Diagnose einer zunehmenden ökonomischen Polarisierung, die sich auf das Engste mit Urbanität verbindet. Für Sassen ist dieser Wandlungsprozess wesentlich für die Etablierung „eines neuen ökonomischen Regimes" (1993: 83). Urbanität als die räumliche Organisation eines ökonomischen Polarisierungsprozesses wird somit zu einem Kernaspekt der Reorganisierung des globalen Städtesystems im Kontext der Globalisierung. Mit Sassen ließe sich Urbanität als die spezifische räumliche Situation der wechselseitigen Verschränkung einer Vielzahl an Firmen und Organisationen auffassen, die zusammen einen Komplex aus Steuerungsdienstleistungen bilden und in dieser speziellen Kombinatorik auf die Stadt als räumliche Verdichtung von Gelegenheitsstrukturen angewiesen sind, die im weitesten Sinne mit Rudolf Stichweh als „Interaktionsverdichtungen" (STICHWEH 2000: 202) zu beschreiben ist.

In der Perspektive der Digitalisierung von Urbanität stehen die Texte von Boris Beaude (*1973), einem französischen Geografen, der die Räumlichkeit des Internets und der digitalen Revolution erforscht. In seinen Arbeiten geht es weniger darum, den Cyberspace als immateriellen Raum und abgekoppeltes Universum wie noch in der einschlägigen Literatur der 1990er-Jahre, oder als digitale Territorien in Smart Cities oder als digitale Geografien im Sinne des Geowebs zu sehen, sondern das Internet als räumliche Technik zu thematisieren, die neue Raumbezüge und -praktiken herstellt. Nach Beaude (2014; 2015a; 2015b) stellt das Internet Ort her, d.h. Kontakt und Koexistenz, und zwar durch die Annullierung von Distanz. Neben einer Synchronisierung der Kommunikation, so die These, aktivieren digitale Technologien auch eine *Synchorisierung* – nach dem Griechischen: *chôros* (Ort) –, eine Produktion von Ort, ein *place-making*. Digitalität produziert demnach Urbanität durch die elektronischen Spuren der Bewohner, die empirisch und methodologisch von den Urban Studies benutzt werden können, einerseits als Material für neue Stadtbilder und kartografische Visualisierungen, andererseits als Fokus auf Individuen als Hauptakteure der Emergenz des Städtischen.

Die Perspektive der kulturellen Differenzierung wird vom französischen Geografen Augustin Berque (*1942) vertreten, der sich mit der *japanischen Urbanität* auseinandersetzt, sowohl in materieller morphologischer als auch symbolischer Hinsicht. Er schlägt eine auf Phänomenologie basierende Kulturgeografie vor, die mit neuen Begriffen versucht, die symbolischen Dimensionen auf bio-physische Elemente zurückzubinden. Damit führt Berque die geografischen Milieuanalysen weiter in Richtung der menschlichen Milieus, und zwar als *Geografizität*: „wodurch die Erde menschlich und die Menschheit erdhaft ist" (BERQUE 2000: 13). Für Berque ist zentral, dass sowohl die biophysische Basis als auch die symbolische Dimension *gleichermaßen* in den Blick kommt, und nicht, wie in Ansätzen der Repräsentation nur die symbolische Dimension. Urbanität ist folglich ein ökologisch-technisch-symbolisches Problem, was er anhand der Frage der Nachhaltigkeit des Städtischen diskutiert (BERQUE et al. 2006; BERQUE 2010).

Der vierte Abschnitt der Anthologie ist zugleich ihr Fazit. Die zwei Texte sind als Zusammenfassungen einer Theorie moderner Urbanität zu lesen und bieten einen Ausblick auf Forschungen zum Themengebiet des Urbanen, die in naher Zukunft noch auf uns warten. Christian Schmid (*1958), dessen Text *Netzwerke – Grenzen – Differenzen: Auf dem Weg zu einer Theorie des Urbanen* hier abgedruckt wird, ist ein Schweizer Geograf, der bei Benno Werlen promovierte. Seine Arbeit setzt sich zum Ziel, Henri Lefebvres Raum- und Stadttheorie für die Analyse der zeitgenössischen urbanen Bedingungen in Wert zu setzen, einerseits als Einbindung des Raum- und Urbanitätsproblems in eine Gesellschaftstheorie und andererseits systematisch Urbanitäten in allen möglichen Konfigurationen aufzudecken: seien es Metropolen, die Schweizer Alpen, die Ozeane, die Straßen Afrikas, die Regenwälder Brasiliens usw. Damit wird Lefebvres These der vollständigen Urbanisierung der Erde als Möglichkeit auf eine empirische Basis gestellt.

Jacques Lévy (*1952) ist ein französischer Geograf, der Stadt als *Raumtechnik* versteht, als Mittel zur Annullierung der Distanz, aber auch als spezifischen Raum, der durch das Gefüge von Dichte und Heterogenität geprägt ist. Er denkt das Urbane als Gradienten des Städtischen. Eng an Lefebvre angelehnt zieht Lévy daraus die Konsequenzen: Man kann Urbanität auf verschiedenen Maßstabsebenen und in unterschiedlichen Qualitäten antreffen. Jacques Lévy (1994; 1999; 2008) entwirft ein Modell, in dem die unterschiedlichen Ausprägungen des Städtischen als Geotypen aufgezeigt werden, in die strukturelle Kopplung von Heterogenität und Dichte das Definiens sind. Die Stadt ist bei Lévy wie bei Lefebvre sowohl ein relationaler Raum, der als geografisches Forschungsobjekt konstruiert werden kann – „la ville est *d'abord* un objet spatial" (1996: 113, kursiv im Original) – als auch eine räumliche Technik, die Distanzen annulliert. Lévy unterscheidet dabei zwischen *a priori-* und *a posteriori-Urbanität*, in der Letztere als eine Aneignung von Urbanität und Erstere ein sozialwissenschaftliches Maß von Urbanität darstellt.

II.

In ihrer Zusammenschau verdeutlichen die vorgestellten Texte, dass wir es im Fall der Urbanität mit einem genuinen Grundbegriff zu tun haben, der einer ausführlichen Einführung für das weitere Studium der Geografie verdient, wie es der vorliegende Band versucht. Urbanität ist wesentlich sowohl für stadtsoziologisches Nachdenken über die Eigenheiten urbaner Sozialität als auch für die Sozial- und Stadtgeografie und ihrer Erkundungen des Besonderen im Urbanen. Urbanität als ein geografischer Grundbegriff weist eine zentrale Bedeutung für das theoriegeleitete wissenschaftliche Beobachten des genuin Städtischen auf. Dies wird umso dringlicher, da allenthalben bereits seit Beginn des dritten Millenniums von einem „Zeitalter der Städte"[6] gesprochen wird. Die dreizehn hier versammelten Beiträge

---

6   So etwa der Titel einer Konferenzreihe der Alfred Herrhausen Gesellschaft in Zusammenarbeit

exemplifizieren auf je spezifische Eigenart dieses grundlegende Postulat und verdeutlichen dessen Aktualität. Ausgehend von dem Vortrag von Georg Simmel, der
die besonderen Auswirkungen des städtischen Lebens und seiner Rahmenbedin-
gungen auf die Menschen formuliert und damit eine Tradition der sozialwissenschaftlichen Auseinandersetzung mit dem Phänomen Urbanität angestoßen hat, bis
hin zu den Operationalisierungen von Urbanität in ihren denkbaren Spielarten, die
Jacques Lévy in seinen Arbeiten vornimmt, schlagen die Texte einen Bogen, der
grundsätzliche Themen und Perspektiven, die sich mit Urbanität verbinden, in ihrer
Breite subsumiert.

Urbanität ist ein Grundbegriff auf einem hohen Abstraktionsniveau bzw. auf
einer hohen Syntheseebene. Damit verbindet sich auf der einen Seite ein deutliches
Maß an Varianz in Bezug auf mögliche Definitionen und Begriffsbildungen. Auf
der anderen Seite abstrahiert der Begriff von lokalen Unterschieden und wirkt damit im besten Sinne modellhaft. Mit Max Weber lässt sich ein solcher idealtypi-
scher Begriff als „einseitige Steigerung eines oder einiger Gesichtspunkte" (WE-
BER 1968: 191) definieren. Der Grundbegriff nimmt folglich die Stellung eines
Werkzeugs ein, das nach einem reflektierten Umgang verlangt. Er sollte keinesfalls
mit dem empirischen Phänomen verwechselt werden, das er beschreibt. Die Distanz zwischen dem Konzept und der erfassten Empirie sollte in jedem Fall sichtbar
bleiben. Die Definition kann sowohl Elemente in extenso – woraus besteht er? – als
auch teleologisch – zu welchem Zweck kann er benutzt werden? – beinhalten.

Urbanität ist ein *relationaler* Begriff im Sinne von Ernst Cassirer, d. h. im Gegensatz zum *Substanzbegriff* ein *Ordnungsbegriff*, der Relationen zwischen Phänomenen herstellt. Wie die Lektüre der in diesem Band versammelten Texte deutlich
hervorhebt, kann die Semantik der Urbanität erst in der Verknüpfung von unterschiedlichen Elementen wie Dichte, Heterogenität, Individualisierung, strukturelle
Fremdheit, Anonymität oder Öffentlichkeit und öffentliche Räume hergestellt und
beobachtet werden. Das Aufkommen des Begriffs der Urbanität ist folglich eine
Diagnose gesellschaftlicher Veränderungen, die dieses Konzept zur Beobachtung
und Beschreibung der Besonderheiten des Lebens in den Großstädten als notwendig erscheinen lassen. Gleichzeitig verdeutlicht dieser Begriff, dass es um *Zuschreibungen* von städtischen Qualitäten geht und gerade nicht um essentialistisch ge-
dachte Raumkategorien, wie etwa die Unterscheidung Stadt und Land suggeriert.
Die Aufsätze und Exzerpte des Bandes fokussieren demnach entweder auf einen
dieser verschiedenen Elemente, die Urbanität aufbauen, oder sie umreißen das Phänomen in all seiner Besonderheit als Ganzes.

*Damit verbinden sich zwei wesentliche Fragen, deren Beantwortung diese Ein-
leitung beschließen soll. Wie kann eine moderne, die oben angeführten Aspekte
aufnehmende Definition von Urbanität aussehen? Und welche Leistungen kann ein
sozialwissenschaftliches Konzept dieses Namens überhaupt erfüllen?*

mit dem Cities Programme an der London School of Economics and Political Science, die in-
tendierte und unintendierte Folgen des globalen städtischen Wachstums mit einem breiten Pu-
blikum aus Politik, Wissenschaft und Zivilgesellschaft diskutiert (https://www.archplus.net/
home/urban-age/ (18.04.2019)).

Definitionen von Urbanität sind vielfältig und müssen sich dem Problem stellen, dass jede wissenschaftliche Disziplin sich ihr auf spezifische Weise nähert. Beispielsweise fragt die Soziologie in Weberscher Tradition nach der Gesellschaft der Stadt, Verbünden, Institutionen oder Ungleichheiten, die sich in ihr räumlich manifestieren. Die klassische Geografie war eher an dem Ort der Stadt interessiert, an ihrer Lage im Raum und den Faktoren, die zu ihrer Entstehung beitrugen. Die Sozialpsychologie schließlich widmet sich dem möglichen Erleben in der Stadt, das nur hier denkbar ist (MIEG 2013). Die Stadtanthropologie legt Ethnografien von Städten oder Quartieren an (HANNERZ 1980; LINDNER 1990). Gleichzeitig gab es einen Schub in Richtung *Urban Studies* als neuem wissenschaftlichen Feld, in dem die Disziplinen weniger ausdifferenziert sind und mehr im Austausch stehen. Dies hat auch Auswirkungen auf den Begriff der Urbanität, der mehr denn je Elemente aus den verschiedenen Disziplinen vereinigt. Im Folgenden soll versucht werden, Urbanität einerseits als Problem für ein transdisziplinäres Feld der *Urban Studies* zu definieren und andererseits die geografischen Zugänge zu spezifizieren.

In einem ersten Schritt stellt sich die Frage, ob Urbanität als räumliche Dimension des Gesellschaftlichen definiert werden kann oder ob Urbanität nicht nur räumliche, sondern auch soziale, individuelle, zeitliche und symbolische Dimensionen hat. Unser Vorschlag zielt dahin, Urbanität als eine semantische Subsumption und Scharfstellung dieser disziplinären Verschiedenheit aufzufassen, die als Grundbegriff die Aufmerksamkeit auf spezifische Problemlagen innerhalb des semantischen Feldes der Urbanisierung fokussiert. Die Geografie als wissenschaftliche Disziplin ist in besonderem Maße von diesem Begriff berührt, sieht sie es doch als ihre Hauptaufgabe, die räumlichen Dimensionen von menschlichen Gesellschaften zu verstehen und zu erklären. Der Begriff der Urbanität spielt dabei selbstredend eine wichtige Rolle, da die räumliche Ordnung der Gesellschaft ganz wesentlich von urbanen Orten in ihrer Spezifik geprägt ist. Aus geografischer Sicht bedeutet dies, die räumlichen Ko-Konstitutionen und Rekonfigurationen von Urbanität zu problematisieren, ohne jedoch die weiteren Dimensionen aus dem Blick zu verlieren.

In einem zweiten Schritt stellt sich die Frage, wie man nun Urbanität im geografischen Sinne definieren kann. Und warum sollte sich die geografische Stadtforschung eine spezifische Begrifflichkeit geben, eine Begrifflichkeit, die zwar an andere Disziplinen der Sozialwissenschaften anschlussfähig ist, aber dennoch das spezifisch Geografische der Urbanität herausarbeitet? Aus unserer Perspektive bestehen gute Gründe, eine Begriffsbestimmung der Urbanität stärker in einem geografischen Sinne räumlich aufzuladen: *Urbanität erscheint in dieser stärker sozialwissenschaftlich geprägten Tradition als ein durch Praktiken hergestelltes Phänomen aus den Bestandteilen des öffentlichen Raumes, der Zentralität, Dichte, Heterogenität (inklusive deren symbolischen Dimensionen) sowie den spezifischen Umgangsformen und Verhaltensweisen, die dieses Gefüge evozieren und deren produktive Verarbeitung dem Individuum zum Vorteil gereicht. Das heißt, Urbanität kann ultimativ als durch das Bewohnen von Raum generiert definiert werden.* Sowohl als Zuschreibung von räumlichen Qualitäten als auch als Raumbezüge kann Urbanität in folgender Art und Weise benutzt werden:

– Als Instrument für die Rekonstruktion städtischer Eigenschaften für alle territorialen Formen, nicht nur für Städte. Es besteht daher die Möglichkeit, gesellschaftliche Unterschiede anhand eines Urbanitätsgradienten zu operationalisie-
ren (MAIER et al. 1977), von infra-urban bis meta-urban (LÉVY 1994; 1999).
Im Sinne eines *global urbanism* lassen sich partikularistische und lokal spezifische Formen dieser Gradienten für komparative Studien in Wert setzen.

– Als Eigenschaften des bewohnbaren und bewohnten Raums, in dem der öffentliche Raum als Ort des öffentlichen Artikulierens, Ort der Freiheit, aber auch
„Ort der Zumutung" (GUSY 2009) konstitutiv ist. Damit kommt in einem pra-
xistheoretischen Zugang der Frage der Praktiken als *doing the urban* herausragende Bedeutung zu, wenn die Emergenz städtisch geprägter Orte aus traditionell ländlich geprägten Orten erforscht werden soll. Die Stadt erscheint sowohl
als Produkt und Ort der Handlung. Die „Praxis der Weltbindung" (WERLEN
1996: 110) ist in der Gegenwartsgesellschaft eng an Urbanität gekoppelt.

– Als Zentralität stellt Stadt einen Raum dar, der Distanzen annulliert, der Dichte
sowie Heterogenität produziert und der mittels Handel (*global sourcing*) die
Welt in die Stadt holt. Damit ist der zentrale Ort im Foucaultschen Sinne eine
räumliche Technik, die Kopräsenz erlaubt und Vorteile aus ihr generiert.

– In Bezug auf das Städtische lassen sich diese Raumsemantiken als „eine bestimmte Erwartungshaltung an die Räumlichkeit eines Ortes" (REDEPENNING
2019: 317) auffassen, d.h. die Orte sind nicht *an sich* städtisch, sondern werden
anhand von Diskurs und Praxis bewertet. Die resultierenden individuellen und
kollektiven Zuschreibungen des Städtischen sind wiederum Ausdruck einer relationalen Auffassung von Urbanität. Urbanität als Begriff und Repräsentation
wird immer auch in den Diskurs eingespeist.

– Als Kapital kann Urbanität auf zwei Ebenen eingesetzt werden: einerseits auf
der Ebene der Stadt als Idee eines urbanen Kapitals (HARVEY 1990; LUSS-
AULT 2007), das sowohl in seiner materiellen als auch symbolischen Dimension zum Einsatz kommt. Andererseits auf der Ebene der Individuen: Im spezifischen Zusammenspiel von ökonomischem, sozialem, kulturellem und symbo-
lischem Kapital entsteht auf den Bezug zum Städtischen gewendet ein räumliches Kapital von Städtern (LÉVY 1994) oder ein residenzielles Kapital (DIRKS-
MEIER 2009), d.h. eine spezifisch räumliche Ressource, die in einer Situation
eingesetzt werden kann.

Diese Vielgestaltigkeit macht deutlich, dass eine abschließende Definition der Urbanität eine unrealistische Vorstellung ist. Der Begriff kann nur angenähert werden.
So wie die Stadt eine dynamische, im steten Wandel begriffene Entität ist, so wandelt sich die Urbanität mit. Eine solche Vorstellung von Urbanität lässt sich aus
Walter Benjamins *Erkenntniskritischer Vorrede* aus dem Jahr 1928 ableiten (BEN-
JAMIN 2007). Benjamin entwickelt in diesem Aufsatz einen Begriff der Idee, der
viele Parallelen mit Urbanität aufweist. Die Idee ist für Benjamin eine Konfiguration an dinglichen Elementen. Indem sich die Dinge wechselseitig zuordnen lassen,
werden die Ideen der Menschen überhaupt erst erfahrbar (ebd.). Nach Benjamin
sind die Ideen selbst nur über Begriffe als „Zuordnung dinglicher Elemente"
(ebd. 139) zu erfassen. Die Idee lässt sich also nur in einer Konfiguration von Be-

griffen erkennen, wobei die Idee im eigentlichen Sinne nicht erreicht oder eingeholt werden kann. Sie bleibt eine Konstellation.

In diesem Gedanken von Walter Benjamin liegt eine Parallele zum Verhältnis von Stadt und Urbanität. Urbanität lässt sich im benjaminschen Sinne als eine Konfiguration begreifen. Sie stellt ein Arrangement von Menschen, Institutionen und gebauter Umwelt dar. Urbanität bedeutet eine Form der Emergenz, die als benjaminsche Konfiguration Neues erlaubt in Form von neuen Zuständen oder neuer Interpretationen. Benjamin beschreibt das Verhältnis der beteiligten Dinge zu den Ideen analog zu dem Verhältnis von Sternbildern zu Sternen. „Die Ideen verhalten sich zu den Dingen, wie die Sternbilder zu den Sternen" (ebd. 139). Übertragen auf das Problem der Urbanität verhält sich die Urbanität zu den sie konstituierenden Elementen wie die Sternbilder zu den Sternen. Urbanität ist weder einfach „da", noch ist sie etwas Fassbares oder Greifbares. Urbanität lässt sich vielmehr aus der Konfiguration der Elemente herauslesen. Sie bedarf der Interpretation und sie verlangt danach, immer wieder neu interpretiert und durch kontextualisierte Forschung auf die Probe gestellt zu werden, so wie beispielsweise Augustin Berque dies für die japanische Urbanität versucht (in diesem Band). Dies erklärt ebenfalls die unüberschaubare Vielfalt an Definitionen, Texten, Beschreibungen und Erläuterungen der Urbanität, die spätestens mit Georg Simmels berühmten Vortrag (in diesem Band) deutlich wird. Urbanität ist das Sternbild, das sich aus den Menschen, Dingen und Institutionen herauslesen lässt. Sie erscheint folglich immer wieder neu und anders und erlaubt auf diese Weise die Entstehung von Neuem. Die in diesem Band versammelten Beiträge verdeutlichen diesen Sachverhalt. Sie interpretieren Urbanität jeweils anders aus den Elementen, die Städte zu konzentrieren in der Lage sind. Damit ist die vieldiskutierte Frage, ob ein angemessener Zugang zu gesellschaftlichen Räumlichkeiten über den Begriff der Stadt überhaupt noch gefunden werden kann, selbstredend nicht beantwortet. Geografien des Städtischen weisen jedoch mit dem Begriff der Urbanität ein wichtiges theoretisches Werkzeug auf, das Raumbezüge und -wirkungen in einem urbanen Zeitalter fundiert zu erfassen erlaubt.

Damit stellen sich folgende Fragen: Kann Urbanität als einerseits global beobachtbar, dennoch kulturell unterschiedlich oder sogar singulär konstruiert werden? Ist es im Zuge der Globalisierung sinnvoll, eine mediterrane Urbanität, arabische Urbanität oder amerikanische Urbanität zu unterscheiden? Welche Urbanität entsteht in geplanten Siedlungen oder Ferienkomplexen (*resorts*) aus der Retorte und welche in Tourismusorten, die quasi vollständig dem Tourismus verschrieben sind und eine „touristische Urbanität" ausprägen? Welche Urbanität findet sich in *visitor economies* (*économies présentielles*), die auf hochmobile Personen abstellen, und deren wissenschaftliche Bedeutung im Rahmen des „mobility turn" der Sozialwissenschaften reflektiert wird? Welche Urbanität existiert auf dem Land, das weniger agrarisch und mehr als Wohn- und Freizeitort bewohnt wird? Wie wird Urbanität in den *banlieues* produziert, in der Territorialität bedeutsamer ist als in kommerziellen Innenstädten? Wie prägt sich Urbanität in den Ökosiedlungen am Stadtrand, in den Innenstädten, in den *gated communities* usw. aus? Wie wird Urbanität überhaupt produziert? Welche Prozesse führen zu spezifischen Urbanitätsqualitäten? Wie können Rhythmen und lokale Zeitkulturen für Urbanität wichtig werden: von mediter-

raner städtischer Kultur zur 24/7 Kommerzialisierung der Innenstädte, zu wochen-
end- und ferienmäßigen Abwesenheiten in Wohngegenden?

III.

Wie der vorangegangene Begriffsvorschlag verdeutlicht, ist das Thema der Urbanität bei Weitem vielschichtiger und umfassender als es im hier vorliegenden Rahmen
dargestellt werden kann. Wir waren daher gezwungen, in unserer Textauswahl stark
selektiv vorzugehen. Leserinnen und Leser mögen berühmte oder vielzitierte Auto-
rinnen und Autoren vermissen, genauso wie andere ebenfalls denkbare, intuitive
und wesentliche Perspektiven auf Urbanität nicht aufgenommen werden konnten.
Zu nennen wären hier gleichfalls wichtige Arbeiten zur Urbanität etwa von Hartmut
Häußermann und Walter Siebel, die jüngere Effekte des Urbanen deutlich aufzeigen
und auch für die Entwicklung der Stadtgeografie bedeutsam waren (HÄUSSER-
MANN & SIEBEL 1987; 1997), genauso wie Thomas Sieverts (1997) *Zwischenstadt*. Die Urbanitätskonzeption der Los Angeles School, die ebenfalls nicht aufgenommen werden konnte, bietet eine dezidiert neue Vorstellung von Urbanität, entwickelt am Beispiel von Los Angeles, die in radikaler Weise mit den Vorstellungen
einer Urbanität der europäischen Stadt bricht (DEAR & FLUSTY 1998). Die Wiederentdeckung der Chicagoer Schule in den Arbeiten zur subkulturellen Theorie der
Urbanität von Claude Fischer (1975) konnte genauso keine Berücksichtigung finden wie Richard Sennetts Gedanken zur Civitas als einer „Kultur des Unterschieds"
in der Stadt (1994), Jane Jacobs klassische Studie zu den sozialen Auswirkungen
der Urbanistik (1961), ebenso wie einflussreiche Texte von Manuel Castells, Lynn
Lofland, Ulf Hannerz, Ed Soja oder William Mitchells utopischer Angang an Urbanität (MITCHELL 1999). Der französische Pragmatismus eines Isaac Joseph (1994;
1998) zum öffentlichen Raum fehlt aus den gleichen Gründen, wie die belgischen
bzw. schweizerischen Stadtsoziologen Jean Rémy und Michel Bassand, die beide
Mobilität und Urbanisierung verbinden. Das Feld von Arbeiten zur Urbanität ist
letztlich ein unüberschaubar breites. Unsere Auswahl fokussiert sich dagegen auf
klassische Studien des deutschsprachigen, anglo-amerikanischen und frankopho-
nen Diskurses, die verschiedene Intensitäten in der Prozessualität der Urbanität auf-
scheinen lassen.
    Auch in Hinblick auf die aufgezeigten Perspektiven der Urbanität waren wir
beschränkt und damit notgedrungen extrem selektiv. Als Leitlinie für denkbare zukünftige Forschungen stellen wir abschließend vier weitere mögliche Perspektiven
der Urbanität zur Diskussion. Dies soll als Anregung verstanden werden und weniger als Versuch, Vollständigkeit zu suggerieren. Eine erste vorstellbare Perspektive
bietet der Tourismus. Urbanität ist gegenwärtig eng mit dem Tourismus verknüpft
(NAHRATH & STOCK 2012). Städten gelingt es zusehends, symbolisches Kapital
über touristische Attraktionen zu generieren. Das Phänomen des *new urban tourism*
betrifft Metropolen und evoziert vorher unbekannte Konflikte und Ressentiments.
Gleichzeitig steigern die Touristinnen und Touristen die Gelegenheiten und das Angebot in den urbanen Vierteln. Die Gentrifizierung wird in den durch Tourismus

geprägten Metropolen angetrieben und der Stadttourismus modifiziert die Immobilienmärkte der betroffenen Konurbationen auf bis dahin unbekannte Weise (GOTHAM 2005). Schließlich entwickeln ganze Resorts Urbanität in erst durch den Tourismus urbanisierten Regionen (STOCK & LUCAS 2012). Die Verbindung von Urbanität und Tourismus scheint in der gegenwärtigen Diskussion bei Weitem noch nicht ausgeschöpft (STOCK 2019).

Eine zweite, bereits in den 1970er-Jahren von dem Soziologen Harvey Molotch aufgebrachte Perspektive stellt die politische Ökonomie des Ortes dar. Diese „political economy of place" (MOLOTCH 1976), in der Urbanität als Treiberin von Wachstumsprojekten und -phantasien benutzt wird, zielt auf sog. *growth coalitions* ab, d.h. Bündnisse aus öffentlichen und privaten Interessen, die sich auf ein Wachstum der lokalen Ökonomie fokussieren. Diese Tatsache kommt nicht nur in Stadtentwicklungsprojekten, sondern auch in der Messung der ökonomischen Produktivität zum Ausdruck. Städtische Bruttoinlandsprodukte als Produktivitätskennzahlen suggerieren, dass Städte aufgrund ihrer Urbanität eine relativ höhere Produktivität als andere Ortstypen aufweisen. Die Idee der *Urbanisation Economics*, d.h. von Wettbewerbsvorteilen resultierend aus der räumlichen Nähe nicht-branchengleicher Unternehmen sowie größeren Arbeits- und Absatzmärkten, deutet in diese Richtung der ökonomischen Potenzialität der Urbanität. Diese von Molotch so bezeichnete *political economy* von Städten weist ebenfalls eine wichtige symbolische Dimension auf, denn Städte sind gleichzeitig in eine globale Ökonomie der Zeichen eingebunden. Nach David Harvey (1990) ist dies ein genuines symbolisches Kapital, das von Städten wiederum in einem globalen Wettbewerb investiert werden kann. Harvey schreibt Städten somit ein Kollektivkapital zu, dessen Kern die Urbanität bildet.

Als dritte ergänzende Perspektive auf Urbanität stellt sich die Frage der Macht in den Städten. Wer besitzt die Macht, um Urbanität zu planen, zu bauen oder herzustellen? Dass Urbanität von machtvollen Akteuren beeinflusst werden kann, zeigt, neben dem berühmten Beispiel des Stadtumbaus von Paris durch Georges-Eugène Haussmann, eindringlich das Wirken von Robert Moses in den 1930er- bis 1960er-Jahren in New York (CARO 1975). Als Park Commissioner und in zwölf weiteren städtischen Positionen setzte sich Robert Moses im politischen Machtspiel der Stadt über dreißig Jahre lang systematisch gegen alle anderen konkurrierenden Akteure, inklusive der Bürgermeister und der Gouverneure des Bundesstaates, durch. Moses plant und baut auf diese Weise Straßen, die berühmten Parkways, Parks, Brücken oder Highways, für die er sogar Bundesmittel heranzieht. Moses setzt neue Immobilienprojekte auf Basis des *slum clearing* wiederum mit Bundesmitteln und gegen alle Widerstände und mit rücksichtslosen Mitteln durch. Er schreckt vor Enteignungen, Drohungen, Erpressungen, Falschaussagen oder selbst Korruption nicht zurück. Der Charismatiker Moses nutzt aber gleichfalls geschickt die legalen Wege, die sich ihm öffnen, z.B. schreibt er die Gesetze selbst, die im Parlament des Staates New York anschließend verabschiedet werden (CARO 1975). Aktuelle Treiberinnen der Urbanität sind stärker institutionelle Akteure eines globalisierten Finanzkapitals wie Pensionsfonds, die sogenannte Luxussanierungen durchführen, Banken die mit Hypotheken in die Wohnwirtschaft eingreifen, wie die

Subprime-Krise von 2008 aufdeckte, oder global operierende Handelsketten, die eine weltweite Konvergenz von Innenstädten vorantreiben. Der Widerstand mit Lefebvres Slogan „Recht auf Stadt" stellt heute erneut die Frage der Macht und der Aneignungsmöglichkeiten in der neoliberalen Stadt. Wie funktioniert *empowerment* in der heutigen Metropole?

Viertens schließlich wandeln sich die theoretischen Perspektiven auf Urbanität. Spätestens mit dem sogenannten *practice turn* wird die Idee akzeptiert, dass das Städtische durch Alltagshandeln hergestellt werde. Diese Annahme wurzelt in der Praxistheorie und zielt darauf ab, Diskurse, Repräsentationen und Materialität im Alltag als eine Fabrik der Stadt darzustellen und nicht Wachstumskoalitionen, Finanzkapital, politischen Eliten oder Planerinnen und Planern ein Primat in der Herstellung von Stadt einzuräumen. Ein neues Vokabular in der Auseinandersetzung mit der Stadt entsteht momentan, in der der Begriff Urbanität prominent aufgestellt werden kann und sollte.

Aus diesem an dieser Stelle relativ weit aufgespannten Spektrum wissenschaftlichen Arbeitens mit dem Begriff der Urbanität ergeben sich aus unserer Perspektive zwei Konsequenzen für die Geografie. Erstens sollte der Begriff nicht nur in der geografischen Stadtforschung, sondern vielmehr ebenfalls in den anderen Teilfeldern der Geografie als ein Grundbegriff Anwendung finden. Sozialgeografie, Wirtschaftsgeografie, Politische Geografie und Kulturgeografie als die vier Grundpfeiler des Fachs im Zusammenspiel mit themenfokussierten Subfeldern wie der Bildungsgeografie, Familiengeografie, der Feministischen Geografie, Handels- und Verkehrsgeografie, Tourismusgeografie oder Postkolonialen Geografie können mit Gewinn den Begriff der Urbanität mit dessen weitreichender wissenschaftstheoretischer Fundierung als eine forschungsleitende und problemgenerierende Perspektive nutzen.

Zweitens ist der Begriff der Urbanität in der Lage, thematische Brücken ausgehend von der Geografie in weitere Disziplinen der Sozialwissenschaften zu bauen. Vor allem die Urban Studies, Soziologie und Anthropologie, mit Abstrichen auch die Wirtschaftswissenschaften, leisten wichtige Beiträge zur Urbanität der Gegenwartsgesellschaft. Vornehmlich in einer post-, inter- oder transdisziplinären Konstellation – in der das Feld der Urban Studies prominent positioniert ist – erscheint es notwendig, die relativ enge stadtgeografische Sichtweise auf Urbanität zu bereichern, zu ergänzen und zu modifizieren. Dies bedeutet jedoch gleichzeitig, sich der spezifischen geografischen Theorie- und Empiriebausteine zu versichern und in die interdisziplinäre sozialwissenschaftliche Debatte einzubringen. Die vorliegende Einleitung und die ausdrücklich *interdiszplinäre* Textsammlung sollen als ein erster Schritt dienen, der geografischen Stadtforschung diese Möglichkeiten vor Augen zu führen.

LITERATUR

ALLPORT, GORDON W. (1954). *The Nature of Prejudice*. Reading, MA.

AMIN, ASH, THRIFT, NIGEL (2002). *Cities: Reimagining the Urban*. London.

ANDERSON, BENEDICT (2016). *Imagined Communities. Reflections on the Origin and Spread of Nationalism*. London/New York.

BASTEN, LUDGER, GERHARD, ULRIKE (2016). Stadt und Urbanität. In: FREYTAG, TIM, GEBHARDT, HANS, GERHARD, ULRIKE, WASTL-WALTER, DORIS (Hrsg.). *Humangeographie kompakt*. Berlin/Heidelberg, 115–139.

BEAUDE, BORIS (2014). Les virtualités de la synchorisation. *Géo-Regards* 7, 121–141.

BEAUDE, BORIS (2015a). Spatialités algorithmiques. In: SEVERO, MARTA (Hrsg.). *Territoires et traces numériques*. Paris, 133–160.

BEAUDE, BORIS (2015b). From Digital Footprints to Urbanity. Lost in Transduction. In: LÉVY, JACQUES (Hrsg.). *A Cartographic Turn*. London, 273–297.

BENJAMIN, WALTER (2007). *Kairos. Schriften zur Philosophie. Ausgewählt und mit einem Nachwort von Ralf Konersmann*. Frankfurt am Main.

BERQUE, AUGUSTIN (2000). *Ecoumène. Introduction à l'étude des milieux humains*. Paris.

BERQUE, AUGUSTIN, BONNIN, PHILIPPE, GHORRA-GOBIN, CYNTHIA (Hrsg.). (2006). *La ville insoutenable*. Paris.

BERQUE, AUGUSTIN (2010). *Histoire de l'habitat idéal. De l'Orient vers l'Occident*. Paris.

BIGO, MATHILDE, SÉCHET, RAYMONDE (2016). Une petite lorgnette pour élargir la focale: questionner le droit à la ville des femmes âgées à partir de leurs pratiques des promenades balnéaires. *Environnement Urbain* 10 (URL: http://journals.openedition.org/eue/1403).

BLANCHARDS, RAOUL (1911). *Grenoble, étude de géographie urbaine*. Paris.

BOURDIEU, PIERRE (1962). Célibat et condition paysanne. *Études rurales* 5–6, 32–135.

BOURDIEU, PIERRE (1983). Ökonomisches Kapital, kulturelles Kapital, soziales Kapital. In: KRECKEL, REINHARD (Hrsg.). *Soziale Ungleichheiten*. Göttingen, 183–196.

CARO, ROBERT A. (1975). *The Power Broker: Robert Moses and the Fall of New York*. New York.

CHABOT, GEORGES (1948). *Les villes. Aperçu de géographie humaine*. Paris.

CHOMBART DE LAUWE, PAUL-HENRI (1970). *Des hommes et des villes*. Paris.

CHRISTALLER, WALTER (1933). *Die zentralen Orte in Süddeutschland: eine ökonomisch-geographische Untersuchung über die Gesetzmäßigkeit der Verbreitung und Entwicklung der Siedlungen mit städtischen Funktionen*. Darmstadt.

DEAR, MICHAEL, FLUSTY, STEVEN (1998). Postmodern Urbanism. *Annals of the Association of American Geographers* 88, 50–72.

DEMANGEON, ALBERT (1948). *La France. France économique et humaine*. Paris (coll. Géographie universelle, dir. Paul Vidal de la Blache et de Lucien Gallois).

DIENER, ROGER, HERZOG, JACQUES, MEILI, MARCEL, DE MEURON, PIERRE, SCHMID, CHRISTIAN (HRSG.). (2006). *Switzerland. An Urban Portrait*. Basel.

DIRKSMEIER, PETER (2009). *Urbanität als Habitus. Zur Sozialgeographie städtischen Lebens auf dem Land*. Bielefeld.

DIRKSMEIER, PETER (2016). Providing Places for Structures of Feeling and Hierarchical Complementarity in Urban Theory: Re-reading Williams' „The Country and the City". *Urban Studies* 53, 884–898.

DOEVENDANS, KEES, SCHRAM, ANNE (2005). Creation/Accumulation City. *Theory, Culture and Society* 22(2), 29–43.

ELIAS, NORBERT (1990). *Studien über die Deutschen. Machtkämpfe und Habitusentwicklung im 19. und 20. Jahrhundert*. Frankfurt am Main.

ELIAS, NORBERT (1997). *Über den Prozeß der Zivilisation. Soziogenetische und psychogenetische Untersuchungen*. Zwei Bände. Frankfurt am Main.

FISCHER, CLAUDE S. (1975). Toward a Subcultural Theory of Urbanism. *American Journal of Sociology* 80, 1319–1341.

GLEICHMANN, PETER (1976). Wandel der Wohnverhältnisse, Verhäuslichung der Vitalfunktionen, Verstädterung und siedlungsräumliche Gestaltungsmacht. *Zeitschrift für Soziologie* 5, 319–329.

GOTHAM, KEVIN FOX (2005). Tourism Gentrification: The Case of New Orleans' Vieux Carre (French Quarter). *Urban Studies* 42, 1099–1121.

GRAHAM, STEPHEN, MARVIN, SIMON (2001). *Splintering Urbanism*. London.

GUSY, CHRISTOPH (2009). Der öffentliche Raum – Ein Raum der Freiheit, der (Un-)Sicherheit und des Rechts. *Juristen Zeitung* 64, 217–224.

HAGEN, JOSHUA (2004). The Most German of Towns: Creating an Ideal Nazi Community in Rothenburg ob der Tauber. *Annals of the Association of American Geographers* 94, 207–227.

HANNERZ, ULF (1980). *Exploring the City: Inquiries toward an urban anthropology*. New York.

HARVEY, DAVID (1990). *The Condition of Postmodernity. An Enquiry into the Origins of Cultural Change*. Malden u.a.

HARVEY, DAVID (2001). Globalization and the „Spatial Fix". *Geographische Revue* 2, 23–30.

HÄUSSERMANN, HARTMUT, SIEBEL, WALTER (1987). *Neue Urbanität*. Frankfurt am Main.

HÄUSSERMANN, HARTMUT, SIEBEL, WALTER (1997). Stadt und Urbanität. *Merkur* 51, 293–307.

HELBRECHT, ILSE (2014). Urbanität und Ruralität. In: LOSSAU, JULIA, FREYTAG, TIM, LIPPUNER, ROLAND (Hrsg.). *Schlüsselbegriffe der Kultur- und Sozialgeographie*. Stuttgart, 167–181.

JACOBS, JANE (1961). *The Death and Life of Great American Cities*. New York.

JOSEPH, ISAAC (1994). Le droit à la ville, la ville à l'œuvre. Deux paradigmes de la recherche. *Les Annales de la recherche urbaine* 64, 5–10.

JOSEPH, ISAAC (1998). *La ville sans qualités*. La Tour d'Aigues.

KOST, KLAUS (1989). Großstadtfeindlichkeit und Kulturpessimismus als Stimulans für Politische Geographie und Geopolitik bis 1945. *Erdkunde* 43, 161–170.

LEES, ANDREW (1979). Critics of Urban Society in Germany, 1854–1914. *Journal of the History of Ideas* 40, 61–83.

LEFEBVRE, HENRI (1968). *Le droit à la ville*. Paris.

LEFEBVRE, HENRI (1971). La ville et l'urbain. *Espaces et Société* 1 (2), 3–7.

LEFEBVRE, HENRI (1996). *Writings on Cities*. Oxford.

LEFEBVRE, HENRI (2000). *La révolution urbaine*. Paris.

LÉVY, JACQUES (1994). *L'espace légitime*. Paris.

LÉVY, JACQUES (1996). La ville, concept géographique, objet politique. *Le Débat* 92, 111–125.

LÉVY, JACQUES (1999). *Le tournant géographique. Penser l'espace pour lire le Monde*. Paris.

LÉVY, JACQUES (2008). Introduction: The city is back. In: LÉVY, JACQUES (Hrsg.). *The City*. Farnham, XIII–XXVI.

LICHTENBERGER, ELISABETH (1998). *Stadtgeographie. Band 1. Begriffe, Konzepte, Modelle, Prozesse*. Stuttgart/Leipzig.

LINDNER, ROLF (1990). *Die Entdeckung der Stadtkultur. Soziologie aus der Erfahrung der Reportage*. Frankfurt am Main.

LOSSAU, JULIA, FREYTAG, TIM, LIPPUNER, ROLAND (Hrsg). (2014). Schlüsselbegriffe der Kultur- und Sozialgeographie. Stuttgart.

LUSSAULT, MICHEL, SIGNOLES, PIERRE (Hrsg.). (1996). *La Citadinité en questions*. Tours.

LUSSAULT, MICHEL (2007). *L'homme spatial. La construction sociale de l'espace humain*. Paris.

LUSSAULT, MICHEL (2013). Citadinité. In: LÉVY, JACQUES, LUSSAULT, MICHEL (Hrsg.). *Dictionnaire de la géographie et de l'espace des sociétés*. Paris, 182–184.

MAIER, JÖRG, PAESLER, REINHARD, RUPPERT, KARL, SCHAFFER, FRANZ (1977). *Sozialgeographie*. Braunschweig.

MICHEL, BORIS (2014). Antisemitismus, Großstadtfeindlichkeit und reaktionäre Kapitalismuskritik in der deutschsprachigen Geographie vor 1945. *Geographica Helvetica* 69, 193–202.

MICHEL, BORIS (2016). „Man sieht es und hört es und fühlt es, dass man in einer ungeheuren Maschine steckt, in der seltsamsten, welche je die Menschen erfunden haben" – zur Geschichte der

Stadtgeographie vor 1945 und zur Frage von Geographie und Antimodernismus. *Berichte. Geographie und Landeskunde* 90, 5–24.

MICHEL, BORIS (2018). Anti-Semitism in Early 20th Century German Geography. From a „Spaceless" People to the Root of the „Ills" of Urbanization. *Political Geography* 65, 1–7.

MIEG, HARALD A. (2013). Einleitung: Perspektiven der Stadtforschung. In: MIEG, HARALD A., HEYL, CHRISTOPH (Hrsg.). *Stadt. Ein interdisziplinäres Handbuch*. Stuttgart/Weimar, 1–14.

MITCHELL, DON (1997). The Annihilation of Space by Law: The Roots and Implications of Anti-Homeless Laws in the United States. *Antipode* 29, 303–335.

MITCHELL, WILLIAM J. (1999). *E-topia. „Urban Life, Jim – But not as we know it"*. Cambridge, MA.

MOLOTCH, HARVEY (1976). The City as a Growth Machine: Toward a Political Economy of Place. *American Journal of Sociology* 82, 309–332.

NAHRATH, STÉPHANE, STOCK, MATHIS (2012). Urbanité et tourisme: une relation à repenser. *Espaces et Société* 151, 7–14.

NASSEHI, ARMIN (1999). Fremde unter sich. Zur Urbanität der Moderne. In: NASSEHI, ARMIN. *Differenzierungsfolgen. Beiträge zur Soziologie der Moderne*. Opladen/Wiesbaden, 227–240.

NIJMAN, JAN (2007). Introduction – Comparative Urbanism. *Urban Geography* 28, 1–6.

OTREMBA, ERICH (1969). Die Bevölkerung der Erde auf dem Wege in die Urbanität. In: MOHNHEIM, FELIX, MEYNEN, EMIL (Hrsg.). *36. Deutscher Geographentag Bad Godesberg 2. bis 5. Oktober 1967. Tagungsbericht und wissenschaftliche Abhandlungen*. Wiesbaden, 53–68.

PAQUOT, THIERRY, LUSSAULT MICHEL, BODY-GENDROT, SOPHIE (Hrsg.). (2000). *La Ville et l'urbain. L'état des savoirs*, Paris.

RATZEL, FRIEDRICH (1903). Die geographische Lage der grossen Städte. In: PETERMANN, THEODOR (Hrsg.). *Die Großstadt. Vorträge und Aufsätze zur Städteausstellung*. Dresden, 33–72 (= Jahrbuch der Gehe-Stiftung Dresden, Band 9).

RECLUS, ELISÉE (1895). The Evolution of Cities. *The Contemporary Review* 67, 246–264.

REDEPENNING, MARC (2019). Stadt und Land. In: NELL, WERNER, WEILAND, MARC (Hrsg.). *Dorf. Ein interdisziplinäres Handbuch*. Berlin, 315–325.

SALOMON-CAVIN, JOELLE, MARCHAND, BERNARD (Hrsg.). (2010). *Antiurbain. Origines et conséquences de l'urbaphobie*. Lausanne.

SASSEN, SASKIA (1993). Global City: Internationale Verflechtungen und ihre innerstädtischen Effekte. In: HÄUSSERMANN, HARTMUT, SIEBEL, WALTER (Hrsg.). *New York. Strukturen einer Metropole*. Frankfurt am Main, 71–90.

SCHLÖR, JOACHIM (2005). *Das Ich der Stadt. Debatten über Judentum und Urbanität 1822–1938*. Göttingen (= Jüdische Religion, Geschichte und Kultur, Band 1).

SCHLÜTER, OTTO (1899). Bemerkungen zur Siedlungsgeographie. *Geographische Zeitschrift* 5, 65–84.

SCHMID, CHRISTIAN (2005). *Stadt, Raum und Gesellschaft – Henri Lefebvre und die Theorie der Produktion des Raumes*. Stuttgart.

SCHMID, CHRISTIAN (2006). Netzwerke – Grenzen – Differenzen: Auf dem Weg zu einer Theorie des Urbanen. In: DIENER, ROGER, HERZOG, JACQUES, MEILI, MARCEL, DE MEURON, PIERRE, SCHMID, CHRISTIAN (Hrsg.). *Die Schweiz – ein städtebauliches Portrait*. Basel, 164–174.

SCHÖNHÄRL, KORINNA (2013). „Urbanität" in Zeiten der Krise: Der Basler Arbeitsrappen. In: WILHELM, KARIN, GUST, KERSTIN (Hrsg.). *Neue Städte für einen neuen Staat. Die städtebauliche Erfindung des modernen Israel und der Wiederaufbau in der BRD. Eine Annäherung*. Bielefeld, 46–63.

SENNETT, RICHARD (1994). *Civitas: Die Großstadt und die Kultur des Unterschieds*. Frankfurt am Main.

SIEVERTS, THOMAS (1997). *Zwischenstadt. Zwischen Ort und Welt, Raum und Zeit, Stadt und Land*. Basel.

SIMMEL, GEORG (1903). Die Großstädte und das Geistesleben. In: PETERMANN, THEODOR

(Hrsg.). *Die Großstadt. Vorträge und Aufsätze zur Städteausstellung*. Dresden, 185–206 (=
Jahrbuch der Gehe-Stiftung Dresden, Band 9).

SONNE, WOLFGANG (2014). *Urbanität und Dichte im Städtebau des 20. Jahrhunderts*. Berlin.

SORRE, MAXIMILIEN (1948). La notion de genre de vie et sa valeur actuelle. *Annales de Géographie* 307, 193–204.

STICHWEH, RUDOLF (2000). *Die Weltgesellschaft. Soziologische Analysen*. Frankfurt am Main.

STOCK, MATHIS (2019). Inhabiting the City as Tourist. Issues for Urban and Tourism Theory. In:
FRISCH, THOMAS, SOMMER, CHRISTOPH, STOLTENBERG, LUISE, STORS, NATHALIE
(Hrsg.). *Tourism and Everyday Life in the City*. London, 42–66.

STOCK, MATHIS, LÉOPOLD, LUCAS (2012). La double révolution urbaine du tourisme. *Espaces &
Sociétés* 151, 15–30.

WEBBER, MELVIN M. (1964). The Urban Place and the Non-Place Urban Realm. In: WEBBER,
MELVIN M., DYCKMAN, JOHN W., FOLEY, DONALD, GUTTENBERG, ALBERT Z., WHEA-
TON, WILLIAM L. C., BAUER WURSTER, CATHERINE (Hrsg). *Explorations Into Urban
Structure*. Philadelphia, 79–153.

WEBER, MAX (1968). *Methodologische Schriften*. Frankfurt am Main.

WERLEN, BENNO (1988). *Gesellschaft, Handlung, Raum*. Stuttgart.

WERLEN, BENNO (1996). Geographie globalisierter Lebenswelten. *Österreichische Zeitschrift für
Soziologie* 21, 97–128.

WERLEN, BENNO (2002). Urbanität und Lebensstile. Die geographische Stadtforschung und der
„cultural turn". In: MEURER, MANFRED, MAYR, ALOIS, VOGT, JOACHIM (Hrsg.). *Stadt und
Region: Dynamik von Lebenswelten. Tagungsbericht und wissenschaftliche Abhandlungen
53. Dt. Geographentag Leipzig 2002*. Stuttgart, 210–217.

I. KLASSISCHE BETRACHTUNGEN VON URBANITÄT

DIE GROSSSTÄDTE UND DAS GEISTESLEBEN*

Georg Simmel

Die tiefsten Probleme des modernen Lebens quellen aus dem Anspruch des Individuums, die Selbständigkeit und Eigenart seines Daseins gegen die Übermächte der
Gesellschaft, des geschichtlich Ererbten der äußerlichen Kultur und Technik des
Lebens zu bewahren – die letzterreichte Umgestaltung des Kampfes mit der Natur,
den der primitive Mensch um seine *leibliche* Existenz zu führen hat. Mag das
18. Jahrhundert zur Befreiung von allen historisch erwachsenen Bindungen in Staat
und Religion, in Moral und Wirtschaft aufrufen, damit die ursprünglich gute Natur,
die in allen Menschen die gleiche ist, sich ungehemmt entwickle; mag das 19. Jahrhundert neben der bloßen Freiheit die arbeitsteilige Besonderheit des Menschen
und seiner Leistung fordern, die den Einzelnen unvergleichlich und möglichst unentbehrlich macht, ihn dadurch aber um so enger auf die Ergänzung durch alle anderen anweist; mag Nietzsche in dem rücksichtslosesten Kampf der Einzelnen oder
der Sozialismus gerade in dem Niederhalten aller Konkurrenz die Bedingung für
die volle Entwicklung der Individuen sehen – in alledem wirkt das gleiche Grund-
motiv: der Widerstand des Subjekts, in einem gesellschaftlich-technischen Mechanismus nivelliert und verbraucht zu werden. Wo die Produkte des spezifisch modernen Lebens nach ihrer Innerlichkeit gefragt werden, sozusagen der Körper der Kultur nach seiner Seele – wie mir dies heut gegenüber unseren Großstädten obliegt –
wird die Antwort der Gleichung nachforschen müssen, die solche Gebilde zwischen
den [|188] individuellen und den überindividuellen Inhalten des Lebens stiften, den
Anpassungen der Persönlichkeit, durch die sie sich mit den ihr äußeren Mächten
abfindet.

    Die psychologische Grundlage, auf der der Typus großstädtischer Individuali-
täten sich erhebt, ist die *Steigerung des Nervenlebens*, die aus dem raschen und
ununterbrochenen Wechsel äußerer und innerer Eindrücke hervorgeht. Der Mensch
ist ein Unterschiedswesen, d.h. sein Bewußtsein wird durch den Unterschied des
augenblicklichen Eindrucks gegen den vorhergehenden angeregt; beharrende Eindrücke, Geringfügigkeit ihrer Differenzen, gewohnte Regelmäßigkeit ihres Ablaufs
und ihrer Gegensätze verbrauchen sozusagen weniger Bewußtsein, als die rasche
Zusammendrängung wechselnder Bilder; der schroffe Abstand innerhalb dessen,
was man mit einem Blick umfaßt, die Unerwartetheit sich aufdrängender Impressionen. Indem die Großstadt gerade diese psychologischen Impressionen schafft –
mit jedem Gang über die Straße, mit dem Tempo und den Mannigfaltigkeiten des
wirtschaftlichen, beruflichen, gesellschaftlichen Lebens – stiftet sie schon in den
sinnlichen Fundamenten des Seelenlebens, in dem Bewußtseinsquantum, das sie

*   Zuerst erschienen unter demselben Titel in: Jahrbuch der Gehe-Stiftung, Band 9, Dresden
    1903, S. 187–206

uns wegen unserer Organisation als Unterschiedswesen abfordert, einen tiefen Gegensatz gegen die Kleinstadt und das Landleben, mit dem langsameren, gewohnte-
ren, gleichmäßiger fließenden Rhythmus ihres sinnlich-geistigen Lebensbildes.
Daraus wird vor allem der intellektualistische Charakter des großstädtischen Seelenlebens begreiflich, gegenüber dem kleinstädtischen, das viel mehr auf das Gemüt und gefühlsmäßige Beziehungen gestellt ist. Denn diese wurzeln in den unbe-
wußten Schichten der Seele und wachsen am ehesten an dem ruhigen Gleichmaß
ununterbrochener Gewöhnungen. Der Ort des Verstandes dagegen sind die durch-
sichtigen, bewußten, obersten Schichten unserer [|189] Seele, er ist die anpas-
sungsfähigste unserer inneren Kräfte; er bedarf, um sich mit dem Wechsel und Gegensatz der Erscheinungen abzufinden, nicht der Erschütterungen und des inneren
Umgrabens, wodurch allein das konservative Gemüt sich in den gleichen Rhythmus der Erscheinungen zu schicken wüßte. So schafft der Typus des Großstädters, – der natürlich von tausend individuellen Modifikationen umspielt ist – sich
ein Schutzorgan gegen die Entwurzelung, mit der die Strömungen und Diskrepan-
zen seines äußeren Milieus ihn bedrohen: statt mit dem Gemüte reagiert er auf diese
im wesentlichen mit dem Verstande, dem die Steigerung des Bewußtseins, wie die-
selbe Ursache sie erzeugte, die seelische Prärogative verschafft; damit ist die Reaktion auf jene Erscheinungen in das am wenigsten empfindliche, von den Tiefen der
Persönlichkeit am weitesten abstehende psychische Organ verlegt. Diese Verstan-
desmäßigkeit, so als ein Präservativ des subjektiven Lebens gegen die Vergewalti-
gungen der Großstadt erkannt, verzweigt sich in und mit vielfachen Einzelerschei-
nungen. Die Großstädte sind von jeher die Sitze der Geldwirtschaft gewesen, weil
die Mannigfaltigkeit und Zusammendrängung des wirtschaftlichen Austausches
dem Tauschmittel eine Wichtigkeit verschafft, zu der es bei der Spärlichkeit des
ländlichen Tauschverkehrs nicht gekommen wäre. Geldwirtschaft aber und Ver-
standesherrschaft stehen im tiefsten Zusammenhange. Ihnen ist gemeinsam die
reine Sachlichkeit in der Behandlung von Menschen und Dingen, in der sich eine
formale Gerechtigkeit oft mit rücksichtsloser Härte paart. Der rein verstandesmä-
ßige Mensch ist gegen alles eigentlich Individuelle gleichgültig, weil aus diesem
sich Beziehungen und Reaktionen ergeben, die mit dem logischen Verstande nicht
auszuschöpfen sind – gerade wie in das Geldprinzip die Individualität der Erschei-
nungen nicht eintritt. [|190] Denn das Geld fragt nur nach dem, was ihnen allen
gemeinsam ist, nach dem Tauschwert, der alle Qualität und Eigenart auf die Frage
nach dem bloßen Wieviel nivelliert. Alle Gemütsbeziehungen zwischen Personen
gründen sich auf deren Individualität, während die verstandesmäßigen mit den
Menschen wie mit Zahlen rechnen, wie mit an sich gleichgültigen Elementen, die
nur nach ihrer objektiv abwägbaren Leistung ein Interesse haben – wie der Großstädter mit seinen Lieferanten und seinen Abnehmern, seinen Dienstboten und oft
genug mit den Personen seines gesellschaftlichen Pflichtverkehrs rechnet, im Gegensatz zu dem Charakter des kleinen Kreises, in dem die unvermeidliche Kenntnis
der Individualitäten ebenso unvermeidlich eine gemütvollere Tönung des Verhaltens erzeugt, ein Jenseits der bloß objektiven Abwägung von Leistung und Gegen-
leistung. Das Wesentliche auf wirtschaftspsychologischem Gebiet ist hier, daß in
primitiveren Verhältnissen für den Kunden produziert wird, der die Ware bestellt,

so daß Produzent und Abnehmer sich gegenseitig kennen. Die moderne Großstadt
aber nährt sich fast vollständig von der Produktion für den Markt, d.h. für völlig
unbekannte, nie in den Gesichtskreis des eigentlichen Produzenten tretende Abnehmer. Dadurch bekommt das Interesse beider Parteien eine unbarmherzige Sachlichkeit, ihr verstandesmäßig rechnender wirtschaftlicher Egoismus hat keine Ablen-
kung durch die Imponderabilien persönlicher Beziehungen zu fürchten. Und dies
steht offenbar mir der Geldwirtschaft, die in den Großstädten dominiert, und hier
die letzten Reste der Eigenproduktion und des unmittelbaren Warentausches verdrängt hat und die Kundenarbeit täglich mehr reduziert –, in so enger Wechselwirkung, daß niemand zu sagen wüßte, ob zuerst jene seelische, intellektualistische
Verfassung auf die Geldwirtschaft hindrängte, oder ob diese der bestim- [|191]
mende Faktor für jene war. Sicher ist nur, daß die Form des großstädtischen Lebens
der nährendste Boden für diese Wechselwirkung ist; was ich nur noch mit dem
Ausspruch des bedeutendsten englischen Verfassungshistorikers belegen will: im
Verlauf der ganzen englischen Geschichte habe London niemals als das Herz von
England gehandelt, oft als sein Verstand und immer als sein Geldbeutel!

An einem scheinbar unbedeutenden Zuge auf der Oberfläche des Lebens vereinigen sich, nicht wenig charakteristisch, dieselben seelischen Strömungen. Der moderne Geist ist mehr und mehr ein rechnender geworden. Dem Ideale der Naturwis-
senschaft, die Welt in ein Rechenexempel zu verwandeln, jeden Teil ihrer in mathe-
matischen Formeln festzulegen, entspricht die rechnerische Exaktheit des praktischen Lebens, die ihm die Geldwirtschaft gebracht hat; sie erst hat den Tag so vieler
Menschen mit Abwägen, Rechnen, zahlenmäßigem Bestimmen, Reduzieren qualitativer Werte auf quantitative ausgefüllt. Durch das rechnerische Wesen des Geldes
ist in das Verhältnis der Lebenselemente eine Präzision, eine Sicherheit und der
Bestimmung von Gleichheiten und Ungleichheiten, eine Unzweideutigkeit in Ver-
abredungen und Ausmachungen gekommen – wie sie äußerlich durch die allgemeine Verbreitung der Taschenuhren bewirkt wird. Es sind aber die Bedingungen
der Großstadt, die für diesen Wesenszug so Ursache wie Wirkung sind. Die Beziehungen und Angelegenheiten des typischen Großstädters pflegen so mannigfaltige
und komplizierte zu sein, vor allem: durch die Anhäufung so vieler Menschen mit
so differenzierten Interessen greifen ihre Beziehungen und Bethätigungen zu einem
so vielgliedrigen Organismus ineinander, daß ohne die genaueste Pünktlichkeit in
Versprechungen und Leistungen das Ganze zu einem unentwirrbaren Chaos zusam-
menbrechen [|192] würde. Wenn alle Uhren in Berlin plötzlich in verschiedener
Richtung falschgehen würden, auch nur um den Spielraum einer Stunde, so wäre
sein ganzes wirtschaftliches und sonstiges Verkehrsleben auf lange hinaus zerrüttet.
Dazu kommt, scheinbar noch äußerlicher, die Größe der Entfernungen, die alles
Warten und Vergebenskommen zu einem gar nicht aufzubringenden Zeitaufwand
machen. So ist die Technik des großstädtischen Lebens überhaupt nicht denkbar,
ohne daß alle Thätigkeiten und Wechselbeziehungen aufs pünktlichste in ein festes,
übersubjektives Zeitschema eingeordnet würden. Aber auch hier tritt hervor, was
überhaupt nur die ganze Aufgabe dieser Betrachtungen sein kann: daß sich von jedem Punkt an der Oberfläche des Daseins, so sehr er nur in und aus dieser erwachsen scheint, ein Senkblei in die Tiefe der Seelen schicken läßt, daß alle banalsten

Äußerlichkeiten schließlich durch Richtungslinien mit den letzten Entscheidungen über den Sinn und Stil des Lebens verbunden sind. Die Pünktlichkeit, Berechenbarkeit, Exaktheit, die die Komplikationen und Ausgedehntheiten des großstädtischen Lebens ihm aufzwingen, steht nicht nur in engstem Zusammenhange mit ihrem geldwirtschaftlichen und ihrem intellektualistischen Charakter, sondern muß auch die Inhalte des Lebens färben und den Ausschluß jener irrationalen, instinktiven, souveränen Wesenszüge und Impulse begünstigen, die von sich aus die Lebensform bestimmen wollen, statt sie als eine allgemeine, schematisch präzisierte von außen zu empfangen. Wenn auch die durch solche charakterisierten, selbstherrlichen Existenzen keineswegs in der Stadt unmöglich sind, so sind sie doch ihrem Typus entgegengesetzt, und daraus erklärt sich der leidenschaftliche Haß von Naturen wie Ruskin und Nietzsche gegen die Großstadt – Naturen, die allein in dem unschematisch eigenartigen, nicht für alle gleichmäßig präzisierbaren den Wert [|193] des Lebens finden und denen deshalb aus der gleichen Quelle wie jener Haß der gegen die Geldwirtschaft und gegen den Intellektualismus des Daseins quillt.

Dieselben Faktoren, die so in der Exaktheit und minutenhaften Präzision der Lebensform zu einem Gebilde von höchster Unpersönlichkeit zusammengeronnen sind, wirken andrerseits auf ein höchst persönliches hin. Es giebt vielleicht keine seelische Erscheinung, die so unbedingt der Großstadt vorbehalten wäre, wie die Blasiertheit. Sie ist zunächst die Folge jener rasch wechselnden und in ihren Gegensätzen eng zusammengedrängten Nervenreize, aus denen uns auch die Steigerung der großstädtischen Intellektualität hervorzugehen schien; weshalb denn auch dumme und von vornherein geistig unlebendige Menschen nicht gerade blasiert zu sein pflegen. Wie ein maßloses Genußleben blasiert macht, weil es die Nerven so lange zu ihren stärksten Reaktionen aufregt, bis sie schließlich überhaupt keine Reaktion mehr hergeben – so zwingen ihnen auch harmlosere Eindrücke durch die Raschheit und Gegensätzlichkeit ihres Wechsels so gewaltsame Antworten ab, reißen sie so brutal hin und her, daß sie ihre letzte Kraftreserve hergeben und, in dem gleichen Milieu verbleibend, keine Zeit haben, eine neue zu sammeln. Die so entstehende Unfähigkeit, auf neue Reize mit der ihnen angemessenen Energie zu reagieren, ist eben jene Blasiertheit, die eigentlich schon jedes Kind der Großstadt im Vergleich mit Kindern ruhigerer und abwechslungsloserer Milieus zeigt.

Mit dieser physiologischen Quelle der großstädtischen Blasiertheit vereinigt sich die andere, die in der Geldwirtschaft fließt. Das Wesen der Blasiertheit ist die Abstumpfung gegen die Unterschiede der Dinge, nicht in dem Sinne, daß sie nicht wahr- [|194] genommen würden, wie von dem Stumpfsinnigen, sondern so, daß die Bedeutung und der Wert der Unterschiede der Dinge und damit der Dinge selbst als nichtig empfunden wird. Sie erscheinen dem Blasierten in einer gleichmäßig matten und grauen Tönung, keines wert, dem anderen vorgezogen zu werden. Diese Seelenstimmung ist der getreue subjektive Reflex der völlig durchgedrungenen Geldwirtschaft; indem das Geld alle Mannigfaltigkeiten der Dinge gleichmäßig aufwiegt, alle qualitativen Unterschiede zwischen ihnen durch Unterschiede des Wieviel ausdrückt, indem das Geld, mit seiner Farblosigkeit und Indifferenz, sich zum Generalnenner aller Werte aufwirft, wird es der fürchterlichste Nivellierer, es höhlt den Kern der Dinge, ihre Eigenart, ihren spezifischen Wert, ihre Unvergleichbarkeit rettungslos aus. Sie schwimmen alle mit gleichem spezifischem Gewicht in dem fortwährend bewegten Geldstrom, liegen alle in derselben Ebene und unterscheiden sich nur durch die Größe der Stücke, die sie von dieser decken. Im einzelnen Fall mag diese Färbung oder vielmehr Entfärbung der Dinge durch ihre Äquivalenz mit dem Gelde unmerklich klein sein; in dem Verhältnis aber, das der Reiche zu den für Geld erwerbbaren Objekten hat, ja vielleicht schon in dem Gesamtcharakter, den der öffentliche Geist jetzt diesen Objekten allenthalben erteilt, ist er zu einer sehr merkbaren Größe angehäuft. Darum sind die Großstädte, die Hauptsitze des Geldverkehrs und in denen die Käuflichkeit der Dinge sich in ganz anderem Umfange aufdrängt, als in kleineren Verhältnissen, auch die eigentlichen Stätten der Blasiertheit. In ihr gipfelt sich gewissermaßen jener Erfolg der Zusammendrängung von Menschen und Dingen auf, die das Individuum zu seiner höchsten Nervenleistung reizt; durch die bloß quantitative Steigerung der gleichen Bedingungen schlägt dieser Erfolg in sein Gegenteil um, in diese eigentümliche Anpassungs-[I195] erscheinung der Blasiertheit, in der die Nerven ihre letzte Möglichkeit, sich mit den Inhalten und der Form des Großstadtlebens abzufinden, darin entdecken, daß sie sich der Reaktion auf sie versagen – die Selbsterhaltung gewisser Naturen, um den Preis, die ganze objektive Welt zu entwerten, was dann am Ende die eigene Persönlichkeit unvermeidlich in ein Gefühl gleicher Entwertung hinabzieht.

Während das Subjekt diese Existenzform ganz mit sich abzumachen hat, verlangt ihm seine Selbsterhaltung gegenüber der Großstadt ein nicht weniger negatives Verhalten sozialer Natur ab. Die geistige Haltung der Großstädter zu einander wird man in formaler Hinsicht als Reserviertheit bezeichnen dürfen. Wenn der fortwährenden äußeren Berührung mit unzähligen Menschen so viele innere Reaktionen antworten sollten, wie in der kleinen Stadt, in der man fast jeden Begegnenden kennt und zu jedem ein positives Verhältnis hat, so würde man sich innerlich völlig atomisieren und in eine ganz unausdenkbare seelische Verfassung geraten. Teils dieser psychologische Umstand, teils das Recht auf Mißtrauen, das wir gegenüber den in flüchtiger Berührung vorüberstreifenden Elementen des Großstadtlebens haben, nötigt uns zu jener Reserve, infolge deren wir jahrelange Hausnachbarn oft nicht einmal von Ansehen kennen und die uns dem Kleinstädter so oft als kalt und gemütlos erscheinen läßt. Ja, wenn ich mich nicht täusche, ist die Innenseite dieser äußeren Reserve nicht nur Gleichgültigkeit, sondern, häufiger als wir es uns zum Bewußtsein bringen, eine leise Aversion, eine gegenseitige Fremdheit und Abstoßung, die in dem Augenblick einer irgendwie veranlaßten nahen Berührung sogleich in Haß und Kampf ausschlagen würde. Die ganze innere Organisation eines derartig ausgedehnten Verkehrslebens beruht auf einem äußerst mannigfaltigen Stufenbau von [I196] Sympathien, Gleichgültigkeiten und Aversionen der kürzesten wie der dauerndsten Art. Die Sphäre der Gleichgültigkeit ist dabei nicht so groß, wie es oberflächlich scheint; die Aktivität unserer Seele antwortet doch fast auf jeden Eindruck seitens eines anderen Menschen mit einer irgendwie bestimmten Empfindung, deren Unbewußtheit, Flüchtigkeit und Wechsel sie nur in eine Indifferenz aufzuheben scheint. Thatsächlich wäre diese letztere uns ebenso unnatürlich, wie die Verschwommenheit wahlloser gegenseitiger Suggestion unerträglich, und von diesen beiden typischen Gefahren der Großstadt bewahrt uns die Antipathie, das latente und Vorstadium des praktischen Antagonismus, sie bewirkt die Distanzen und Abwendungen, ohne die diese Art Leben überhaupt nicht geführt werden könnte: ihre Maße und ihre Mischungen, der Rhythmus ihres Auftauchens und Verschwindens, die Formen, in denen ihr genügt wird – dies bildet mit den im engeren Sinne vereinheitlichenden Motiven ein untrennbares Ganzes der großstädtischen Lebensgestaltung: was in dieser unmittelbar als Dissoziierung erscheint, ist so in Wirklichkeit nur eine ihrer elementaren Sozialisierungsformen.

Diese Reserviertheit mit dem Oberton versteckter Aversion erscheint aber nun wieder als Form oder Gewand eines viel allgemeineren Geisteswesens der Großstadt. Sie gewährt nämlich dem Individuum eine Art und ein Maß persönlicher Freiheit, zu denen es in anderen Verhältnissen gar keine Analogie giebt: sie geht damit auf eine der großen Entwicklungstendenzen des gesellschaftlichen Lebens überhaupt zurück, auf eine der wenigen, für die eine annähernd durchgängige Formel auffindbar ist. Das früheste Stadium sozialer Bildungen, das sich an den historischen, wie an den gegenwärtig sich gestaltenden findet, ist diese: ein relativ kleiner Kreis, mit starkem Abschluß gegen [l197] benachbarte, fremde, oder irgendwie antagonistische Kreise, dafür aber mit einem um so engeren Zusammenschluß in sich selbst, der dem einzelnen Mitglied nur einen geringen Spielraum für die Entfaltung eigenartiger Qualitäten und freier, für sich selbst verantwortlicher Bewegungen gestattet. So beginnen politische und familiäre Gruppen, so Parteibildungen, so Religionsgenossenschaften; die Selbsterhaltung sehr junger Vereinigungen fordert strenge Grenzsetzung und zentripetale Einheit und kann deshalb dem Individuum keine Freiheit und Besonderheit innerer und äußerer Entwicklung einräumen. Von diesem Stadium aus geht die soziale Evolution gleichzeitig nach zwei verschiedenen und dennoch sich entsprechenden Seiten. In dem Maß, in dem die Gruppe wächst – numerisch, räumlich, an Bedeutung und Lebensinhalten – in eben dem lockert sich ihre unmittelbare innere Einheit, die Schärfe der ursprünglichen Abgrenzung gegen andere wird durch Wechselbeziehungen und Konnexe gemildert; und zugleich gewinnt das Individuum Bewegungsfreiheit, weit über die erste, eifersüchtige Eingrenzung hinaus, und eine Eigenart und Besonderheit, zu der die Arbeitsteilung in der größer gewordenen Gruppe Gelegenheit und Nötigung giebt. Nach dieser Formel hat sich der Staat und das Christentum, Zünfte und politische Parteien und unzählige andere Gruppen entwickelt, so sehr natürlich die besonderen Bedingungen und Kräfte der einzelnen das allgemeine Schema modifizieren. Es scheint mir aber auch deutlich an der Entwicklung der Individualität innerhalb des städtischen Lebens erkennbar. Das Kleinstadtleben in der Antike wie im Mittelalter legte dem Einzelnen Schranken der Bewegung und Beziehungen nach außen, der Selbständigkeit und Differenzierung nach innen hin auf, unter denen der moderne Mensch nicht atmen könnte – noch heute empfindet der Großstädter, in die [l198] Kleinstadt versetzt, eine wenigstens der Art nach gleiche Beengung. Je kleiner ein solcher Kreis ist, der unser Milieu bildet, je beschränkter die grenzenlösenden Beziehungen zu anderen, desto ängstlicher wacht er über die Leistungen, die Lebensführung, die Gesinnungen des Individuums, desto eher würde eine quantitative und qualitative Sonderart den Rahmen des Ganzen sprengen. Die antike Polis scheint nach dieser Richtung ganz den Charakter der Kleinstadt gehabt zu haben. Die fortwährende Bedrohtheit ihrer Existenz durch Feinde von nah und fern bewirkte jenen straffen Zusammenhalt in politischer und militärischer Beziehungen, jene Beaufsichtigung des Bürgers durch den Bürger, jene Eifersucht der Gesamtheit gegen den Einzelnen, dessen Sonderleben so in einem Maße niedergehalten war, für das er sich höchstens durch den Despotismus seinem Hause gegenüber schadlos halten konnte. Die ungeheure Bewegtheit und Erregtheit, die einzigartige Farbigkeit des athenischen Lebens erklärt sich vielleicht daraus, daß ein Volk von unvergleichlich individuell angelegten Persönlichkeiten gegen den steten inneren und äußeren Druck einer entindividualisierenden Kleinstadt ankämpfte. Dies erzeugte eine Atmosphäre von Gespanntheit, in der die schwächeren niedergehalten und die starken zu den leidenschaftlichen Selbstbewährungen angereizt wurden. Und eben damit gelangte in Athen dasjenige zur Blüte, was man, ohne es genau umschreiben zu können, als „das allgemein Menschliche" in der geistigen Entwicklung unserer Art bezeichnen muß. Denn dies ist der Zusammenhang, dessen sachliche wie geschichtliche Gültigkeit hier behauptet wird: die allerweitesten und allgemeinsten Inhalte und Formen des Lebens sind mit den allerindividuellsten innig verbunden; beide haben ihr gemeinsames Vorstadium oder auch ihren gemeinsamen Gegner an engen Gestaltungen und Gruppierungen, deren Selbst erhal- [|199] tung sie ebenso gegen das Weite und Allgemeine außer ihnen wie gegen das frei Bewegte und Individuelle innerhalb ihrer zur Wehre setzt. Wie in der Feudalzeit der „freie" Mann derjenige war, der unter Landrecht stand, d.h. unter dem Recht des größten sozialen Kreises, unfrei aber, wer sein Recht nur aus dem engen Kreise eines Feudalverbandes, unter Ausschluß von jenem, zog – so ist heute, in einem vergeistigten und verfeinerten Sinn, der Großstädter „frei" im Gegensatz zu den Kleinlichkeiten und Präjudizierungen, die den Kleinstädter einengen. Denn die gegenseitige Reserve und Indifferenz, die geistigen Lebensbedingungen großer Kreise, werden in ihrem Erfolg für die Unabhängigkeit des Individuums nie stärker gefühlt, als in dem dichtesten Gewühl der Großstadt, weil die körperliche Nähe und Enge die geistige Distanz erst recht anschaulich macht; es ist offenbar nur der Revers dieser Freiheit, wenn man sich unter Umständen nirgends so einsam und verlassen fühlt, als eben in dem großstädtischen Gewühl; denn hier wie sonst ist es keineswegs notwendig, daß die Freiheit des Menschen sich in seinem Gefühlsleben als Wohlbefinden spiegele. Es ist nicht nur die unmittelbare Größe von Bezirk und Menschenzahl, die, wegen der weltgeschichtlichen Korrelation zwischen der Vergrößerung des Kreises und der persönlichen, innerlich-äußerlichen Freiheit, die Großstadt zum Sitz der letzteren macht, sondern, über diese anschauliche Weite noch hinausgreifend, sind die Großstädte auch die Sitze des Kosmopolitismus gewesen. Vergleichbar der Form der Vermögensentwicklung – jenseits einer gewissen Höhe pflegt der Besitz sich in immer rascheren Progressionen und wie von selbst zu steigern – vergrößern sich der Gesichtskreis, die wirtschaftlichen, persönlichen, geistigen Beziehungen der Stadt, ihr ideelles Weichbild, wie in geometrischer Progression, sobald erst einmal eine gewisse Grenze überschritten [|200] ist; jede gewonnene dynamische Ausdehnung ihrer wird zur Staffel, nicht für eine gleiche, sondern für eine größere nächste Ausdehnung, an jeden Faden, der sich von ihr aus spinnt, wachsen dann wie von selbst immer neue an, gerade wie innerhalb der Stadt das *unearned increment* der

Bodenrente dem Besitzer durch die bloße Hebung des Verkehrs ganz von selbst
wachsende Gewinne zuführt. An diesem Punkt setzt sich die Quantität des Lebens
sehr unmittelbar in Qualität und Charakter um. Die Lebenssphäre der Kleinstadt ist
in der Hauptsache in und mit ihr selbst beschlossen. Für die Großstadt ist dies entscheidend, daß ihr Innenleben sich in Wellenzügen über einen weiten nationalen
oder internationalen Bezirk erstreckt. Weimar ist keine Gegeninstanz, weil eben
diese Bedeutung seiner an einzelne Persönlichkeiten geknüpft war und mit ihnen
starb, während die Großstadt gerade durch ihre wesentliche Unabhängigkeit selbst
von den bedeutendsten Einzelpersönlichkeiten charakterisiert wird – das Gegenbild
und der Preis der Unabhängigkeit, die der Einzelne innerhalb ihrer genießt. Das
bedeutsamste Wesen der Großstadt liegt in dieser funktionellen Größe jenseits ihrer
physischen Grenzen: und diese Wirksamkeit wirkt wieder zurück und giebt ihrem
Leben Gewicht, Erheblichkeit, Verantwortung. Wie ein Mensch nicht zu Ende ist
mit den Grenzen seines Körpers oder des Bezirkes, den er mit seiner Thätigkeit
unmittelbar erfüllt, sondern erst mit der Summe der Wirkungen, die sich von ihm
aus zeitlich und räumlich erstrecken: so besteht auch eine Stadt erst aus der Gesamtheit der über ihre Unmittelbarkeit hinausreichenden Wirkungen. Dies erst ist
ihr wirklicher Umfang, in dem sich ihr Sein ausspricht. Dies weist schon darauf hin,
die individuelle Freiheit, das logische und historische Ergänzungsglied solcher
Weite, nicht nur im negativen Sinne zu verstehen, als bloße Bewegungsfreiheit und
Wegfall von Vor- [|201] urteilen und Philistrositäten; ihr Wesentliches ist doch, daß
die Besonderheit und Unvergleichbarkeit, die schließlich jede Natur irgendwo besitzt, in der Gestaltung des Lebens zum Ausdruck komme. Daß wir den Gesetzen
der eigenen Natur folgen – und dies ist doch Freiheit – wird uns und anderen erst
dann ganz anschaulich und überzeugend. wenn die Äußerungen diese Natur sich
auch von denen anderer unterscheiden; erst unsere Unverwechselbarkeit mit anderen erweist, daß unsere Existenzart uns nicht von anderen aufgezwungen ist. Die
Städte sind zunächst die Sitze der höchsten wirtschaftlichen Arbeitsteilung; sie erzeugen darin so extreme Erscheinungen, wie in Paris den einträglichen Beruf des
Quatorzième: Personen, durch Schilder an ihren Wohnungen kenntlich, die sich zur
Dinerstunde in angemessenem Kostüm bereit halten, um schnell herangeholt zu
werden, wo sich in einer Gesellschaft 13 am Tisch befinden. Genau im Maße ihrer
Ausdehnung bietet die Stadt immer mehr die entscheidenden Bedingungen der Arbeitsteilung: einen Kreis, der durch seine Größe für eine höchst mannigfaltige Viel-
heit von Leistungen aufnahmefähig ist, während zugleich die Zusammendrängung
der Individuen und ihr Kampf um den Abnehmer den Einzelnen zu einer Spezialisierung der Leistung zwingt, in der er nicht so leicht durch einen anderen verdrängt
werden kann. Das Entscheidende ist, daß das Stadtleben den Kampf für den Nah-
rungserwerb mit der Natur in einen Kampf um den Menschen verwandelt hat, daß
der umkämpfte Gewinn hier nicht von der Natur, sondern vom Menschen gewährt
wird. Denn hierin fließt nicht nur die eben angedeutete Quelle der Spezialisierung,
sondern die tiefere: der Anbietende muß in dem Umworbenen immer neue und ei-
genartigere Bedürfnisse hervorzurufen suchen. Die Notwendigkeit, die Leistung zu
spezialisieren, um eine noch nicht ausgeschöpfte Erwerbsquelle, eine nicht leicht
ersetzbare [|202] Funktion zu finden, drängt auf Differenzierung, Verfeinerung,

Bereicherung der Bedürfnisse des Publikums, die ersichtlich zu wachsenden perso-
nalen Verschiedenheiten innerhalb dieses Publikums führen müssen.

Und dies leitet zu der im engeren Sinne geistigen Individualisierung seelischer
Eigenschaften über, zu der die Stadt im Verhältnis ihrer Größe Veranlassung giebt.
Eine Reihe von Ursachen liegt auf der Hand. Zunächst die Schwierigkeit, in den
Dimensionen des großstädtischen Lebens die eigene Persönlichkeit zur Geltung zu
bringen. Wo die quantitative Steigerung von Bedeutung und Energie an ihre Grenze
kommen, greift man zu qualitativer Besonderung, um so, durch Erregung der Un-
terschiedsempfindlichkeit, das Bewußtsein des sozialen Kreises irgendwie für sich
zu gewinnen: was dann schließlich zu den tendenziösesten Wunderlichkeiten ver-
führt, zu den spezifisch großstädtischen Extravaganzen des Apartseins, der Caprice,
des Pretiösentums, deren Sinn gar nicht mehr in den Inhalten solchen Benehmens,
sondern nur in seiner Form des Andersseins, des Sich-herausheben und dadurch
Bemerklichwerdens liegt – für viele Naturen schließlich noch das einzige Mittel,
auf dem Umweg über das Bewußtsein der anderen irgend eine Selbstschätzung und
das Bewußtsein, einen Platz auszufüllen, für sich zu retten. In demselben Sinne
wirkt ein unscheinbares, aber seine Wirkungen doch wohl merkbar summierendes
Moment: die Kürze und Seltenheit der Begegnungen, die jedem Einzelnen mit dem
anderen – verglichen mit dem Verkehr der kleinen Stadt – gegönnt sind. Denn hier-
durch liegt die Versuchung, sich pointiert, zusammengedrängt, möglichst charakteristisch zu geben, außerordentlich viel näher, als wo häufiges und langes Zusam-
menkommen schon für ein unzweideutiges Bild der Persönlichkeit im anderen sorgen.

Der tiefste Grund indes, aus dem grade die Großstadt [|203] den Trieb zum
individuellsten persönlichen Dasein nahelegt – gleichviel ob immer mit Recht und
immer mit Erfolg – scheint mir dieser. Die Entwicklung der modernen Kultur charakterisiert sich durch das Übergewicht dessen, was man den objektiven Geist nennen kann, über den subjektiven, d. h., in der Sprache wie im Recht, in der Produkti-
onstechnik wie in der Kunst, in der Wissenschaft wie in den Gegenständen der
häuslichen Umgebung ist eine Summe von Geist verkörpert, deren täglichem
Wachsen die geistige Entwicklung der Subjekte nur sehr unvollständig und in immer weiterem Abstand folgt. Übersehen wir etwa die ungeheure Kultur, die sich seit
100 Jahren in Dingen und Erkenntnissen, in Institutionen und Komforts verkörpert
hat, und vergleichen wir damit den Kulturfortschritt der Individuen in derselben
Zeit – wenigstens in den höheren Ständen – so zeigt sich eine erschreckende Wachs-
tumsdifferenz zwischen beiden, ja in manchen Punkten eher ein Rückgang der Kultur der Individuen in Bezug auf Geistigkeit, Zartheit, Idealismus. Diese Diskrepanz
ist im wesentlichen der Erfolg wachsender Arbeitsteilung; denn eine solche verlangt vom Einzelnen eine immer einseitigere Leistung, deren höchste Steigerung
seine Persönlichkeit als ganze oft genug verkümmern läßt. Jedenfalls, dem Über-
wuchern der objektiven Kultur ist das Individuum weniger und weniger gewachsen. Vielleicht weniger bewußt, als in der Praxis und in den dunkeln Gesamtgefüh-
len, die ihr entstammen, ist es zu einer *quantité négligeable* herabgedrückt, zu einem Staubkorn gegenüber einer ungeheuren Organisation von Dingen und Mächten, die ihm alle Fortschritte, Geistigkeiten, Werte allmählich aus der Hand spielen

und sie aus der Form des subjektiven in die eines rein objektiven Lebens überführen. Es bedarf nur des Hinweises, daß die Großstädte die eigentlichen Schauplätze
dieser, über [|204] alles Persönliche hinauswachsenden Kultur sind. Hier bietet
sich in Bauten und Lehranstalten, in den Wundern und Komforts der raumüberwin-
denden Technik, in den Formungen des Gemeinschaftslebens und in den sichtbaren
Institutionen des Staates eine so überwältigende Fülle krystallisierten, unpersönlich
gewordenen Geistes, daß die Persönlichkeit sich sozusagen dagegen nicht halten
kann. Das Leben wird ihr einerseits unendlich leicht gemacht, indem Anregungen,
Interessen, Ausfüllungen von Zeit und Bewußtsein sich ihr von allen Seiten anbieten und sie wie in einem Strome tragen, in dem es kaum noch eigener Schwimmbe-
wegungen bedarf. Andererseits aber setzt sich das Leben doch mehr und mehr aus
diesen unpersönlichen Inhalten und Darbietungen zusammen, die die eigentlich
persönlichen Färbungen und Unvergleichlichkeiten verdrängen wollen; so daß nun
gerade, damit dieses Persönliche sich rette, es ein Äußerstes an Eigenart und Besonderung aufbieten muß; es muß dieses übertreiben, um nur überhaupt noch hörbar,
auch für sich selbst, zu werden. Die Atrophie der individuellen durch die Hypertro-
phie der objektiven Kultur ist ein Grund des grimmigen Hasses, den die Prediger
des äußersten Individualismus, Nietzsche voran, gegen die Großstädte hegen, aber
auch ein Grund, weshalb sie gerade in den Großstädten so leidenschaftlich geliebt
sind, grade dem Großstädter als die Verkünder und Erlöser seiner unbefriedigtsten
Sehnsucht erscheinen.

Indem man diese beiden Formen des Individualismus, die von den quantitati-
ven Verhältnissen der Großstadt genährt werden: die individuelle Unabhängigkeit
und die Ausbildung persönlicher Sonderart – nach ihrer geschichtlichen Stellung
fragt, gewinnt die Großstadt einen ganz neuen Wert in der Weltgeschichte des Geis-
tes. Das 18. Jahrhundert fand das [|205] Individuum in vergewaltigenden, sinnlos
gewordenen Bindungen politischer und agrarischer, zünftiger und religiöser Art
vor – Beengungen, die dem Menschen gleichsam eine unnatürliche Form und längst
ungerechte Ungleichheiten aufzwangen. In dieser Lage entstand der Ruf nach Freiheit und Gleichheit – der Glaube an die volle Bewegungsfreiheit des Individuums
in allen sozialen und geistigen Verhältnissen, die sogleich in allen den gemeinsamen edlen Kern würde hervortreten lassen, wie die Natur ihn in jeden gelegt und
Gesellschaft und Geschichte ihn nur verbildet hätten. Neben diesem Ideal des Libe-
ralismus wuchs im 19. Jahrhundert, durch Goethe und die Romantik einerseits, die
wirtschaftliche Arbeitsteilung andererseits, das weitere auf: die von den historischen Bindungen befreiten Individuen wollen sich nun auch von einander unterscheiden. Nicht mehr der „allgemeine Mensch" in jedem Einzelnen, sondern gerade
qualitative Einzigkeit und Unverwechselbarkeit sind jetzt die Träger seines Wertes.
In dem Kampf und den wechselnden Verschlingungen dieser beiden Arten, dem
Subjekte seine Rolle innerhalb der Gesamtheit zu bestimmen, verläuft die äußere
wie die innere Geschichte unserer Zeit. Es ist die Funktion der Großstädte, den
Platz für den Streit und für die Einungsversuche beider herzugeben, indem ihre eigentümlichen Bedingungen sich uns als Gelegenheiten und Reize für die Entwicklung beider offenbart haben. Damit gewinnen sie einen ganz eigenen, an unüberseh-
baren Bedeutungen fruchtbaren Platz in der Entwicklung des seelischen Daseins,

sie enthüllen sich als eines jener großen historischen Gebilde, in denen sich die entgegengesetzten, das Leben umfassenden Strömungen wie zu gleichen Rechten zusammenfinden und entfalten. Damit aber treten sie, mögen ihre einzelnen Erscheinungen uns sympathisch oder antipathisch berühren, ganz aus der Sphäre [|206] heraus, der gegenüber uns die Attitüde des Richters ziemte. Indem solche Mächte in die Wurzel wie in die Krone des ganzen geschichtlichen Lebens eingewachsen sind, dem wir in dem flüchtigen Dasein einer Zelle angehören – ist unsere Aufgabe nicht, anzuklagen oder zu verzeihen, sondern allein zu verstehen.[1]

---

1   Der Inhalt dieses Vortrags geht seiner Natur nach nicht auf eine anzuführende Litteratur zurück. Begründung und Ausführung seiner kulturgeschichtlichen Hauptgedanken ist in meiner „Philosophie des Geldes" gegeben.

URBANITÄT ALS LEBENSWEISE*

Louis Wirth

I. DIE STADT UND DIE MODERNE ZIVILISATION

So wie der Beginn der westlichen Zivilisation durch die dauerhafte Ansiedlung ehemals nomadischer Völker im Mittelmeerraum gekennzeichnet ist, so zeigt sich der Beginn des spezifisch Modernen in unserer Zivilisation am eindrücklichsten im Wachstum großer Städte. Nirgendwo ist der Mensch weiter von seiner natürlichen Umgebung entfernt [|2] als unter den Lebensbedingungen, die für die Großstadt charakteristisch sind. Die heutige Welt stellt nicht mehr das Bild kleiner isolierter Gruppen von Menschen dar, die über ein riesiges Territorium verstreut sind, wie Sumner die primitive Gesellschaft beschrieb.[1] Kennzeichen der Lebensweise des Menschen in der Moderne ist seine Konzentration auf gigantische Ballungszentren, um die sich kleinere Zentren gruppieren und von denen sich die Ideen und Praktiken ausbreiten, die wir Zivilisation nennen.

Wie „urban" die heutige Welt ist, kann weder vollständig noch angemessen durch den Anteil der in Städten lebenden Gesamtbevölkerung bestimmt werden. Die Einflüsse der Städte auf das gesellschaftliche Leben der Menschen sind weitaus größer als der Anteil der Stadtbevölkerung vermuten lässt, denn die Städte wurden nicht nur immer mehr zu Wohn- und Produktionsstätten der modernen Menschen, sondern sie sind Initiator und Kontrollzentrum des wirtschaftlichen, politischen und kulturellen Lebens, das die entlegensten Teile der Welt in seinen Bann gezogen und die unterschiedlichsten Gebiete, Völker und Aktivitäten zu einem Kosmos verwoben hat.

Das Wachstum der Städte und die Urbanisierung der Welt sind die wohl eindrucksvollsten Tatsachen der Neuzeit. Obwohl nicht genau bekannt ist, wie viel Prozent der geschätzten Weltbevölkerung von etwa 1.800.000.000 Menschen urban ist, wissen wir aus den Ländern, in denen zwischen urbanen und ländlichen Gebieten unterschieden wird, dass 69,2 Prozent der dortigen Gesamtbevölkerung in Städten lebt.[2] In Anbetracht der Tatsache, dass die Weltbevölkerung sehr ungleich verteilt ist und das Wachstum der Städte in einigen Ländern, die erst vor Kurzen mit der Industrialisierung in Berührung gekommen sind, nicht sehr weit fortgeschritten ist, verkennt dieses Verhältnis das Ausmaß urbaner Konzentration in den Ländern, in denen die Auswirkungen der industriellen Revolution stärker waren und in jün-

---

*   Zuerst erschienen unter dem Titel „Urbanism as a Way of Life" in *The American Journal of Sociology*, Vol. 44, No. 1 (Jul., 1938), 1–24. Übersetzung aus dem amerikanischen Englisch von Katherine Bird und Wolfgang Hübner, durchgesehen von den Herausgebern.

1   William Graham Sumner, *Folkways* (Boston, 1906), 12.

2   S. V. Pearson, *The Growth and Distribution of Population* (New York, 1935), 211.

gerer Zeit stattfanden. Der Wandel von einer ländlichen zu einer überwiegend urbanen Gesellschaft, der in industrialisierten Ländern wie den Vereinigten Staaten und
Japan innerhalb einer einzigen Generation stattgefunden hat, ging mit tiefgreifen-
den Veränderungen in praktisch jedem Bereich des gesellschaftlichen Lebens einher. Diese Veränderungen und ihre Auswirkungen lenken die Aufmerksamkeit der
Soziologen[**] auf das Studium der Unterschiede zwischen der ländlichen und der
[I3] urbanen Lebensweise. Dies weiter zu verfolgen ist die Voraussetzung dafür,
einige der wichtigsten gegenwärtigen Probleme des gesellschaftlichen Lebens verstehen und möglicherweise beherrschen zu können. Hier eröffnet sich wahrscheinlich eine der aufschlussreichsten Perspektiven für das Verständnis der laufenden
Veränderungen in der menschlichen Natur und der sozialen Ordnung.[3]

Da die Stadt eher das Ergebnis stetigen Wachstums ist als spontan entstanden,
ist zu erwarten, dass ihre Einflüsse auf die Lebensweisen die früher vorherrschenden Formen menschlicher Vergesellschaftung nicht vollständig auslöschen konnten. Unser gesellschaftliches Leben ist daher immer noch mehr oder weniger von
einer früheren Form volkstümlicher Gesellschaft geprägt, deren charakteristische
Siedlungsformen der Bauernhof, das Landgut und das Dorf waren. Dieser historische Einfluss wird durch den Umstand verstärkt, dass die Bevölkerung der Stadt
sich weitgehend aus ländlichen Gebieten rekrutiert, wo diese Lebensart nach wie
vor präsent ist. Daher sind nicht abrupte Unterschiede und Diskontinuitäten zwischen urbanen und ländlichen Persönlichkeitstypen zu erwarten. Stadt und Land
können in Bezug zueinander als zwei Pole betrachtet werden, zwischen denen alle
Arten menschlicher Siedlungen sich einordnen lassen. Wenn wir die urbane Industriegesellschaft und die volkstümliche Gemeinschaft auf dem Lande als Idealtypen
betrachten, eröffnet dies möglicherweise die Perspektive für eine Analyse der
Grundmodelle des menschlichen Zusammenlebens, wie sie in der heutigen Zivilisation auftreten.

II. EINE SOZIOLOGISCHE DEFINITION DER STADT

Trotz der immensen Bedeutung der Stadt in unserer Zivilisation ist unser Wissen
über die Natur der Urbanität und den Prozess der Urbanisierung eher dürftig. In der
Tat wurden viele Versuche unternommen, die charakteristischen Merkmale des urbanen Lebens herauszuarbeiten. Geographen, Historiker, Ökonomen und Politik-
wissenschaftler haben [I4] unter den Gesichtspunkten ihrer jeweiligen Disziplin
unterschiedliche Definitionen für die Stadt entwickelt. Eine Herangehensweise aus

---

[**]   Anmerkung der Übersetzenden: Der Originaltext wurde in einer Zeit verfasst, als genderge-
       rechte Sprache nicht üblich war.

3   Während die ländliche Lebensweise in den Vereinigten Staaten seit Langem das Subjekt großer
       Aufmerksamkeit seitens staatlicher Stellen gewesen ist, das Paradebeispiel ist der 1909 an
       Präsidenten Theodore Roosevelt überreichte umfangreiche Bericht der Kommission „Landle-
       ben" [Country Life Commission], ist es bemerkenswert, dass keine vergleichbar umfangreiche
       Untersuchung des urbanen Lebens durchgeführt wurde, bis zur Einrichtung eines Research
       Committee on Urbanism of the National Resources Committee. (Vgl. *Our Cities: Their Role in
       the National Economy* [Washington: Government Printing Office, 1937].)

soziologischer Sicht soll diese Bemühungen keinesfalls ersetzen, sie kann vielmehr die Wechselbeziehungen zwischen ihnen hervorheben, indem sie die Merkmale der Stadt als besondere Form menschlicher Vergesellschaftung hervorhebt. Eine soziologisch geprägte Definition der Stadt versucht die Elemente der Urbanität herauszuarbeiten, die sie als spezifische Form des Zusammenlebens menschlicher Gruppen kennzeichnen.

Eine Gemeinde allein aufgrund ihrer Größe als urban zu charakterisieren reicht offensichtlich nicht aus. Man kann nicht einfach die gegenwärtigen Richtlinien für Volkszählungen verwenden, die eine Gemeinde von 2.500 und mehr Einwohnern als städtisch und alle anderen als ländlich bezeichnet. Es wäre dasselbe, wenn als Kriterium eine Bevölkerungszahl von mehr als 4.000, 8.000, 10.000, 25.000 oder 100.000 gewählt würde, obwohl wir im letzten Fall sicher am ehesten das Gefühl haben, es handele sich um eine städtische Siedlung. Eine Definition von Urbanität, die allein auf Bevölkerungszahlen beruht, wird den Anforderungen nicht gerecht. Außerdem ist es nicht schwer zu zeigen, dass sich auch kleinere Gemeinden, wenn sie sich im Einflussbereich von großen Metropolen befinden, zu Recht als urbane Gemeinden sehen – im Gegensatz zu größeren Kommunen, die stärker abgeschieden in überwiegend ländlichem Raum liegen. Schließlich ist zu berücksichtigen, dass die Definitionen der Volkszählung unangemessen dadurch beeinflusst werden, dass die Stadt statistisch gesehen ein Verwaltungskonzept ist und die Stadtgrenzen eine entscheidende Rolle bei der Definition einer städtischen Siedlung spielen. Besonders deutlich ist dies an der Bevölkerungskonzentration an den Peripherien großer Metropolen, die beliebig gezogene Verwaltungsgrenzen von Stadt, Landkreis, Staat und Nation überschreiten.

Solange wir Urbanität mit der physischen Einheit der Stadt identifizieren, als starr im Raum abgegrenzt betrachten und damit annehmen, die urbanen Eigenschaften würden jenseits dieser Grenze nicht mehr auftreten, werden wir kaum zu einem angemessenen Konzept von Urbanität als Lebensform kommen. Die technologischen Entwicklungen in Verkehr und Kommunikation, die gewissermaßen eine neue Epoche in der Geschichte der Menschheit einläuten, haben die Rolle der Städte als bestimmendes Element unserer Zivilisation verstärkt und [|5] die Reichweite der urbanen Lebensweise über die Grenzen der Stadt hinaus enorm erweitert. Die dominierende Stellung der Stadt, insbesondere die Großstadt, ist die Konsequenz der Konzentration von Industrie und Handel, Finanzen und Verwaltung, Transport und Kommunikation, Kultur- und Freizeiteinrichtungen wie Presse, Radiosender, Theater, Bibliotheken, Museen, Konzertsäle, Opern- und Krankenhäuser, Hochschulen, Forschungszentren und Verlage, Berufsverbände sowie Religions- und Wohlfahrtsinstitutionen. Ohne die Anziehung, die die Stadt durch dieses Instrumentarium auf die ländliche Bevölkerung ausübt und ohne die Anregungen, die von ihr ausgehen, wären die Unterschiede zwischen der ländlichen und der urbanen Lebensweise sicherlich noch größer. Urbanisierung bezeichnet nicht mehr nur den Prozess, durch den sich Menschen zu einem Ort, der als Stadt bezeichnet wird, hingezogen fühlen und in das dortige Lebenssystem eingebunden werden. Der Begriff bezieht sich auch auf das vermehrte Auftreten der Merkmale, die für die mit dem Wachstum der Städte verbundenen Lebensart charakteristisch sind. Er bezieht sich schließlich auf die Veränderung in Richtung einer als städtisch anerkannten Lebensweise bei allen Menschen – wo immer diese sich auch befinden –, die in den Bann der Städte geraten, den diese mittels der Macht ihrer Institutionen und Persönlichkeiten durch die Kommunikations- und des Transportmittel auf sie ausüben.

Genauso problematisch wie die Einwohnerzahl ist auch die Bevölkerungsdichte als Merkmal für die Urbanität anzusehen. Ob wir die von Mark Jefferson[4] vorgeschlagene Dichte von 10.000 Personen pro Quadratmeile oder die von Willcox[5] bevorzugte Dichte von 1.000 Personen pro Quadratmeile als Kriterium für urbane Siedlungen annehmen, klar ist, dass die Dichte nur dann keine willkürliche Unterscheidung zwischen urbanen und ländlichen Gemeinden ist, wenn sie mit signifikanten sozialen Merkmalen korreliert. Da die übliche Volkszählung jedoch eher die Nacht- als die Tagesbevölkerung eines Gebiets nachweist, zeigt ausgerechnet der Ort des intensivsten urbanen Lebens – das Stadtzentrum – eine geringe Bevölkerungsdichte. Auch die Industrie- und Gewerbegebiete einer Stadt, in denen [|6] die für die urbane Gesellschaft charakteristischsten wirtschaftlichen Aktivitäten angesiedelt sind, wären nirgendwo wirklich urban, wenn Dichte als alleiniges Merkmal der Urbanität zugrunde gelegt würde. Dass sich eine urbane Gemeinde durch eine große Bevölkerungsansammlung und eine relativ hohe Bevölkerungsdichte auszeichnet, kann zwar bei der Definition der Stadt nicht außer Acht gelassen werden. Diese Kriterien müssen jedoch relativ zum kulturellen Kontext gesehen werden, in dem Städte entstehen und existieren, und sind nur insoweit soziologisch relevant, als sie als bedingende Faktoren im gesellschaftlichen Leben wirken.

Die gleichen Kritikpunkte gelten für Kriterien wie die Berufe der Einwohner, das Vorhandensein bestimmter Infrastruktur, Institutionen und Formen der politischen Organisation. Die Frage ist nicht, ob Städte in unserer oder anderen Zivilisationen diese besonderen Merkmale aufweisen, sondern wie stark sie den Charakter des sozialen Lebens in seiner spezifisch urbanen Form prägen. Auch die große Vielfalt der einzelnen Städte dürfen wir bei der Formulierung einer fruchtbaren Definition nicht aus den Augen verlieren. Mithilfe einer Typologie von Städten nach Größe, Lage, Alter und Funktion, wie wir sie in unserem jüngsten Bericht an das *National Resources Committee*[6] erstellt haben, fanden wir eine praktikable Methode, urbane Gemeinden zu sortieren und zu klassifizieren: von Kleinstädten im Niedergang bis zu florierenden Weltmetropolen, von isolierten Marktstädten inmitten landwirtschaftlicher Regionen bis hin zu florierenden Welthäfen und Handels- und industriellen Ballungsräumen. Solche Unterschiede scheinen von entscheidender Bedeutung zu sein, da die sozialen Merkmale und Einflüsse dieser so unterschiedlichen „Städte" stark variieren.

Eine brauchbare Definition der Urbanität sollte nicht nur die wesentlichen Merkmale bezeichnen, die alle Städte – zumindest in unserem Kulturkreis – ge-

---

4   „The Anthropogeography of Some Great Cities", *Bull. American Geographical Society*, XLI (1909), 532–566.

5   Walter F. Willcox, „A Definition of ‚City' in Terms of Density", in E. W. Burgess, *The Urban Community* (Chicago, 1926), S. 119.

6   Vgl. FN 3, *Our Cities*, S. 8.

meinsam haben, sondern es auch ermöglichen ihre Variationen aufzuzeigen. Eine Industriestadt wird sich in gesellschaftlicher Hinsicht erheblich von einer Handels-, Bergbau-, Fischerei-, Ferien-, Universitäts- und Hauptstadt unterscheiden. Eine Stadt, die sich auf nur einen Industriezweig spezialisiert hat, wird gegenüber einer Stadt mit mehreren Branchen andere soziale Merkmale aufweisen. Ebenso unterscheidet sich eine Stadt mit ausgewogenem von einer mit unausgewogenem Gewerbewesen, ein Vorort von einer Satellitenstadt, ein Wohnvorort von einem Industrievorort, eine Stadt in einer Metropolregion von einer außerhalb liegenden, eine alte Stadt von einer neuen, eine [|7] Stadt in den Südstaaten von einer in Neuengland, eine Stadt im mittleren Westen von einer an der Pazifikküste, eine wachsende von einer etablierten und einer sterbenden Stadt.

Eine soziologische Definition muss offensichtlich so umfassend formuliert werden, dass sie alle wesentlichen Merkmale beinhaltet, die diese verschiedenen Arten von Städten als soziale Einheiten gemeinsam haben. Sie kann aber offensichtlich nicht so ins Detail gehen, dass alle oben skizzierten Variationen berücksichtigt werden. Vermutlich sind einige Merkmale für das Wesen des urbanen Lebens bedeutsamer als andere; es ist daher wahrscheinlich, dass die signifikanten Merkmale der urban-sozialen Szenerie abhängig von Größe, Dichte und Funktion der Städte variieren. Zudem können wir annehmen, dass auch das ländliche Leben von der Urbanität geprägt wird, weil es durch Kontakte und Kommunikation unter den Einfluss der Städte gerät. Zum klareren Verständnis des Folgenden sei noch einmal betont, dass Urbanität als Lebensform charakteristischerweise an Orten vorkommt, die unserer hier formulierten Definition der Stadt entsprechen. Urbanität ist jedoch nicht auf solche Orte beschränkt, sondern manifestiert sich in unterschiedlichem Maße überall dort, wohin die Einflüsse der Stadt reichen.

Obwohl Urbanität (der Komplex von Merkmalen, der die charakteristische Lebensweise in Städten ausmacht) und Urbanisierung (die Entwicklung und Ausweitung dieser Faktoren) nicht ausschließlich in Siedlungen vorkommen, die im physischen und demografischen Sinn Städte sind, findet sich dort jedenfalls deren stärkste Ausprägung, insbesondere in Metropolen. Bei der Formulierung einer Definition von Stadt ist zudem Vorsicht geboten, damit Urbanität als Lebensweise nicht mit lokal oder historisch bedingten kulturellen Einflüssen durcheinandergebracht wird, die zwar den spezifischen Charakter der Gemeinschaft erheblich beeinflussen können, nicht jedoch die Faktoren sind, die ihren Charakter als Stadt bestimmen.

Besonders wichtig ist, Urbanität nicht mit Industrialismus und modernem Kapitalismus zu verwechseln. Der Aufstieg der Städte in der modernen Welt hängt zweifellos mit dem Aufkommen der Technologie des modernen Maschinenantriebs, der Massenproduktion und dem kapitalistischen Unternehmertum zusammen. Aber auch wenn sich die Städte früherer Epochen durch ihre Entwicklungsstufe in einer [|8] vorindustriellen und vorkapitalistischen Ordnung von den großen Städten von heute unterschieden, waren sie dennoch Städte.

Für soziologische Zwecke kann die Stadt als eine relativ große, dichte und dauerhafte Siedlung sozial heterogener Individuen definiert werden. Auf Grundlage der in dieser Minimaldefinition enthaltenen Postulate soll nun eine Theorie der Urbanität formuliert werden, bei der das bestehende Wissen über soziale Gruppen berücksichtigt wird.

III. EINE THEORIE DER URBANITÄT

In der reichhaltigen Literatur zum Thema Stadt suchen wir vergeblich nach einer Theorie der Urbanität, die das vorhandene Wissen über die Stadt als soziale Einheit systematisch darstellt. Wir haben in der Tat ausgezeichnet formulierte Theorien zu speziellen Fragestellungen, wie dem Wachstum der Stadt, das als historischer Trend und als wiederkehrender Prozess angesehen wird[7] und es liegt eine Fülle von Literatur mit soziologisch relevanten Erkenntnissen sowie empirische Studien vor, die detaillierte Erkenntnisse zu einer Vielzahl von Aspekten des städtischen Lebens anbieten. Trotz der Fülle an Forschung und Lehrbüchern über die Stadt, fehlt uns bis dato eine umfassende Zusammenstellung von leitenden Hypothesen, die sich zum einen aus Postulaten ableiten lassen, die implizit Teil einer soziologischen Definition der Stadt sind und zum anderen aus unserem allgemeinen soziologischen Wissen, das durch empirische Untersuchungen belegt werden kann. Die deutlichste Annäherung an eine systematische Theorie der Urbanität, die wir haben, findet sich in Max Webers eindringlichem Aufsatz, „Die Stadt"[8], und in Robert E. Parks bemerkenswertem Beitrag „Die Stadt: Vorschläge zur Erforschung des menschlichen Verhaltens in der urbanen Umwelt".[9] Aber selbst diese hervorragenden Arbeiten sind weit davon entfernt, einen systematischen und kohärenten theoretischen Rahmen für weitere gewinnbringende Forschung zu konstituieren.

Auf den folgenden Seiten werden wir versuchen, eine begrenzte Anzahl bestimmender Charakteristika der Stadt darzulegen. Auf Grundlage dieser Charakteristika werden wir anschließend herausarbeiten, welche Folgerungen oder weiterführenden Merkmale in Hinblick auf die allgemeine soziologische Theorie und [|9] empirische Forschung sich aus diesen ergeben. Wir hoffen auf diese Weise zu den wesentlichen Aussagen zu gelangen, die eine Theorie der Urbanität einschließen muss. Einige dieser Annahmen können mit den bereits beträchtlich vorhandenen Forschungsergebnissen gestützt werden, andere können als Hypothesen akzeptiert werden, für die bereits bestimmte vorläufige Nachweise vorliegen, die jedoch einer weiteren umfangreicheren und genaueren Überprüfung bedürfen. Zumindest, so ist zu hoffen, wird ein derartiges Vorgehen zeigen, über welches systematische Wissen über die Stadt wir gegenwärtig bereits verfügen und welche Hypothesen sich zukünftig als wesentlich und fruchtbar für die weitere Forschung erweisen könnten.

Das zentrale Problem des Stadtsoziologen ist es, die Formen des sozialen Handelns und der Organisation zu entdecken, die typischerweise in relativ dauerhaften, kompakten Siedlungen aus einer großen Anzahl heterogener Individuen entstehen.

---

7   Vgl. Robert E. Park, Ernest W. Burgess, et al., *The City* (Chicago, 1925), insb. Kap. ii und iii; Werner Sombart, „Städtische Siedlung, Stadt," *Handwörterbuch der Soziologie*, Hrsg. Alfred Vierkandt (Stuttgart, 1931); vgl. auch Bibliographie.
8   *Wirtschaft und Gesellschaft* (Tübingen, 1925), Teil II, Kap. vii, S. 514–601.
9   a.a.O. FN 8, Park, Burgess et al., Kap. i.

Wir müssen auch schlussfolgern, dass Urbanität in dem Maße ihre charakteristischste und deutlichste Form annehmen wird, in dem die damit übereinstimmenden Bedingungen präsent sind. Daher werden die mit der Urbanität assoziierten Merkmale desto stärker ausgeprägt sein, je größer, dichter besiedelt und heterogener eine Gemeinde ist. Es ist jedoch wichtig zu betonen, dass Institutionen und Praktiken aus anderen Gründen als denjenigen, die sie ursprünglich ins Leben riefen, in der sozialen Welt akzeptiert und fortgeführt werden, und dass dementsprechend die urbane Lebensweise auch unter Bedingungen fortgeführt werden kann, die wenig mit denen zu tun haben, die notwendig waren, um sie erst hervorzubringen.

Eine Begründung für die Wahl der wesentlichen Begriffe unserer Definition von Stadt mag angebracht sein. Es wurde versucht, sie so umfassend und gleichzeitig denotativ wie möglich zu gestalten, ohne sie mit unnötigen Annahmen zu überfrachten. Wenn es heißt, dass es für die Bildung einer Stadt einer großen Anzahl von Einwohnern bedarf, bedeutet dies natürlich eine große Anzahl in Bezug auf ein begrenztes Gebiet bzw. einer hohen Siedlungsdichte. Dessen ungeachtet gibt es jedoch gute Gründe, hohe Anzahl und Dichte als getrennte Faktoren zu behandeln, da beide jeweils mit deutlich unterschiedlichen sozialen Folgen verbunden sein können. Ebenso kann die Notwendigkeit infrage gestellt werden, zusätzlich zu den Bevölkerungszahlen auch Heterogenität als notwendiges und eindeutiges Kriterium der Urbanität anzusehen, da zu erwarten ist, dass das Spektrum der Unterschiede mit der Bevölkerungsanzahl zunimmt. Als Gegenargument könnte man jedoch anführen, dass die Stadt eine Art und einen Grad an Heterogenität der Bevölkerung aufweist, der weder vollständig [|10] durch das Gesetz der großen Zahlen erklärt noch durch eine Normalverteilungskurve angemessen dargestellt werden kann. Da sich die Bevölkerung der Stadt nicht selbst reproduziert, muss sie ihre Migranten aus anderen Städten, dem ländlichen Raum und, bis vor Kurzem in diesem Land, aus dem Ausland rekrutieren. Die Stadt ist somit historisch gesehen der Schmelztiegel von Rassen, Völkern und Kulturen sowie der günstigste Nährboden für neue biologische und kulturelle Hybride gewesen. Sie hat individuelle Unterschiede nicht nur toleriert, sondern belohnt. Sie hat Menschen aus aller Welt zusammengebracht, gerade *weil* sie anders und damit nützlich füreinander sind und nicht, weil sie homogen und gleichgesinnt sind.[10]

Eine Anzahl soziologischer Thesen, die die Beziehung zwischen (a) Bevölkerungsgröße, (b) Siedlungsdichte, (c) Heterogenität der Bewohner und des Gruppenlebens betreffen, können auf der Basis von Beobachtungen und Forschung formuliert werden.

10   Für die Aufnahme des Begriffs „dauerhaft" in der oben genannten Definition bedarf es möglicherweise einer Begründung. Unser Versäumnis, dieses kennzeichnende Merkmal der Stadt ausführlich zu begründen, erklärt sich durch die offensichtliche Tatsache, dass die Merkmale des urbanen Lebens nicht entstehen können, wenn die Siedlungen nicht dauerhaft an einem Ort verwurzelt sind, und umgekehrt ist ohne die Entwicklung einer mehr oder weniger technologischen Struktur das dichte Zusammenleben einer großen Anzahl heterogener Individuen nicht möglich.

Größe der Bevölkerung

Spätestens seit Aristoteles' *Die Politik*[11] erkannte man, dass die Erhöhung der Einwohnerzahl einer Siedlung über eine bestimmte Grenze hinaus die Beziehungen zwischen den Bewohnern und den Charakter [l11] der Stadt beeinflusst. Eine große Zahl beinhaltet, wie bereits herausgestellt wurde, auch eine größere Bandbreite individueller Variationen. Mehr noch, je mehr Personen an einem Interaktionsprozess teilnehmen, desto größer ist die *potenzielle* Differenzierung zwischen ihnen. Es ist daher zu erwarten, dass die persönlichen Merkmale, die Berufe, das kulturelle Leben und die Ideen der Mitglieder einer urbanen Gemeinschaft zwischen weiter auseinanderliegenden Polen liegen als es in der Landbevölkerung der Fall ist.

Dass solche Variationen zu einer räumlichen Segregation von Individuen nach Hautfarbe, Ethnie, ökonomischem und sozialem Status, Geschmack und Vorlieben führen, mag auf der Hand liegen. Die Verwandtschafts- und Nachbarschaftsbeziehungen sowie die Gefühle, die sich aus dem Zusammenleben von Generationen in gemeinsamer Tradition ergeben, werden in einer Bevölkerungsansammlung, dessen Mitglieder so unterschiedliche Ursprünge und Hintergründe haben, entweder nicht vorhanden oder bestenfalls schwach ausgeprägt sein. Unter diesen Umständen bilden Wettbewerb und formelle Kontrollmechanismen den Ersatz für die Solidaritätsbindungen, auf die sich eine volkstümliche Gesellschaft stützt.

---

11 Siehe insbesondere. vii. 4. 4–14. Übersetzt von B. Jowett, aus dem Folgendes zitiert werden
    kann:
    „Aber es gibt in der Tat auch für die Staaten ein gewisses Maß der Größe, so gut wie für allen
    anderen Dinge, für Tiere, Pflanzen, Werkzeuge. Keins von diesen wird bei übermäßiger Kleinheit oder bei übermäßiger Größe die Fähigkeit besitzen, seiner Bestimmung zu entsprechen,
    sondern es wird seine Natur in dem einen Falle gänzlich einbüßen, und in dem anderen schlecht
    bestellt sein … Ähnlich ist es mit dem Staate. Besteht er aus zu wenigen Bewohnern, so ist er
    nicht selbstständig, und das soll er doch sein; besteht er aus zu vielen, so besitzt er die Selbstständigkeit in Bezug auf das Notwendige wohl als Völkerschaft, aber nicht als Staat; denn von
    einer Verfassung würde das wohl nicht gut die Rede sein können. Wer sollte eine so ungeheure
    Masse als Feldherr befehligen, wer Ausrufer sein, ohne eine Stimme wie Stentor zu haben?"
    „Ein wirklicher Staat bildet sich daher erst von dem Augenblick an, da die Anzahl der Einwohner diejenige Größe erreicht, in welcher sie ohne weiteren Zuwachs zu bedürfen, selbstständig
    wird, um ein glückliches Leben im bürgerlichen Verein zu führen. Es kann auch einen Staat
    geben. Der diesen an Anzahl der Bewohner übertreffend, als größerer Staat besteht; aber dieses
    Steigen geht, wie gesagt, nicht ins grenzenlose fort, sondern hat seine Schranke, und wo diese
    zu setzen sein, wird durch die Betrachtung der Aufgaben eines Staates ohne Schwierigkeit erkannt. In ihm ist die Tätigkeit zwischen Herrschenden und Beherrschten geteilt, und den Ersten
    fällt dabei das Anordnen und Entscheiden zu. Zu der Entscheidung der Rechtsverhältnisse aber,
    sowie zu einer nach Würdigkeit anzuordnenden Verteilung der Staatsämter ist eine gegenseitige Kenntnis der Bürger untereinander unerläßlich; denn wo das nicht der Fall ist, da muß es
    um die Verwaltung und um das recht schlecht bestellt sein, da in beiden Zweigen ein unvorsichtig willkürliches Verfahren, wie es bei einer allzu großen Volksmenge offen zu Tage liegt, das
    Recht verletzt. Hier wird es auch Fremden und Schutzgenossen leichter, sich in die Bürgerschaft einzudrängen, weil bei der übermäßigen Volksmasse eine Einschwärzung keine Schwierigkeit hat. Wir ziehen also den Schluß und behaupten: Die beste Begrenzung eines Staates
    enthält eine Bevölkerung, welche bei möglicher Größe für den Zweck der Selbstständigkeit
    zugleich leicht übersehbar ist. So viel von der Bestimmung der Größe eines Staates."

Das Wachstum der Einwohnerzahl einer Gemeinde über einige Hundert hinaus limitiert zwangsläufig die Möglichkeit, dass jedes Gemeinschaftsmitglied alle anderen persönlich kennt. Max Weber hat in Anerkennung der sozialen Bedeutung dieser Tatsache darauf hingewiesen, dass aus soziologischer Sicht eine große Einwohnerzahl und Siedlungsdichte dazu führen, dass die persönliche gegenseitige Bekanntschaft zwischen den Einwohnern, die normalerweise einer Nachbarschaft innewohnt, fehlt.[12] Die Zunahme der Einwohnerzahl hat somit einen veränderten Charakter der sozialen Beziehungen zur Folge. Wie Simmel ausführt:

> Wenn der fortwährenden äußeren Berührung mit unzähligen Menschen so viele innere Reaktionen antworten sollten, wie in der kleinen Stadt, in der man fast jeden Begegnenden kennt und zu jedem ein positives [l12] Verhältnis hat, so würde man sich innerlich völlig atomisieren und in eine ganz unausdenkbare seelische Verfassung geraten.[13]

Die Vervielfachung von Personen in einem Zustand der Interaktion unter Bedingungen, die ihren Kontakt als vollständige Persönlichkeiten unmöglich machen, führt zu derjenigen Segmentierung menschlicher Beziehungen, die von Forschern des Geisteslebens von Städten gelegentlich als Erklärung für den „schizoiden" Charakter der urbanen Persönlichkeit angeführt wird. Das soll nicht heißen, dass die Stadtbewohner weniger Bekannte als Landbewohner haben, das Gegenteil könnte der Fall sein; es bedeutet vielmehr, dass sie im Verhältnis zur Anzahl der Menschen, die sie sehen und mit denen sie im Laufe des täglichen Lebens auf Tuchfühlung gehen, nur einen kleineren Teil kennen, über den sie außerdem weniger tiefgehendes Wissen besitzen.

Typischerweise begegnen sich Urbaniten in stark segmentierten Rollen. Sie sind sicherlich in Bezug auf die Befriedigung ihrer Lebensbedürfnisse von mehr Menschen abhängig als die Landbevölkerung und daher mit einer größeren Zahl organisierter Gruppen verbunden, aber sie sind weniger von bestimmten Personen abhängig, und ihre Abhängigkeit von anderen beschränkt sich auf einen stark fraktionierten Aspekt der täglichen Aktivitäten des anderen. Das ist im Wesentlichen gemeint, wenn gesagt wird, dass die Stadt eher von sekundären als von primären Kontakten geprägt ist. Die Kontakte in der Stadt können zwar von Angesicht zu Angesicht stattfinden, sie sind trotzdem unpersönlich, oberflächlich, vergänglich und segmentiert. Die Reserviertheit, die Indifferenz und die blasierte Haltung, die Städter in ihren Beziehungen an den Tag legen, können daher als Mittel angesehen werden, um sich gegen die persönlichen Ansprüche und Erwartungen anderer zu immunisieren.

Die Oberflächlichkeit, die Anonymität und der flüchtige Charakter urbaner sozialer Beziehungen erklären auch die Kultiviertheit und Rationalität, die Stadtbewohnern im Allgemeinen zugeschrieben werden. Unsere Bekanntschaften neigen dazu, in einem nützlichen Verhältnis zu uns zu stehen, in dem Sinne, dass die Rolle, die jeder Einzelne in unserem Leben spielt, überwiegend als Mittel zur Erreichung unserer eigenen Ziele angesehen wird. Während das Individuum dadurch einerseits

---

12   a.a.O. FN 8, S. 514.
13   Georg Simmel, „Die Großstädte und das Geistesleben," in: Theodor Petermann (Hrsg.) *Die Großstadt*, (Dresden, 1903), S. 187–206, in diesem Band.

eine gewisse Emanzipation oder Freiheit von der persönlichen und emotionalen Kontrolle [l13] vertrauter Gruppen erlangt, verliert es andererseits den spontanen Selbstausdruck, die Moral und das Gefühl der Teilhabe, die sich mit dem Leben in einer integrierten Gesellschaft verbinden. Dies konstituiert ganz wesentlich den Zustand der *Anomie* oder sozialen Leere, auf den Durkheim in seinem Versuch anspielt, die verschiedenen Formen der sozialen Desorganisation in der technologischen Gesellschaft zu erklären.

Der segmentäre Charakter und die Betonung der Nützlichkeit zwischenmenschlicher Beziehungen in der Stadt finden ihren institutionellen Ausdruck in der Verbreitung spezialisierter Aufgaben, wie wir sie in ihrer am weitest entwickelten Form in den akademischen Berufen sehen. Die Abläufe im finanziellen Geflecht führen zu Ausbeutungsbeziehungen, die dazu neigen, das effiziente Funktionieren der sozialen Ordnung zu behindern, außer sie werden durch Berufsregeln und die berufliche Etikette im Zaum gehalten. Die große Bedeutung, der Nutzen und Effizienz beigemessen wird, legt die Anpassungsfähigkeit des Gesellschaftskonstrukts für die Organisation von Unternehmungen nahe, an denen Individuen nur in Gruppen teilnehmen können. Der Vorteil, den ein Unternehmen in der Form der Kapitalgesellschaft gegenüber dem Einzelunternehmer und der Personengesellschaft in der urban-industriellen Welt hat, ergibt sich nicht nur aus der Möglichkeit, die Ressourcen von Tausenden von Einzelpersonen zu zentralisieren, oder aus dem rechtlichen Privileg der beschränkten Haftung und der unbeschränkten Nachfolge, sondern aus der Tatsache, dass die Kapitalgesellschaft keine Seele hat.

Die Spezialisierung des Einzelnen, insbesondere im Beruf, kann wie Adam Smith feststellte, nur auf der Grundlage eines erweiterten Marktes erfolgen, der wiederum die Arbeitsteilung akzentuiert. Dieser erweiterte Markt kann nur in Teilen vom Hinterland der Stadt beliefert werden; zu einem großen Teil bilden die zahlreichen Bewohner innerhalb der Stadt diesen Markt selbst. Die Dominanz der Stadt über das umliegende Hinterland erklärt sich durch die vom urbanen Leben geschaffene und geförderte Arbeitsteilung. Das extreme Maß an gegenseitiger Abhängigkeit und das labile Gleichgewicht des urbanen Lebens hängen eng mit der Arbeitsteilung und der Spezialisierung der Berufe zusammen. Diese gegenseitige Abhängigkeit und Instabilität werden durch die Tendenz jeder Stadt gesteigert, sich auf die Funktionen zu spezialisieren, in denen sie den größten Vorteil vor anderen hat.

In einer Gemeinschaft, die aus mehr Personen besteht als sich gut kennen und an einem Ort versammeln können, ist es erforderlich, über indirekte Medien zu kommunizieren und [l14] die individuellen Interessen durch einen Delegationsprozess zu artikulieren. In der Stadt werden Interessen typischerweise über gewählte Repräsentation durchgesetzt. Das Individuum zählt wenig, aber der Stimme des Vertreters wird Respekt gezollt, der in etwa proportional der Zahl der von ihm vertretenen Stimmen entspricht.

Während diese Charakterisierung der Urbanität, soweit sie sich aus großen Zahlen ableitet, keineswegs die soziologischen Schlussfolgerungen ausschöpft, die sich aus unserem Wissen über das Verhältnis der Größe einer Gruppe zum charakteristischen Verhalten der Mitglieder ergeben könnten, können die gemachten Aussagen aus Gründen der Kürze dazu dienen, die Art der zu entwickelnden Thesen zu veranschaulichen.

Dichte

Wie im Fall der Einwohnerzahl entstehen auch im Fall der Konzentration auf begrenztem Raum gewisse Konsequenzen mit Relevanz für die soziologische Analyse der Stadt. Von diesen können hier nur einige angeführt werden.

Wie Darwin für die Flora und Fauna beschrieb und Durkheim[14] in Bezug auf menschliche Gesellschaften feststellte, führt eine Zunahme der Einwohnerzahl bei konstant gehaltener Fläche (d.h. eine Zunahme der Dichte) zu einer Differenzierung und Spezialisierung, da nur dadurch das Gebiet eine steigende Einwohnerzahl unterhalten kann. Dichte verstärkt somit den Effekt der Anzahl bei der Diversifizierung von Menschen und ihren Aktivitäten und bei der Zunahme der Komplexität der sozialen Struktur.

Auf der subjektiven Seite führt, wie Simmel nahegelegt hat, der enge physische Kontakt zahlreicher Individuen zwangsläufig zu einer Verlagerung der Mittel, durch die wir uns im urbanen Milieu, insbesondere in Bezug auf unsere Mitmenschen, orientieren. Typischerweise sind unsere physischen Kontakte eng, aber unsere sozialen Kontakte distanziert. Die urbane Welt legt großen Wert auf optische Erkennbarkeit. Wir sehen die Uniform, die die Rolle des Beamten kennzeichnet, nicht jedoch die exzentrische Persönlichkeit, die sich hinter der Uniform verbirgt. Wir tendieren dazu, eine Sensibilität für eine Welt menschengemachter Objekte zu erwerben und zu entwickeln und entfernen uns zunehmend von der Welt der Natur.

Wir sind grellen Kontrasten zwischen Pracht und Elend, zwischen Reichtum und Armut, Intelligenz und Ignoranz, Ordnung und Chaos ausgesetzt. Der Wettbewerb um Raum ist groß, so dass generell jede [|15] Fläche dazu tendiert so genutzt zu werden, dass sie die größte wirtschaftliche Rendite erzielt. Der Arbeitsort neigt dazu, sich vom Wohnort zu lösen, da die Nähe zu Industrie- und Gewerbebetrieben ein Gebiet für Wohnzwecke sowohl wirtschaftlich als auch sozial unattraktiv macht.

Dichte, Grundstückswert, Mieten, Zugänglichkeit, gesunde Umgebung, Ansehen, Ästhetik und das Fehlen von Belästigungen wie Lärm, Rauch und Schmutz determinieren die Attraktivität verschiedener Stadtteile als Wohnorte für unterschiedliche Bevölkerungsgruppen. Ort und Art der Arbeit, Einkommen, rassische und ethnische Merkmale, sozialer Status, Sitte, Gewohnheit, Geschmack, Vorlieben und Vorurteile gehören zu den wesentlichen Faktoren, nach denen sich die städtische Bevölkerung selektiert und in mehr oder weniger unterschiedliche Siedlungen aufteilt. Unterschiedliche Bevölkerungsgruppen, die in einem kompakten Viertel leben, tendieren daher dazu, sich in dem Maße voneinander zu trennen, in dem ihre Bedürfnisse und Lebensweisen nicht miteinander vereinbar sind und sie sich antagonistisch gegenüberstehen. Genauso finden sich Personen mit homogenem Status und Bedürfnissen unwillkürlich oder bewusst in derselben Gegend zusammen oder

14   E. Durkheim, *De la Division du travail social* (Paris, 1932), S. 248.

werden durch äußere Umstände dazu gebracht, sich dort niederzulassen. Die verschiedenen Stadtteile erhalten daher spezielle Funktionen. Die Stadt ähnelt folglich einem Mosaik sozialer Welten, in denen der Übergang von einer zur anderen abrupt ist. Das Nebeneinander von unterschiedlichen Persönlichkeiten und Lebensweisen erzeugt tendenziell eine relativistische Perspektive und einen Sinn für Toleranz von Unterschieden, die als Voraussetzungen für Rationalität angesehen werden können und die zur Säkularisierung des Lebens führen.[15]

Das enge Zusammenleben und Zusammenarbeiten von Individuen, die keine sentimentalen und emotionalen Bindungen haben, fördert einen Wettbewerbsgeist, Selbstverherrlichung und gegenseitige Ausbeutung. Um Verantwortungslosigkeit und möglicher Unordnung entgegenzuwirken, wird häufig auf formelle Kontrollen zurückgegriffen. Ohne die strikte Einhaltung vorhersehbarer Abläufe wäre eine große, kompakte [|16] Gesellschaft kaum in der Lage, sich aufrechtzuerhalten. Die Uhr und das Verkehrszeichen sind ein Symbol für die Grundlage unserer sozialen Ordnung in der urbanen Welt. Häufiger enger physischer Kontakt, gepaart mit großer sozialer Distanz, akzentuiert die Reserviertheit von nicht aneinander gebundenen Personen und führt, sofern nicht durch andere Interaktionsmöglichkeiten ausgeglichen, zu Einsamkeit. Die notwendige häufige Bewegung einer großen Zahl von Individuen in einem übervölkerten Habitat gibt Anlass zu Reibungen und Irritationen. Nervöse Spannungen, die sich aus solchen persönlichen Frustrationen ergeben, werden durch das schnelle Tempo und die komplizierte Technologie verstärkt, unter denen das Leben in dichtbesiedelten Gebieten gelebt werden muss.

Heterogenität

Die soziale Interaktion zwischen derart unterschiedlichen Persönlichkeitstypen im urbanen Milieu führt dazu, dass die Starrheit der Kastengrenzen aufgehoben und die Klassenstruktur verkompliziert wird, was zu einem stärker verzweigten und differenzierteren Gefüge der sozialen Schichtung führt, als dies bei stärker integrierten Gesellschaften der Fall ist. Die gesteigerte Mobilität des Individuums, die es in die Reichweite der Stimulation durch eine Vielzahl unterschiedlicher Individuen bringt und es innerhalb der differenzierten sozialen Gruppen, aus denen sich die soziale Struktur der Stadt zusammensetzt, einem schwankenden Status unterwirft, führt dazu, dass Instabilität und Unsicherheit in der Welt als Norm akzeptiert werden. Diese Tatsache trägt auch zur Kultiviertheit und zum Kosmopolitismus des Städters bei. Keine einzelne Gruppe genießt die ungeteilte Loyalität des Einzelnen. Die Gruppen, denen er angehört, lassen sich nicht ohne Weiteres hierarchisch ordnen. Aufgrund seiner unterschiedlichen Interessen, die sich aus verschiedenen Aspekten des gesellschaftlichen Lebens ergeben, wird der Einzelne Mitglied in sehr

15   Inwieweit die Aufteilung der Bevölkerung in verschiedene ökologische und kulturelle Bereiche und die daraus resultierende soziale Einstellung zu Toleranz, Rationalität und Säkularität eine Funktion der Bevölkerungsdichte und nicht der Heterogenität ist, ist schwer zu bestimmen. Es handelt sich hier höchstwahrscheinlich um Phänomene, die sich aus der gleichzeitigen Wirkung beider Faktoren ergeben.

unterschiedlichen Gruppen, die jeweils nur einen bestimmten Teil seiner Persönlichkeit betreffen. Diese Gruppen lassen auch keine einfache konzentrische Anordnung zu, in der sich die engeren innerhalb der umfassenderen Gruppen befinden
würden, wie dies eher in der ländlichen Gemeinschaft oder in primitiven Gesellschaften der Fall ist. Vielmehr berühren sich die Gruppen, denen die Person typischerweise zugehörig ist, tangential, oder sie überschneiden sich auf sehr unterschiedliche Weise.

Teilweise aufgrund der Ortsungebundenheit der Bevölkerung und teilweise
aufgrund ihrer sozialen Mobilität ist die Fluktuation bei der Gruppenzugehörigkeit
[|17] im Allgemeinen sehr hoch. Wohnort, Ort und Art der Beschäftigung, Einkom-
men und Interessen ändern sich ständig, was den Zusammenhalt von Organisationen und die Pflege und Vertiefung enger und dauerhafter Bekanntschaften zwischen
den Mitgliedern schwierig macht. Dies trifft besonders auf jene Stadtteile zu, in
denen Personen aufgrund von Unterschieden in Rasse, Sprache, Einkommen und
sozialem Status segregiert leben, weniger aufgrund ihrer eigenen Entscheidung
oder der positiven Anziehungskraft ihresgleichen. Der Stadtbewohner ist überwiegend kein Wohnungsbesitzer, und da ein vorübergehender Lebensraum keine ver-
bindlichen Traditionen und Gefühle hervorruft, ist er nur in seltenen Ausnahmefäl-
len ein echter Nachbar. Für den Einzelnen besteht wenig Gelegenheit, sich ein Bild
von der Stadt als Ganzes zu machen oder seinen Platz im Gesamtsystem zu überbli-
cken. Folglich fällt es ihm schwer, das eigene „beste Interesse" zu erkennen und
eigene Entscheidungen zu Sachfragen und Führungspersönlichkeiten zu treffen, die
ihm von den Einrichtungen der Massensuggestion präsentiert werden. Derart von
den organisierten, die Gesellschaft zusammenhaltenden Einrichtungen losgelöste
Individuen bilden die unbeständige Masse, die das kollektive Verhalten in der urbanen Gemeinschaft so unberechenbar und daher so problematisch macht.

Obwohl die Stadt durch die Anziehung unterschiedlicher Typen zur Erfüllung
ihrer vielfältigen Aufgaben und die Hervorhebung ihrer Einzigartigkeit durch Wettbewerb und den Wert, der Exzentrizität, Neuheit, Effizienz und Erfindungsreichtum
beigemessen wird, eine stark differenzierte Bevölkerung hervorbringt, übt sie auch
einen nivellierenden Einfluss aus. Überall dort, wo sich eine große Anzahl unterschiedlich zusammengesetzter Individuen versammelt, findet auch ein Prozess der
Entpersonalisierung Eingang. Diese Nivellierungstendenz ist zum Teil in der wirtschaftlichen Basis der Stadt verankert. Die Entwicklung der Großstädte war zumindest in der Moderne stark von der konzentrierenden Kraft der Dampfmaschine abhängig. Der Aufstieg der Fabrik ermöglichte die Massenproduktion für einen unpersönlichen Markt. Die Möglichkeiten der Arbeitsteilung und Massenproduktion
können jedoch nur mit einer Standardisierung von Prozessen und Produkten voll
ausgeschöpft werden. Die Geldwirtschaft geht mit einem solchen Produktionssys-
tem Hand in Hand. In dem Maße, wie sich Städte vor dem Hintergrund dieses Pro-
duktionssystems fortschrittlich entwickelt haben, ersetzt der finanzielle Nexus, der
die Kaufbarkeit von Dienstleistungen und Sachen impliziert, die persönliche Beziehung als Basis des Zusammenschlusses. Unter diesen Umständen muss Individua-
lität [|18] durch Kategorien ersetzt werden. Wenn eine große Anzahl von Menschen
darauf angewiesen ist, Einrichtungen und Institutionen gemeinsam zu nutzen, müs-

sen die Einrichtungen und Institutionen eher an durchschnittliche Bedürfnisse als an die Bedürfnisse des einzelnen Individuums angepasst werden. Die Dienste der Versorgungsbetriebe, der Freizeit-, Bildungs- und Kultureinrichtungen müssen den Massenanforderungen angepasst werden. Genauso haben kulturelle Einrichtungen wie Schulen, Kinos, Radio und die Zeitungen aufgrund ihres Massenpublikums notwendigerweise einen gleichmachenden Einfluss. Der politische Prozess, wie er sich im urbanen Leben abspielt, kann ohne die Massenansprache durch moderne Propagandatechnik nicht verstanden werden. Will der Einzelne überhaupt am gesellschaftlichen, politischen und wirtschaftlichen Leben der Stadt teilnehmen, muss er einen Teil seiner Individualität der größeren Gemeinschaft unterordnen und so Teil einer Massenbewegung werden.

IV. DAS VERHÄLTNIS ZWISCHEN EINER THEORIE DER URBANITÄT UND DER SOZIOLOGISCHEN FORSCHUNG

Mithilfe eines Theoriekorpus, wie dem oben skizzierten, lassen sich die komplizierten und vielseitigen Phänomene der Urbanität anhand einer begrenzten Anzahl von Grundkategorien analysieren. Die soziologische Herangehensweise an die Stadt gewinnt so wesentlich an Einheit und Kohärenz, die es der empirischen Forschung nicht nur ermöglicht, sich deutlicher auf die Probleme und Prozesse ihres Fachgebietes zu konzentrieren, sondern auch ihr Thema integrierter und systematischer zu behandeln. Um die auf den vorhergehenden Seiten dargelegten theoretischen Thesen zu untermauern, sollen hier einige typische Ergebnisse der empirischen Forschung auf dem Gebiet der Urbanität, unter besonderer Bezugnahme auf die Vereinigten Staaten, vorgestellt und einige der entscheidenden Probleme für die weitere Forschung umrissen werden.

Anhand der drei Variablen Einwohnerzahl, Besiedlungsdichte und Heterogenitätsgrad der Stadtbevölkerung scheint es möglich, die Merkmale des urbanen Lebens zu erklären und die Unterschiede zwischen Städten verschiedener Größen und Typen zu erfassen.

Urbanität als charakteristische Lebensweise kann empirisch aus drei miteinander verbundenen Perspektiven betrachtet werden: (1) als physische Struktur bestehend aus einer Bevölkerungsbasis, einer Technologie und einer [|19] ökologischen Ordnung; (2) als ein System sozialer Organisation mit einer charakteristischen sozialen Struktur, einer Reihe sozialer Institutionen und einem typischen Muster sozialer Beziehungen; und (3) als ein Bündel von Einstellungen und Ideen sowie eine Konstellation von Individuen, die typische Formen des kollektiven Verhaltens zeigen und charakteristischen Mechanismen der sozialen Kontrolle unterliegen.

Urbanität in ökologischer Perspektive

Da wir bei physischen Strukturen und ökologischen Prozessen mit relativ objektiven Indizes arbeiten können, ist es möglich, recht genaue und allgemein zutreffende quantitative Aussagen zu machen. Die Dominanz der Stadt über ihr Hinterland wird durch die funktionalen Merkmale der Stadt erklärbar, die sich in hohem Maße aus den Auswirkungen von Einwohnerzahl und Dichte ergeben. Viele der technischen Einrichtungen sowie der Fähigkeiten und Organisationen, die das urbane Leben hervorbringt, können nur in Städten wachsen und gedeihen, wo die Nachfrage ausreichend groß ist. Die Art und der Umfang der von diesen Organisationen und Institutionen erbrachten Dienstleistungen und der Vorteil, den sie gegenüber den weniger entwickelten Einrichtungen kleinerer Städte genießen, verstärken die Dominanz der Stadt und die Abhängigkeit immer größerer Regionen von der zentralen Metropole.

Die Zusammensetzung der urbanen Bevölkerung zeigt die Wirkung selektiver und differenzierender Faktoren. In Städten leben mehr Menschen im erwerbsfähigen Alter als in ländlichen Gebieten, in denen mehr alte und sehr junge Menschen leben. Hierin zeigt sich, wie auch in vielen anderen Zusammenhängen, je größer die Stadt ist, desto deutlicher tritt dieser Aspekt der Urbanität zutage. Mit Ausnahme der größten Städte, die die Mehrheit der im Ausland geborenen Männer beherbergen, und einiger anderer spezifischer Typen an Städten, überwiegen Frauen zahlenmäßig gegenüber Männern. Die Heterogenität der urbanen Bevölkerung zeigt sich weiterhin in der rassischen und ethnischen Zusammensetzung. Die im Ausland geborenen Menschen und ihre Kinder machen fast zwei Drittel aller Einwohner der Millionenstädte aus. Ihr Anteil an der urbanen Bevölkerung nimmt mit abnehmender Stadtgröße ab, bis sie in den ländlichen Gebieten nur noch etwa ein Sechstel der Gesamtbevölkerung ausmachen. Die größeren Städte haben in ähnlicher Weise mehr Schwarze und andere Rassengruppen angezogen als die kleineren Gemeinden. In Anbetracht der Tatsache, dass Alter, Geschlecht, Rasse und ethnische [I20] Herkunft mit anderen Faktoren wie Beruf und Interesse zusammenhängen, wird deutlich, dass ein Hauptmerkmal des Stadtbewohners seine Verschiedenheit zu seinen Mitbürgern ist. Niemals zuvor sind so viele Menschen mit so unterschiedlichen Merkmalen wie in unseren Städten in einen so engen physischen Kontakt geraten wie in den großen Städten Amerikas. Städte im Allgemeinen und amerikanische Städte im Besonderen weisen eine bunte Mischung von Völkern und Kulturen mit sehr unterschiedlichen Lebensweisen auf, zwischen denen es zumeist nur die oberflächlichste Kommunikation, die größte Indifferenz und die breiteste Toleranz gibt, gelegentlich auch die erbittertste Auseinandersetzung, immer jedoch existiert der schärfste Kontrast zwischen ihnen.

Das Unvermögen der urbanen Bevölkerung sich zu reproduzieren, scheint die biologische Konsequenz der Kombination von Faktoren im Komplex des urbanen Lebens zu sein, und der Rückgang der Geburtenrate kann allgemein als eines der bedeutendsten Anzeichen für die Urbanisierung der westlichen Welt angesehen werden. Während der Anteil der Todesfälle in Städten geringfügig höher ist als auf dem Land, besteht der augenfälligste Unterschied zwischen dem heutigen Unvermögen der Städte, ihre Bevölkerungsgröße zu erhalten, und dem der Städte in der Vergangenheit darin, dass die frühere Unfähigkeit auf die übermäßig hohe Sterberate zurückzuführen war, während sie heute, da Städte aus gesundheitlicher Sicht lebenswerter geworden sind, auf niedrige Geburtenraten zurückzuführen ist. Diese biologischen Merkmale der urbanen Bevölkerung sind nicht nur deshalb soziologisch bedeutsam, weil sie die urbane Lebensweise widerspiegeln, sondern auch, weil sie das Wachstum und die zukünftige Dominanz der Städte sowie ihre basale soziale Organisation bedingen. Da Städte eher Konsumenten denn Produzenten von Menschen sind, werden der Wert des menschlichen Lebens und die soziale Bewertung der Persönlichkeit durch das Gleichgewicht zwischen Geburt und Tod nicht unberührt bleiben. Das Muster der Bodennutzung, der Grundstückspreise, der Mieten und Eigentumsverhältnisse, der Art und Funktionsweise der physischen Strukturen, der Wohnungen, der Transport- und Kommunikationseinrichtungen, der öffentlichen Versorgungsunternehmen – diese und viele andere Stadien des physischen Mechanismus der Stadt sind keine isolierten Phänomene, die nichts mit der Stadt als sozialer Einheit zu tun haben, sondern beeinflussen die urbane Lebensweise, genauso wie sie von ihr beeinflusst werden.

Urbanität als Form sozialer Organisation

Die distinkten Merkmale der urbanen Lebensweise wurden soziologisch oft als die Substitution von [|21] Primärkontakten durch Sekundärkontakte beschrieben, als die Schwächung von Verwandtschaftsbeziehungen und der abnehmenden sozialen Bedeutung der Familie, als Verschwinden der Nachbarschaft und der Untergrabung der traditionellen Basis der sozialen Solidarität. Alle diese Phänomene können durch objektive Indizes im Wesentlichen verifiziert werden. So legen zum Beispiel die niedrigen und sinkenden urbanen Fortpflanzungsraten nahe, dass die Stadt der traditionellen Art des Familienlebens, einschließlich der Erziehung von Kindern und der Pflege des Zuhauses als Ort einer ganzen Reihe lebenswichtiger Aktivitäten, nicht förderlich ist. Die Verlagerung von Industrie-, Bildungs- und Freizeitaktivitäten in spezialisierte Einrichtungen außerhalb des Zuhauses hat der Familie einige ihrer charakteristischsten historischen Funktionen genommen. In Städten sind Mütter häufiger erwerbstätig, Untermieter sind häufiger Teil des Haushalts, Hochzeiten werden zeitlich verschoben und der Anteil der alleinstehenden und nicht liierten Personen ist höher. Familien sind kleiner und häufiger ohne Kinder als auf dem Land. Die Familie als Einheit des sozialen Lebens ist von der größeren Verwandtschaftsgruppe, die charakteristisch für das Landleben ist, emanzipiert und die einzelnen Mitglieder verfolgen ihre eigenen divergierenden Interessen in Bezug auf Bildung und Freizeit sowie dem beruflichen, religiösen und politischen Leben.

Solche Funktionen wie die Erhaltung der Gesundheit, die Methoden zur Linderung persönlicher und sozialer Nöte, die Bereitstellung von Mitteln für Bildung, Erholung und kulturellen Fortschritts haben zu hochspezialisierten Institutionen auf der örtlichen, bundesstaatlichen oder sogar nationalen Ebene geführt. Dieselben Faktoren, die größere persönliche Unsicherheit bedingen, unterlegen auch die breiten Kontraste zwischen Individuen in der urbanen Welt. Während die Stadt die strengen Kastenunterschiede der vorindustriellen Gesellschaft hinweggefegt hat, hat sie die Unterschiede zwischen Einkommens- und Statusgruppen verschärft und weiter ausdifferenziert. Grundsätzlich ist der Anteil der erwerbstätigen erwachsenen urbanen Bevölkerung größer als der auf dem Land. In Großstädten, Metropolen und kleineren Städten ist die Anzahl der Angestellten, die in den Bereichen Handel, Büro und den akademischen Berufen beschäftigt sind, proportional höher als auf dem Land.

Alles in allem verhindert die Stadt eher ein Wirtschaftsleben, in dem der Einzelne in Krisenzeiten auf Selbstversorgung zurückgreifen [|22] könnte und wirkt beruflicher Selbstständigkeit entgegen. Während das Einkommen der Stadtbevölkerung im Durchschnitt höher ist als das der Landbevölkerung, scheinen die Lebenshaltungskosten in den größeren Städten höher zu sein. Wohneigentum ist mit höheren Belastungen verbunden und seltener. Die Mieten sind höher und beanspruchen einen größeren Teil des Einkommens. Obwohl dem Stadtbewohner viele kommunale Dienstleistungen zur Verfügung stehen, gibt er einen großen Teil seines Einkommens für Freizeitgestaltung und Fortkommen aus, für Lebensmittel hingegen weniger. Was die kommunalen Dienste dem Urbaniten nicht zur Verfügung stellen, muss er kaufen, und es gibt praktisch kein menschliches Bedürfnis, das nicht kommerziell ausgebeutet würde. Nervenkitzel anzubieten und Mittel zur Flucht vor dem täglichen Mühsal, der Eintönigkeit und Routine bereitzustellen, wird somit zu einer der Hauptfunktionen der urbanen Erholung, die im besten Fall Mittel zur kreativen Selbstdarstellung und spontanen Zusammenkünften zur Verfügung stellt, die aber in der urbanen Welt typischerweise zu passivem Zuschauertum auf der einen oder zu sensationellen Rekordleistungen auf der anderen Seite führt.

Der Urbanit, der als Individuum auf ein Stadium fast völliger Machtlosigkeit reduziert ist, kommt gar nicht umhin, seine Anstrengungen auf den Aufbau von organisierten freiwilligen Zusammenschlüssen Gleichgesinnter zu konzentrieren, um seine Ziele zu erreichen. Dies resultiert in einer enormen Vermehrung von Organisationen der Freiwilligenarbeit mit so vielen verschiedenen Zielen, wie es menschliche Bedürfnisse und Interessen gibt. Während einerseits die traditionellen menschlichen Bindungen geschwächt werden, beinhaltet die urbane Existenz ein viel größeres Maß an Interdependenz zwischen den Menschen und eine kompliziertere, fragilere und flüchtigere Form gegenseitiger Wechselbeziehungen über viele Stadien hinweg, die der Einzelne als solcher kaum kontrollieren kann. Häufig besteht nur eine schwache Beziehung zwischen der wirtschaftlichen Lage oder anderen grundlegenden Faktoren, die die Existenz des Einzelnen in der urbanen Welt bestimmen, und den freiwilligen Zusammenschlüssen, denen er angehört. Während es in einer primitiven und in einer ländlichen Gesellschaft allgemein möglich ist, auf der Grundlage nur einiger weniger bekannter Faktoren für fast alle Beziehungen im Leben vorauszusagen, wer wozu und mit wem zusammengehört, können wir für die Stadt nur ein allgemeines Muster der Gruppenbildung und -zugehörigkeit entwerfen, und dieses Muster wird viele Unstimmigkeiten und Widersprüche aufweisen. [|23]

Urbane Persönlichkeit und kollektives Verhalten

Vor allem durch die Aktivitäten in freiwilligen Zusammenschlüssen, sei es in wirtschaftlicher, politischer, pädagogischer, religiöser, Freizeit oder kultureller Hinsicht, entfaltet der Urbanit seine Persönlichkeit und entwickelt sie weiter, erlangt
Status und ist in der Lage, die Aktivitäten fortzusetzen, die seinen Lebensverlauf
ausmachen. Es kann jedoch hieraus leicht geschlossen werden, dass der organisato-
rische Rahmen, den diese stark differenzierten Funktionen ins Leben rufen, nicht
allein die Konsistenz und Integrität der Persönlichkeiten, deren Interessen er ver-
einnahmt, gewährleisten kann. Unter diesen Umständen ist zu erwarten, dass persönliche Desorganisation, seelischer Zusammenbruch, Selbstmord, Delinquenz,
Kriminalität, Korruption und Unordnung in der urbanen Gemeinde häufiger vorkommen als in der ländlichen. Dies wurde, soweit vergleichbare Indizes vorliegen,
auch bestätigt; die diesen Phänomenen zugrunde liegenden Mechanismen bedürfen
jedoch weiterer Analyse.

Da es in der Stadt unmöglich ist, sich mit Gruppenanliegen individuell an die
große Zahl getrennter und unterschiedlicher Individuen zu wenden, und weil die
Interessen und Ressourcen von Menschen nur durch Organisationen, denen sie an-
gehören, für einen kollektiven Zweck eingesetzt werden können, kann daraus geschlossen werden, dass die soziale Kontrolle in der Stadt in der Regel durch formal
organisierte Gruppen erfolgt. Daraus folgt auch, dass die Massen in der Stadt durch
Symbole und Stereotypen manipuliert werden, die von Individuen gesteuert werden, die aus der Entfernung oder unsichtbar hinter den Kulissen agieren, indem sie
die Kommunikationsinstrumente kontrollieren. Selbstverwaltung im wirtschaftlichen, politischen oder kulturellen Bereich wird unter diesen Umständen auf eine
hohle Phrase reduziert oder besteht bestenfalls aus einem labilen Gleichgewicht
von Interessengruppen. Angesichts des Bedeutungsverlustes tatsächlicher Ver-
wandtschaftsbeziehungen bilden wir fiktive Verwandtschaftsgruppen. Angesichts
des Verschwindens der territorialen Einheit als Grundlage sozialer Solidarität bilden wir Interessenverbände. Währenddessen löst sich die Stadt als Gemeinschaft in
eine Folge von fragilen, segmentären Beziehungen auf, welche sowohl die territoriale Basis, mit einem bestimmten Zentrum, aber ohne eine bestimmte Peripherie,
als auch die den unmittelbaren Ort weit überschreitende und weltweit ausgedehnte
Arbeitsteilung überlagern. Je größer die Zahl der Personen ist, die in einem Zustand
der Interaktion zueinander stehen, desto geringer ist der Kommunikationsgrad und
desto größer ist [124] die Tendenz, dass die Kommunikation auf einer elementaren
Ebene stattfindet, d.h. auf Grundlage der Dinge, von denen angenommen wird, dass
man sie gemeinsam hat bzw. dass sie für alle von Interesse sind.

Es ist aus diesem Grund offensichtlich, dass wir in den aufkommenden Trends
der Kommunikationssysteme und der Produktions- und Vertriebstechnologie, die in
der modernen Zivilisation entstanden ist, nach den Symptomen suchen müssen, die
auf die wahrscheinliche zukünftige Entwicklung der Urbanität als soziale Lebensweise hindeuten. Die Richtung der andauernden Veränderungen in der Urbanität
wird nicht nur die Stadt, sondern auch die Welt im Guten wie im Schlechten trans-
formieren. Einige der grundlegenderen dieser Faktoren und Prozesse sowie die

Möglichkeiten ihrer Steuerung und Kontrolle laden zu weiterer umfangreicher Forschung ein.

Nur wenn der Soziologe ein klares Konzept von der sozialen Einheit der Stadt besitzt und über eine funktionsfähige Theorie der Urbanität verfügt, kann er hoffen, einen einheitlichen zuverlässigen Wissenskanon zu entwickeln. Für das, was heutzutage als „Stadtsoziologie" bezeichnet wird, gilt das mit Sicherheit nicht. Indem er von einer wie der auf den vorhergehenden Seiten skizzierten Urbanitätstheorie ausgeht und diese im Lichte weiterer Analysen und empirischer Untersuchungen präzisiert, überprüft und verbessert, ist zu hoffen, dass Kriterien für Relevanz und Gültigkeit des empirischen Datenmaterials festgelegt werden können. Die diverse Auswahl unzusammenhängender Informationen, die sich in die bisherigen soziologischen Abhandlungen über die Stadt eingeschlichen haben, kann so gesichtet und in einen zusammenhängenden Wissensbestand eingearbeitet werden. Im Übrigen wird sich der Soziologe nur mit Hilfe einer solchen Theorie die vergebliche Mühe ersparen, im Namen der soziologischen Wissenschaft eine Vielzahl von oft unhaltbaren Urteilen über Probleme wie Armut, Wohnungsbau, Stadtplanung, Abwasserentsorgung, Kommunalverwaltung, Polizei, Lebensmittelversorgung, Transportwesen und andere technische Fragen zu fällen. Während der Soziologe keines dieser praktischen Probleme lösen kann – zumindest nicht allein – könnte er, wenn er seine eigentliche Aufgabe entdeckt, einen wichtigen Beitrag zu deren Verständnis und Lösung leisten. Die erfolgversprechendsten Aussichten dafür finden sich eher in einem allgemeinen, theoretischen Ansatz als in einer *ad-hoc* Vorgehensweise.

DIE UNTERSUCHUNG DES SOZIALEN RAUMES*

Paul-Henry Chombart de Lauwe

Die Untersuchung des sozialen Raums in der industriellen Zivilisation, wie wir ihn im Folgenden zu definieren versuchen, wirft ein ganz generelles Grundsatzproblem auf. Wenn die Geisteswissenschaften ihre Forschung auf eine Frage richten, die aus praktischer Sicht schnelle Lösungen erfordern würde, tauchen fast immer zwei Arten von Schwierigkeiten auf. Einerseits sind die Grenzen zwischen positiver und normativer Forschung, zwischen reiner und angewandter Wissenschaft, in einigen Fällen praktisch unmöglich zu definieren. Andererseits werden die Praktiker (*homme d'action*), die dringend Probleme zu lösen haben, ungeduldig, wenn Forscher extrem lange Fristen fordern, um stichhaltige Ergebnisse zu erzielen. Die einen wollen schnell handeln, auch mit unvollständigen Kenntnissen der Realität; die anderen befassen sich per Definition nur mit der Untersuchung von Fakten, Ursachen und Gesetzen.

Forschungen zum Thema des städtischen oder ländlichen Lebens werden besonders heftig diskutiert. Aus normativer Sicht muss der Stadtplaner Lösungen finden, aber wenn er dabei nicht von stringenten und methodischen Beobachtungen ausgeht, bleibt er durch seine soziale, moralische und intellektuelle Bildung geprägt. So redlich sein Ansinnen auch sein mag, es besteht dann die Gefahr, dass er eher den Bedürfnissen einer Gesellschaft nachkommt, wie er sie begreift, als den tatsächlichen Bedürfnissen der Populationen, für die er zuständig ist. So wurden Arbeitersiedlungen eher nach Normen gebaut, die eine bestimmte Kategorie von Entscheidungsbefugten auf eine bestimmte Kategorie von Arbeitnehmern anwandte, statt tatsächlich zu versuchen, den Erwartungen der Arbeiterklasse zu entsprechen. Fehler dieser Art haben bereits gravierende soziale und wirtschaftliche Konsequenzen nach sich gezogen, die präzise Forschungen unter Durchsetzung rationaler und nicht länger intuitiver Lösungen wohl vermieden hätten.

Parteiische Diskurse und Streitigkeiten werden uns nicht die gewünschten Lösungen bringen. Angesichts des Ungleichgewichts, [|22] das man im Leben moderner Großstädte beobachtet, muss die wissenschaftliche Untersuchung der Fakten der einzige Hoffnungsträger bleiben. Allein die methodische Beobachtung und die Ursachenforschung können auf einem sicheren Weg dazu führen, dass Lösungen gefunden werden. Nur eine eingehende Analyse kann uns eine Einschätzung ermöglichen, ob in Zukunft Großstädte entwickelt, reduziert oder gestaltet werden sollen. Nur sie bietet uns gegenwärtig die Mittel, die drängendsten Probleme aufzudecken, um wirksam gegen sie vorzugehen. Doch trotz all der bereits geleisteten

* Zuerst erschienen unter dem Titel „L'étude de l'espace social", in: Chombart de Lauwe P.-H., Paris. Essais de sociologie (1952–1964), Paris, Editions Ouvrières, 1965, S. 21–43. Übersetzung aus dem Französischen von Nicole Stange-Egert, durchgesehen von den Herausgebern.

Arbeit ist es derzeit nicht möglich, diese Analyse vorzunehmen. Die vorliegende Untersuchung, die sich vor allem mit methodischen Fragen befasst, wurde durchgeführt, um einen – wenn auch bescheidenen – Beitrag zu deren Ausarbeitung zu leisten.

Auf welche positiven Forschungen soll sich der Stadtplaner stützen? In Frankreich haben unter den bereits bekannten Arbeiten die der Historiker, Geografen, Demografen und Ökonomen die wichtigsten Ergebnisse beigetragen. Andere Wissenschaften wie die Soziologie, die Psychologie und die Ethnologie hatten bisher nur einen sehr unzureichenden Anteil. Genau auf sie werden wir in Zukunft vor allem zurückgreifen und auf ihre wechselseitigen Rollen zurückkommen. Doch noch eine weitere aktuelle Frage, deren Untersuchung Hauptgegenstand unserer Auseinandersetzungen ist, stellt sich uns gleich zu Beginn: In welchem Raum befinden sich die Populationen, Strukturen, Gruppen und Personen, auf die sich die Forschungen beziehen? Welche Grenzen und Unterteilungen gibt es? Welche Beziehungen bestehen zwischen den Strukturen innerhalb dieses Raumes und den kollektiven und individuellen Repräsentationen?

Wir sprechen diesbezüglich von einem sozialen und nicht nur von einem geografischen, ökonomischen, demografischen, kulturellen, juristischen oder religiösen Raum …[1] Die Grenzen, innerhalb derer sich das Leben einer menschlichen Gruppe abspielt, lassen sich nicht anhand [|23] eines einzelnen Kriteriums definieren. Dasselbe gilt für Unterteilungen des Raumes innerhalb dieser Grenzen. Es handelt sich in Wahrheit um eine Reihe von nebeneinandergestellten Räumen, deren Strukturen sich teilweise überschneiden und teilweise keinerlei Überlappung aufweisen. Dennoch ist das soziale Leben eins. Da wir durch die Schule von Ethnologen und Soziologen gegangen sind, messen wir dem „sozialen Totalphänomen", wie es Marcel Mauss sieht, oder der Einheit „all dieser in der Tiefe liegenden Schichten", die „sich gegenseitig durchdringen und ein unauflösliches Ganzes bilden"[2], besondere Bedeutung zu. Welche Beziehungen bestehen zwischen diesem einen sozialen Leben und den verschiedenen Räumen, die sich auf einige seiner Aspekte beziehen?

Hier finden sich die Lösungen in den Arbeitsmethoden. Indem wir verschiedene konkrete Räume unterscheiden und sie mithilfe von vergleichenden Karten einander annähern, sehen wir, in welchen Punkten sie übereinstimmen. Diese Punkte haben für uns eine größere Bedeutung als die anderen, und ihre Anordnung am Boden entspricht der noch sehr groben Struktur eines Raumes, nach dem sich aus der Sicht des sozialen Lebens alle anderen ausrichten. Er ist ein erstes Element dessen, was wir als sozialen Raum bezeichnen. So macht das Firmennetz eines großen Ballungsraums wie Paris sowie die Verteilung von Banken, Notariaten usw. ökonomische Raumstrukturen sichtbar, während die Stimmenverteilung bei Wahlen politische Raumstrukturen veranschaulicht und die Karte der religiösen Praktiken wiederum Raumstrukturen aufzeigt, die dem spirituellen Leben und den darin

---

1   Zum Thema dieser verschiedenen Räume siehe M. Halbwachs, *La mémoire collective (Das kollektive Gedächtnis)*, Paris, P.U.F., 1950, Kap. IV.

2   G. Gurvitch, *Vocation actuelle de la sociologie*, Paris, Presses Universitaires de France, 1950, S. 7.

vorherrschenden kollektiven Repräsentationen entsprechen[3]. Doch wenn eine Übereinstimmung zwischen diesen diversen Phänomenen in einer gegebenen Gesellschaft besteht, wenn zum Beispiel die Verteilung der praktizierenden Gläubigen, Firmenchefs und Wählerstimmen, die eine Partei erhält, zusammentreffen, veranschaulicht dieses Zusammentreffen auch soziale Strukturen und ist Ausdruck bestimmter Haltungen. [l24] Wir müssen hier, nachdem wir den konkreten Gesamtraum in eine Reihe von Einzelräumen zerlegt haben, zu einer Synthesesicht zurückkehren, die uns in einem recht großen Maßstab durch richtig interpretierte Luftbilder gegeben werden kann[4].

Dennoch reicht die Untersuchung der Verteilungen nicht aus, um den sozialen Raum zu bestimmen. Die Untersuchung der Entwicklung dieser Verteilungen im Verhältnis zur Entwicklung des Wohnraums, der ökonomischen Veränderungen und dem Ausbau der Verkehrswege ist unverzichtbar, um uns die sich wandelnden Raumstrukturen für jede Gruppe aufzuzeigen. Zeitlich verschiebt sich der soziale Raum am Boden in Abhängigkeit von der historischen Entwicklung. Wir müssen also nicht nur Vergleiche zwischen verschiedenen Fakten herstellen, sondern auch zwischen verschiedenen Momenten desselben Faktums. Diese verschiedenen Momente können ihrerseits nicht ohne Bezug auf die Gesamtgeschichte der Gruppe und auf die wichtigsten Ereignisse, die der kollektiven Erinnerung als Orientierungspunkte dienen, untersucht werden. Zum Beispiel ist es selten möglich, ein Faktum wie das Geschäftsleben in einem Viertel zu isolieren und in seiner aktuellen Form zu lokalisieren, ohne auf die Faktoren zurückzukommen, die seine Entstehung und Entwicklung beeinflusst haben. Die Untersuchung des sozialen Raumes, das heißt, der Unterteilung des Raumes nach den besonderen Normen einer Gruppe, lässt sich nicht von der historischen Untersuchung trennen. Deshalb zeigen auch viele vergleichende Karten die aufeinanderfolgenden Entwicklungsschritte eines bestimmten Viertels, ohne dass wir dabei von unserem Thema abweichen. Diese Verschiebung von Strukturen im zeitlichen Verlauf ist ein zweites Element des sozialen Raumes.

[…]

[l28] Wenn wir unsere Sicht auf den sozialen Raum zusammenfassen, können wir also sagen, dass er vom komplexen Grundgerüst einer Gesamtheit von Elementen bestimmt wird, die mit einer ganzen Reihe von anderen Räumen verbunden sind: dem (durch die physikalischen Bedingungen determinierten) topografischen Raum, dem (durch die ökologischen Bedingungen determinierten) biologischen Raum, dem (durch die Verteilung anthropologischer Typen determinierten) anthropologischen Raum, den (durch die Geschwindigkeit der Verkehrsverbindungen determinierten) zeitlichen Raum, den (durch die Produktion, den Konsum und den Handel determinierten) ökonomischen Raum, den (durch Volumen, Dichte und Ver-

3   Wir verweisen den Leser auf die Arbeiten von Gabriel Le Bras über *La Pratique religieuse en France (die religiöse Praxis in Frankreich)* und die von Goguel über *La Géographie électorale (die Wahlgeografie).*
4   Zum Luftbild als Mittel zur Untersuchung des sozialen Lebens siehe P. Chombart de Lauwe, *Photographies aériennes, l'étude de l'homme sur la terre (Luftbildfotografien, Untersuchung des Menschen auf der Erde)*, Paris, A. Colin, 1950.

teilung der Populationen determinierten) demografischen Raum, den (durch kollektive Repräsentationen, die ihren materiellen Ausdruck im konkreten Raum finden, definierten) kulturellen Raum, usw. Der soziale Raum wird zum Beispiel durch Anziehungspunkte wie die Wertpapierbörse, eine Kirche usw., durch die Begrenzung der Flächen für die Verteilung von Individuen einer bestimmten Berufsgruppe usw. determiniert, und dies wiederum in Abhängigkeit von den Geländeformen, der industriellen Konzentration, der Art des Wohnraums oder der Verteilung von Menschen einer bestimmten Größe.

[|29] Ist der soziale Raum einmal in dieser Form bestimmt, können wir zielführender zu den eigentlichen ökologischen Forschungen zurückkehren. Wir verstehen besser, weshalb die Tatsache, ein bestimmtes Gebiet des Pariser Ballungsraums (Großumfeld: Wohnbebauung) oder einen bestimmen Haustyp (Kleinumfeld: Wohnhaus) zu bewohnen, bestimmte Gewohnheiten und bestimmte Verhaltensweisen bedingt. Zwar sind materielle Fakten dieser Art weit davon entfernt, alle Denkweisen eines Individuums und Bewegungen einer Gruppe zu determinieren, doch sie müssen dennoch bei der Erforschung der Gesamtzahl der Ursachen herausgearbeitet werden.

Unter Berücksichtigung dieser Hinweise können wir sagen, dass Raumstrukturen, so wie sie sich uns zeigen, teilweise durch die materiellen und technischen Bedingungen und teilweise durch die kollektiven Repräsentationen determiniert sind. Andererseits können das Umfeld und die räumlichen Strukturen willentlich entsprechend materieller oder moralischer Bedürfnisse der Populationen verändert werden. Mit einem Wort, Menschen werden stark vom Einfluss ihres Umfelds geprägt, und Menschen können mithilfe von Mitteln, die ihnen aktuell zur Verfügung stehen, dieses Umfeld in etwa so verändern, wie sie es möchten. Das gegenwärtige Drama ist darauf zurückzuführen, dass es selten dieselben Menschen sind, die den stärksten Einflüssen durch ihr Umfeld unterliegen, die auch über die Mittel zur Veränderung verfügen. Bei näherer Untersuchung dieses Problems zeigt sich uns erneut, dass der Grund dafür ökonomische Strukturen sind.

Zwischen den Handelnden und den Erduldenden ist eine Annäherung notwendig. Die uneigennützige Forschung kann dies sehr erleichtern. Zwischen Sachverständigen, Verwaltungsbeamten und Politikern einerseits und Bewohnern einer Großstadt wie Paris andererseits sollten Wissenschaftler eine Dokumentation und Beobachtungsmethoden beisteuern, die helfen können, zufriedenstellende Lösungen zu finden.

[…]

[|31] Die Entstehung sehr großer Städte ist nichts Neues in der Geschichte der Zivilisationen, ebenso wenig ihr Wohlstand, Niedergang und Fall. Doch im 20. Jahrhundert lassen ihre Zahl, ihre Ausmaße und ihre funktionelle Bedeutung sie als vorrangiges, vielleicht sogar grundlegendes Phänomen von Gesellschaften industriellen Typs erscheinen. Sie manifestieren sich in Form einer demografischen, ökonomischen und kulturellen Konzentration, deren positive oder tragische Konsequenzen bekannt sind. Grandioses Bild des Fortschritts für die einen und Quelle allen Übels für die anderen, entfachen Großstädte oft eher hitzige Debatten, als dass sie Anlass zu rationalen Untersuchungen geben.

Diese Reaktion ist für uns nicht überraschend: Während Metropolen für die Regierenden in zunehmendem Maße die wichtigsten ökonomischen und kulturellen Zentren der heutigen Welt bilden, sind die Lebensbedingungen für die arme Bevölkerung dort oft aus menschlicher Sicht eine Schande. Dieses Dilemma müssen wir überwinden. An der Lösung zur Problematik der Großstädte hängt das Schicksal unserer Zivilisation.

In einer Großstadt wie dem Pariser Ballungsraum bilden Volumen, Dichte und Mobilität der Populationen und die ihnen auferlegten Lebensbedingungen eine ungewohnte Form des gregären Zusammenlebens. Diese demografische Konzentration hat geografische, historische, technische und ökonomische Ursachen, die uns bekannt sind. Der wesentliche Fakt bleibt die Ballung von Produktionsmitteln, Kapital und administrativen Organen auf begrenztem Raum. Die demografische Konzentration wird durch den Anreiz eines besonderen ökonomischen Umfelds begünstigt, [l32] das selbst durch die Konzentration des Kapitals geschaffen wird[5]. Die kapitalistische Ökonomie wirkt auf die Strukturen und die Form der Großstadt ein. Sie richtet das gesamte Leben der dort ansässigen Populationen aus. Der Zustrom von Kapital und Produktionsmitteln schafft einen Anreiz für Arbeitskräfte, unter denen oft eine harte Selektion stattfindet. Zahlreiche Autoren haben auf die Nutzung touristischer Werbung für Baudenkmäler und Museen sowie für Varietés und Unterhaltungsangebote hingewiesen, die diesen Anreiz verstärken. Den Kapitalgebern ist alles Recht, um das Renommee der Stadt zu verbessern, die ihnen als Sprungbrett dient.

Doch es ist hier nicht unsere Aufgabe, die Geschichte der kapitalistischen Ökonomie zu analysieren. Uns interessiert vielmehr die Existenz der Großstadt mit ihren soziologischen Konsequenzen: Der wichtige Punkt ist für uns, dass infolge der ökonomischen und demografischen Konzentration *viele der sozialen Fakten, die sich in einer Großstadt beobachten lassen, uns sowohl in der Qualität als auch im Maßstab verschieden erscheinen – Fakten, von denen man für gewöhnlich glaubt, dass sie in kleineren Ballungsräumen gleichartig wären.*

[…]

[l33] Die neuen sozialen Milieus, die wir in Großstädten entstehen sehen, hängen von technischen Veränderungen ab. Diese wiederum erzeugen neue Ökonomieformen und demografische Bewegungen von besonderem Ausmaß. Jeder dieser Faktoren, sowohl technischer als auch ökonomischer und demografischer Natur, hat einen besonderen Einfluss auf die Entwicklung der sozialen Umfelder. Hinzufügen muss man noch den Fortbestand einer deutlich größeren natürlichen Umwelt als man es in industriellen Ballungsräumen vermuten würde. Die Rolle des Mikroklimas, der Sonneneinstrahlung, der Luftströmungen in manchen Straßen, der Bestand an Gärten und Bäumen, usw. wirken sich hier nicht nur auf die Lebenshygiene und Erkrankungsraten aus, sondern auch auf die Praktiken und Gewohnheiten

---

5 Zum Thema der Anziehungskraft dieses ökonomischen Milieus s.L. Chevalier, *La Formation de la population parisienne au XIXe siècle (Die Bildung der Pariser Bevölkerung im 19. Jahrhundert)* (Publikationen des I.N.E.D. Paris, Presses universitaires de France, 1950), 2. Teil: *le Milieu économique et l'immigration (Das ökonomische Milieu und die Einwanderung)*, S. 69–150.

der Einwohner. Dies kann viele soziale Aspekte in manchen Vierteln erklären (zum Beispiel können die Standorte von Caféterrassen, die für das soziale Leben in manchen Straßen von enormer Bedeutung sind, von der Belüftung, Sonneneinstrahlung usw. abhängen). Übri- [|34] gens wird dieses natürliche Milieu selbst durch die Entwicklungen von Industrien verändert. Smog und Nebel hängen von Art und Ausdehnung des Unternehmens ab. Hohe Gebäude können vor Wind schützen. Das Mikroklima im Viertel hängt mit all diesen Phänomenen zusammen. Fügen wir noch das innere Mikroklima der Werkstätten, Wohnungen und Verkehrsmittel hinzu, sehen wir den Organismus von Städtern ständigen Schwankungen ausgesetzt, die nicht ohne Auswirkungen auf sein gesamtes Verhalten bleiben können.

Die Entwicklung der Beziehungen menschlicher Gruppen mit dem natürlichen und technischen Milieu sind schon mehrfach untersucht worden, in Frankreich vor allem durch Georges Friedmann und seine Schüler[6]. In den Großstädten dehnt das technische Milieu seinen Einfluss nicht nur auf Arbeitsplätze, Fabriken und Büros aus, sondern auch auf Verkehrsmittel, auf die Schaffung von Wohnraum, auf die Lebensmittelversorgung und Geschäfte. Es spielt eine permanente Rolle im Alltagsleben, die wir durch Untersuchungen auf der Straße, in Bussen und U-Bahnen, in Boutiquen usw. erfassen, zumal es sich auch auf breitere Bevölkerungsbewegungen auswirkt, wie wir sie beim Zustrom in Großstädte feststellen[7]. Das technische Milieu spielt auch eine zentrale Rolle für die Beziehungen zwischen der berufstätigen Bevölkerung, die jeden Tag von außerhalb zum Arbeiten in eine Stadt oder ein Viertel kommt, und der vor Ort arbeitenden ansässigen Bevölkerung.

Insgesamt führt uns dies – außerhalb des eigentlichen sozialen Milieus – zu einer Unterscheidung von drei Hauptmilieus in einer Großstadt wie dem Pariser Ballungsraum: *dem technischen Milieu* [|35] *im eigentlichen Sinne,* zum Beispiel dem Unternehmen, in dem die Technik einen direkten Einfluss auf das Individuum hat, das sie nutzt, *ein natürliches Milieu*, das einen gewissen Einfluss auf das Alltagsleben beibehält, auch wenn er zunehmend weniger spürbar ist, und *ein gemischtes Milieu*, das die gewöhnliche Umwelt von Großstädten außerhalb des Arbeitslebens darstellt, in dem die Technik indirekt wirkt, indem sie den Lebensraum (*cadre de vie*), Informations- und Werbemittel wie z.B. Verkehrsmittel und Kinos verändert.

[…]

[|41] Es ist unverzichtbar, diese Funktionen von Paris[8] zu untersuchen, um zu verstehen, wie sich das gesellschaftliche Leben in den verschiedenen Vierteln entwickelt. Sie steuern die Ansiedlung der sozialen Gruppen im Raum. Wir können

6   Siehe G. Friedmann, *Machine et humanisme (Maschine und Humanismus)*, Gallimard, 3 Bände, davon 2 erschienen: 1. *La Crise du progrès (Die Fortschrittskrise)*; 2. *Problèmes humains du machinisme industriel (Menschliche Probleme mit dem industriellen Maschinismus)* und vor allem: *Où va le travail humain? (Wohin entwickelt sich die menschliche Arbeit?)*, Paris, Gallimard, 1951, 1. Teil: *Milieu naturel et milieu technique (Natürliches und technisches Milieu)*.

7   Zur Geschichte dieser Immigration, siehe die Studie von Louis Chevalier, *La Formation de la population parisienne au XIXe siècle (Die Bildung der Pariser Bevölkerung im 19. Jahrhundert)*, a.a.O., Kapitel über das „ökonomische Milieu", S. 69–145.

8   Diese verschiedenen Funktionen von Paris werden aufgezeigt in dem kleinen, magistralen

hier nur beiläufig einige wesentliche Aspekte hervorheben: Es ist die Aufgabe von Historikern und Geografen, uns in diesem Punkt aufzuklären. „Der Standort einer Haupt- [|42] stadt, so Lucien Febvre, erklärt weder ihre Größe noch ihren Fortbestand und auch nicht, weshalb sie zur Hauptstadt geworden ist … In Wahrheit ist es der Staat, der eine Hauptstadt schafft. Sein Wohlstand schafft ihren Wohlstand, sein Niedergang zieht den Niedergang der Stadt nach sich, die er sich als Hauptstadt ausgesucht hat. Auf ihre Entwicklung haben historische und politische Ereignisse zudem unendlich mehr Einfluss als die physischen Bedingungen ihrer Gründung."[9]

Paris ist die Hauptstadt eines Landes, das einen wichtigen Platz in der Welt behalten hat, aber auch ein großes globales Industriezentrum, „Superhauptstadt" einer Gesamtheit von Ländern, mit denen es in mehr oder weniger direkten Beziehungen im Rahmen der *Union française* steht[10], und Kulturmetropole, deren Renommee auch gewisse Pflichten beinhaltet. Paris ist das Ergebnis einer langen Reihe von Zentralisierungsmaßnahmen, die historisch bedingt sind. Der Einfluss der französischen Könige, der Französischen Revolution und des Kaiserreichs (Zentralisierung der Verwaltung), verschiedener „ökonomischer" Pläne des 19. Jahrhunderts (1842 und Zweites Kaiserreich: Zentralisierung der Eisenbahn), usw. Diese historischen Ursachen wurden bereits ausgiebig untersucht[11]; was für uns hier zählt, sind ihre Auswirkungen auf den aktuellen Zustand des Ballungsraums.

Es gibt ein Paris der Verwaltung, ein Paris der Regierung, ein Paris des Geschäftslebens, ein Paris der Industrie, ein Paris der Universitäten, ein Paris der Wissenschaft, Paris als Stadt der Kunst und literarisches Zentrum, ein Paris der Bürger und ein Paris der Arbeiter … Jedes Paris hat seine historischen Traditionen, seine geografische Lokalisation, seine Bräuche und Gesetze. Andererseits ist auch die Ballung bestimmter Bevölkerungskategorien nach ethnischer Herkunft, Schicht, Berufen, Wohnformen, Lebens- [|43] bedingungen, Kriminalität usw. ebenfalls ein wesentlicher Aspekt der ökologischen Untersuchung von Großstädten. Die Verteilung von Anziehungspunkten im Raum, die diesen Hauptfunktionen und diesen verschiedenen Arten von Aspekten entsprechen, bringt uns dazu, eine ganze Reihe verschiedener Zentren zu unterscheiden. Diese Zentren sind mehr oder weniger eindeutig definiert, aber ihre Existenz steht fest.

Werk von A. Demangeon, *Paris, sa ville et sa banlieue (Paris, seine Stadt und seine Vororte)* (Bourrelier, 4. Ausgabe, 1946), Kap. III, S. 23–40.

9   L. Febvre, *La Terre et l'évolution humaine. Introduction géographique à l'histoire (Die Erde und die menschliche Entwicklung. Geografische Einführung in die Geschichte)*, Paris, Albin Michel 1922, S. 424.

10   Zur Untersuchung der „Superhauptstädte" siehe: Chabot, *Les Villes (Die Städte)*, A. Colin, 1948, S. 88–89.

11   F. Gravier, *Paris et le désert français (Paris und die französische Wüste)*, Paris, Le Portulan, Kap. V, S. 113–128 gibt hier eine anschauliche Zusammenfassung.

II. VOM „ENDE" ZUR „UBIQUITÄT" DER URBANITÄT

URBANITÄT*

Edgar Salin

Als der Vorstand des Deutschen Städtetages mich einlud, über das Thema „Urbanität" zu Ihnen zu sprechen, habe ich der Verlockung nicht widerstehen können und habe zugesagt, weil es mich reizte, ein aktuelles Thema einmal geschichtlich und soziologisch zu untersuchen. Vielleicht hätte ich abgelehnt, wenn ich schon zuvor gewußt hätte, daß das Problem zwar ungewöhnlich vielschichtig und erregend ist, daß aber ein ernsthaftes Nachdenken zu manchen Ergebnissen führt, die den Betreuern der heutigen Städte nicht immer angenehm klingen werden. Ich muß also von vornherein um Ihre Nachsicht ersuchen und muß Sie bitten, mir auf manchmal steinigen Pfaden mit einigem Wohlwollen zu folgen.

Urbanität? Was ist das eigentlich? Wir wollen nicht mit einer Begriffsbestimmung anfangen, die doch immer strittig bliebe, sondern wollen ganz einfach vom Wort ausgehen. Das Wort ist ein Fremdwort, wir werden später sehen, daß kaum zufällig niemals ein deutsches Wort an die Stelle getreten ist, – ein Fremdwort, das unmittelbar aus dem Französischen und mittelbar aus dem Lateinischen stammt. Die Geschichte des Wortes ist durchaus nicht belanglos; denn sie offenbart seinen soziologischen Raum. Wir wissen genau, wann es in Rom Eingang gefunden hat, und es ist bedeutsam, daß es dies tat in Übersetzung und zur Übersetzung eines griechischen Wortes, des Wortes ἀστιότης. Wie für die meisten politischen Begriffe und Worte, die wir noch heute gebrauchen, ist also auch für den Begriff der Urbanität der Ursprung in Hellas, in Athen zu finden.

Was ist diese Asteiotes, was bedeutet diese attische Urbanität?[1] Genau so wie später und heute, so ist auch in [|10] Athen die Urbanität nicht ein Kennzeichen der Stadt als solcher und nicht des Bürgers als solchen. Städte können Jahrhunderte lang existieren, ohne daß sich jemals Urbanität entwickelt, und auch Athen hat schon sehr lange bestanden, bis dann im klassischen Athen, im Athen des Perikles, die Urbanität ihre erste und schönste Ausprägung fand. „Wir lieben das Schöne und bleiben schlicht, wir lieben den Geist und werden nicht schlaff. Reichtum dient bei

---

* Erschienen unter demselben Titel in: Erneuerung unserer Städte. Vorträge, Aussprachen und Ergebnisse der 11. Hauptversammlung des Deutschen Städtetages. Berlin: Deutscher Städtetag 1960, S. 9–34.

1 Die Anmerkungen sind auf ein Minimum beschränkt, da nicht auf viele Leser zu rechnen ist, denen es die Zeit erlaubt, der Geschichte des Wortes in der griechischen und lateinischen Literatur nachzuspüren. Wer dazu bereit ist, findet Quellenangaben und Zitate in den nachstehend und in Anm. 4 genannten Dissertationen. Für die Asteiotes: Karl Lammermann, Die attische Urbanität und ihre Auswirkung in der Sprache. Diese gründliche Göttinger Dissertation von 1935 hat offenbar die in Anm. 4 genannte Dissertation nicht gekannt und das klassische Werk von Eduard Norden, Die antike Kunstprosa (Berlin und Leipzig 1899), in den Unheilsjahren nicht zu nennen gewagt.

uns dem Augenblick der Tat, nicht der Großsprecherei, und seine Armut einzugestehen ist nie verächtlich, – verächtlicher, sie nicht zu überwinden. Wir vereinigen in uns die Sorge um unser Haus und um unsre Stadt, und den verschiedenen Tätigkeiten zugewandt, ist doch auch in staatlichen Dingen keiner ohne Urteil. Denn wer daran keinen Teil nimmt, heißt bei uns nicht ein stiller Bürger, sondern ein schlechter ..."[2]. Das Wort Urbanität gebraucht hier Perikles in der großen Leichenrede, die Athen und die Athener feierte, nicht. Aber die Tugenden, die er an seinen Athenern preist, – genau diese machen die Urbanität aus: tätiger Bürgersinn, Liebe zum Schönen, ohne sich zu versteigen, Liebe zum Geistigen, ohne zu verweichlichen. Drum ist Athen Hort der Urbanität und sind die Athener urban, – sind es nicht die Bewohner der jonischen Städte, die auch das Schöne lieben, aber verweichlicht sind, und nicht die Spartaner, denen der Sinn für das Schöne und für den Geist abhanden kam.

Am Gegensatz gegen Sparta sind sich die Athener offenbar der Bedeutung der Urbanität erst ganz bewußt geworden. Die Spartaner sind bäurisch, sind ungebildet, – die Athener sind „gebildet". Dabei darf dieses Wort allerdings nicht im blassen Sinn des Späthumanismus des 19. Jahrhunderts verstanden werden, sondern im Sinn der Perikleischen Worte: gebildet an Leib und Seele und Geist. Dem ritterlichen Typ früherer Zeiten folgt also mit der Urbanität der höchste Typ des Bürgertums, den [|11] wir kennen, – ein Mensch, den nicht der Adel der Geburt und noch weniger der Reichtum an die Spitze führt, sondern der Adel von Bildung und Leistung und Geist, die Vornehmheit der inneren und äußeren Haltung und der sichere Takt im Umgang mit Lehrern und Freunden, mit Hoch- und Gleich- und Niedrig-Stehenden. Als Sokrates vom Diener der Elf den Schierlingsbecher erhält und dieser mit schlichten Worten, fast schamvoll, seinem Befehl nachkommt und weinend den Raum verläßt, da sagt der Weise zu seinen Freunden: „Wie zartfühlend ist der Mann!" Das Wort, das ich mit zartfühlend übersetzt habe[3], heißt asteios, – also urban. Die ganze Skala, den ganzen Reichtum der echten Urbanität kann man hier ermessen, – sie langt aus den letzten Tiefen der Seele bis in die äußersten Formen der Gebärde.

Wer den Fries des Parthenon im Original gesehen hat oder ihn aus Abbildungen kennt, der wird verstehen wenn ich sage: die Jünglinge und die Männer und auch die Götter dieses Frieses sind, ruhend und schreitend, zu Fuß und zu Pferd das leuchtende Abbild jener edlen Urbanität, von der die Dichter und Perikles künden. Und vielleicht wird dann auch verständlich: solch zauberische Blüte hat unter Menschen niemals langen Bestand; sie besteht unter dem Prinzipat des Perikles und sie endet mit seinem Tod, mit der Selbstzerfleischung der Griechen und der Zersetzung Athens im Peloponnesischen Krieg. Von da an kann noch der Einzelne wie Sokrates oder wie der Diener der Elf „urban" sein, – aber Urbanität ist nicht mehr ein Kennzeichen der ganzen Stadt und nicht mehr der Stadtbürger. Was auf der Höhe der

---

2   Thukydides, Geschichte des Peloponnesischen Kriegs, II 40. Ich zitiere aus der neuen Übertragung von Georg Peter Landmann (Zürich 1960), die zur rechten Zeit Thukydides für deutsche Sprache, Bildung und Politik erschließt. Ich wüßte in dieser Epoche, in der überall nach Lehrbüchern der politischen Wissenschaft gerufen wird, kein besseres Vademecum.
3   Vgl. Platon, Apologie, Kriton, Phaidon. Sammlung Klosterberg. (Basel 1945) S. 215.

Klassik gelebtes Leben war, wird nun zur Erinnerung oder zum Zielbild, – zum Zielbild gerade im Sokratischen Kreis. Wenn man nicht auf die politischen und nicht auf die philosophischen Ur-Bilder von Platons Werk das Augenmerk richtet, sondern auf die menschlichen, so dürfte man das Ziel der Erziehung in der Akademie angemessen mit unserm Kennwort umschreiben als: Erziehung zur Urbanität, zur verlorenen Urbanität.

Worte verschwinden nicht, wenn die Wirklichkeit, der sie einmal Namen und Ausdruck gaben, dahin ist; sie verblassen allmählich, werden in anderem Sinn gebraucht und dienen als abgegriffene Münze dem Markt und der Menge. So ist es auch der Asteiotes ergangen. Das soll uns hier nicht weiter interessieren, sondern uns stellt sich [|12] die Frage: wenn demnach die Urbanität an eine bestimmte Stadt, an eine bestimmte Zeit, an eine bestimmte Stufe der Gesellschaft gebunden war, – wie war es dann möglich, daß es eine Renaissance der Urbanität gegeben hat? Die theoretische Antwort ist klar: nur wenn sich eine ähnliche Konstellation wiederholte, – nur dann konnte die Möglichkeit vorhanden sein. Die geschichtliche Antwort lautet: eine ähnliche Konstellation ergab sich in Rom.

Wieder zeigt sich: nicht die Existenz einer Stadt begründet schon Urbanität. Fast 700 Jahre hatte Rom bestanden, ehe von Urbanität gesprochen wird, gesprochen werden konnte. Solange sich keine eigentlich städtische Kultur entwickelt hatte, solange auch die Stadtrömer in ihrem ganzen Habitus bäuerliche Menschen blieben, so lange konnte natürlich gar kein Gegensatz zum bäurischen Wesen gedacht werden. Als nach der Eroberung Griechenlands die Graeculi feinere Sitten und geistigere Bedürfnisse nach Rom verpflanzten, vergingen doch noch dreiviertel Jahrhunderte, ehe die Worte urban und Urbanität Eingang fanden, das heißt: ehe sie ihren Raum und ihre Notwendigkeit hatten. Vielleicht ist dies so zu erklären, daß der geistige Kreis, der sich um die Scipionen scharte, erst sehr langsam den regierenden Schichten etwas von seiner Bildung und von seiner Haltung mitzuteilen und aufzuprägen wußte, – vielleicht ist wie vordem Athen, so nun Rom erst langsam zum Bewußtsein seiner Einzigartigkeit erwacht. Jedenfalls, als Cicero[4] das Wort gebrauchte, da steckt in „urban" oft nicht nur der Gehalt, den wir von Athen her kennen, sondern oft schwingt auch der Stolz mit, daß es nur eine urbs, die urbs Roma, die Stadt Rom, gibt. In der ersten Hälfte des ersten Jahrhunderts vor Christi Geburt scheint das Wort aufgekommen zu sein; aber noch im Jahr 51 schreibt Cicero einen Brief an Appius Pulcher als an einen „nicht nur gescheiten, sondern, *wie wir jetzt sagen*, urbanen Mann"[5]. Das Wort wird also noch durchaus als neu empfunden. Cicero hat dann selbst das seine dazugetan, um die Worte urban und Urbanität einzubürgern, und mit seinen Schriften, Reden und Briefen sind sie weiter durch die Jahrhunderte gewandert.

[|13] In welchem Sinn? Eine Definition zu geben lehnt Cicero ausdrücklich ab; man kann solche Begriffe, meint er mit Recht, eher einsichtig machen als erklären. Im ganzen ist es wohl so, daß die Begriffe sich im wesentlichen mit der attischen

---

4   Für Rom und speziell für Cicero vgl. die vorzügliche Dissertation von Eva Frank. De vocis „urbanitas" apud Ciceronen vi atque usu. (Berlin 1932). Dort ist auch die ältere Literatur zum Thema verzeichnet: aus ihr sei auf F. Heerdegen hingewiesen.

5   Cicero, Epist. ad fam. III, 8, 3.

Auffassung decken, aus der sie ja übertragen sind. Aber zweierlei kommt hinzu, wenn sich die spärlichen Zeugnisse ohne Überforderung richtig so deuten lassen, – eines kaum spezifisch römisch, sondern Zeichen der späten, der nach-attischen, der hellenistischen Zeit. Erstens wird stärker als früher in der Urbanität neben dem Geist das Geistreiche geachtet, die Fähigkeit zu scherzen und zu witzeln (wohl eine Spätform der sokratischen Ironie). Und zweitens gilt nun als wichtiges Zeichen die gute Aussprache, die richtige Stimmlage, der römische Ton[6]. Dies Merkmal herauszuheben hatten die attischen Autochthonen der perikleischen Zeit noch nicht nötig; ein Jahrhundert später hat man auch in Athen den Attizismus pflegen müssen, – an einem einzigen Wort, so wird erzählt, habe eine attische Marktfrau den Theophrast als Fremden erkannt. In der Weltstadt, zu der sich Rom am Ausgang der Republik entwickelt, ist die Pflege der Sprache für den gebildeten, den urbanen Römer unerläßlich, damit nicht nur die Geste, sondern auch das Wort ihn von der Masse der hereinströmenden Provinzialen unterscheidet. Noch exklusiver also ist die römische als die attische Urbanität, im menschlichen und im staatlichen Bereich. Ihre schönste Verkörperung findet diese römische Urbanität in dem ersten Julier, in Caius Julius Caesar. Aber auch diesmal währt die Höhe nur kurze Zeit. Die Bürgerkriege, die auf Caesars Ermordung folgen, und die gegenseitigen Proskriptionen zerstören die Urbanität. Die stoischen Tugenden, mit denen sich die großen Römer der ersten nachchristlichen Jahrhunderte in den Wirren und Greueln der Zeit behaupten, bilden starke, vornehme, über Freud und Leid erhabene Charaktere; aber die Bürgertugend des tätigen Einsatzes für das Wohl von Stadt und Staat, ohne die keine Urbanität besteht, wird nicht mehr bedurft und verkümmert.

An den beiden großen Beispielen Athen und Rom läßt sich mit der Klarheit des südlichen Lichts und des exemplarischen Geschehens nicht nur der reiche Inhalt echter Urbanität ablesen, sondern auch die nun besonders zu würdigende Tatsache, daß die Urbanität nicht losgelöst zu denken ist von der aktiven *Mitwirkung einer Stadt-* [|14] *bürgerschaft am Stadtregiment.* Urbanität ist Bildung, ist Wohlgebildetheit an Leib und Seele und Geist; aber sie ist in allen Zeiten, in denen der Geist nicht freischwebt, sondern sich sein ihm gemäßes politisches Gehäuse zimmert, auch fruchtbare Mitwirkung des Menschen als Poliswesens, als politischen Wesens in seinem ihm und nur ihm eigenen politischen Raum. Da dies so ist, verschwindet die Urbanität als Faktum und als Begriff ebensowohl im byzantinischen Kaiserreich wie in den Fürstenstaaten, die auf die Stürme der Völkerwanderung folgen. An den Höfen gedeiht die Urbanität nicht, und die Städte, die neu gegründet oder neu belebt werden, sind nicht geistige Zentren, sondern militärische Burgen oder wirtschaftliche Märkte[7]. Nicht früher als im 14. oder 15. Jahrhundert könnte man also erwarten, daß sich langsam wieder Urbanität regt, vielleicht in Paris, vielleicht in den italienischen, vielleicht auch in den oberdeutschen Städten.

Doch wenn ich recht sehe, ist es nicht dazu gekommen. Es hat gewiß in Italien Menschen urbanen Wesens gegeben, – Raffael und andere Künstler des Quattro-

6   Man darf daran erinnern, daß hierin die Italiener echte Nachfahren der Römer sind. Als Höhe galt und gilt: lingua Toscana in bocca Romana.
7   Darüber einige treffende Bemerkungen zuletzt in einem Artikel von Akademiedozent Dr. F. Pöggeler, Trier: Die Stadt als Ort der Bildung. (In: Kulturarbeit, Jg. 10, S. 141 ff.)

und des Cinquecento treten sofort vors innere Auge, – aber keiner von ihnen hatte *politische* Statur, und „Urbanität" galt weder ihnen noch ihrer Zeit als Zielbild. Hohe gesellschaftliche Tugend war die *cortesia*, – das feine Benehmen wie es sich bei Hofe und im Adel ziemte, – schließlich sehr abgeblaßt: die Höf-lichkeit. Trotzdem in Florenz eine Renaissance auch des Platonismus anhebt, bleibt das menschliche Ideal der Höfling, der Cortegiano des Baldassare Castiglione. Und da auch die Städte, die mit einem patrizischen Regiment in diese Jahrhunderte des Übergangs zur Moderne eintreten, sich entweder in kleine Fürstentümer verwandeln oder größeren Monarchien zum Opfer fallen, bleibt für lange Zeit die echte Urbanität unerreichbar. Wenn wir mit diesem Wissen nochmals die Porträts von Raffael oder die des greisen Tizian betrachten, so wird nun deutlich, daß das Fehlen der politischen Statur doch einen ganz entscheidenden Unterschied darstellt. Züge des Höflings sind auch bei ihnen unverkennbar, und Tizian in aller Größe wirkt eher als Fürst der neuen Zeit denn als Ebenbürtiger der Perikles und Platon. Am ehesten könnte man noch Cosimo Medici und sein Florenz mit Athen vergleichen, und in Cesare Borgia sind verwandte Züge mit Alkibiades unverkennbar; zu Beginn des 16. Jahrhunderts hat es sogar allgemeinere Ansätze [|15] einer Entwicklung zur Urbanität gegeben. Aber mit dem Sacco di Roma, mit Reformation und Gegenreformation sind alle zarten Keime verwelkt.

War es in den deutschen Städten anders? Wohl kaum. Ich habe in dem prächtigen Gedenkbuch der Stadt Augsburg[8] die Bilder betrachtet und die Texte gelesen, – ich kenne sehr genau die Fugger-Bücher meines Kollegen und Freundes Pölnitz[9]. Hier wie dort begegnen sich großartige Männer und Frauen, Kaiser und Kaufherren, – und man wird viele rühmenswerte Eigenschaften an ihnen finden und mit Bewunderung ihnen auf ihren friedlichen und kriegerischen Unternehmungen folgen, und diese Stadt, in der wir heute versammelt sind, ob ihrer großen Vergangenheit preisen und ob der Dankbarkeit, mit der sie sich zu den Ahnen bekennt. Aber „Urbanität", – das ist kein Charakterzug der Stadt gewesen und nicht ihrer Bürger, nicht in Augsburg, nicht in Nürnberg, nicht in Basel.

Warum nicht? Gewiß ist es so, daß im christlichen Raum die Wohlgebildetheit von Leib und Seele und Geist überhaupt schwer zu vereinigen war, – vielleicht trug auch Schuld die ständische Gliederung, die die ritterlichen Spiele einem einzigen Stand vorbehielt und das Bürgertum nur langsam und spät zum Bewußtsein der eigenen Kraft hat kommen lassen. Und gewiß war stark die Tatsache beteiligt, daß nicht die Bürger, sondern Ritter und Söldner die Kriege führten, daß kein Dichter wie in Athen sich als Stratege (Sophokles) und kein Philosoph sich als Hoplit (Sokrates) bewähren durfte und mußte. Nietzsche wirft den Deutschen vor, daß sie „Europa um die Ernte, um den Sinn der letzten *großen* Zeit, der Renaissance-Zeit, gebracht, in einem Augenblicke, wo eine höhere Ordnung der Werte, wo die vornehmen, die zum Leben jasagenden, die Zukunft-verbürgenden Werte ... zum Sieg gelangt waren"[10]. Vielleicht war es mehr Verhängnis als Schuld. Aber gewiß ist: Als

---

8   Augusta. 955–1955. Forschungen und Studien zur Kultur- und Wirtschaftsgeschichte Augsburgs. (Verlag Hermann Rinn 1955).
9   Vgl. zuletzt Götz Freiherr v. Pölnitz, Die Fugger. (Frankfurt am Main 1960).
10 Nietzsche, Ecce homo. Große Naumann-Ausgabe. Bd. XV S. 110.

die Religionskämpfe durch den Augsburger Religionsfrieden abgeschlossen wurden, war die Chance der freien Entwicklung der Bürger und Städte abgeschnitten, –
der Frieden brachte nur eine Sicherung der regionalen Intoleranz und zerstörte damit auf lange hinaus die Möglichkeit einer echten Humanität, die für die Alten mit
Urbanität fast [I16] identisch gewesen ist. Der Dreißigjährige Krieg hat dann den
Niedergang der Städte, der durch ein Jahrhundert schon im Gang war, mit barbari-
scher Gründlichkeit besiegelt.

Ist die Urbanität mit der geistigen und politischen Freiheit eines aktiven Bürgertums identisch, so nimmt es nicht wunder, daß in dieser ganzen Zeit selbst das
Wort Urbanität nicht existiert. Wenn die alten Lexika recht haben, so taucht es überhaupt erst im 18. Jahrhundert wieder in seinem alten Sinn auf. Ohne Bedeutung
bleibt es bis zur Gegenwart in England. „Urbane" bezeichnet höflich, „urbanization" Verstädterung[11]. Urbanität bildet dort kein Zielbild, kann es nicht tun; denn
englisches Ideal war und ist die Erziehung zum Gentleman, zum Edelmann. Das
heißt: in England, wo verhältnismäßig früh das reiche Bürgertum zu Einfluß und
Macht kam, hat bis zum heutigen Tag die alte Aristokratie es verstanden, sich die
homines novi anzuverwandeln. Das Königtum hat hervorragende Männer geadelt,
die Adeligen haben reiche Erbtöchter geheiratet, und die großartigen Schulen und
Universitäten haben dazu geholfen, den Lebensstil des Gentleman, also wörtlich:
des Edelmanns auch zum Stil des Bürgertums werden zu lassen.

Anders in Frankreich, wo mit der Französischen Revolution der tiers état zur
Macht kam. Und in Frankreich ist daher auch mit Rousseau das Wort „urbain", mit
d'Alembert und Voltaire das Wort „urbanité" wieder aufgekommen[12]; aber daß es
sich allgemein durchsetzt und wirklich Heimatrecht in dieser so wunderbar rein
erhaltenen französischen Sprache erhält, das dankt es Balzac, dem großen Roman-
cier, der zugleich der beste Soziologe der siegreichen bürgerlich-kapitalistischen
Gesellschaft ist. Balzac kennt die Herkunft, und kennt die Aufgabe; er weiß von
dem Attizismus der Griechen und [I17] von der Urbanität der Römer, und er ist
überzeugt, daß, wenn das Wort erst einmal den Schrecken der Neuheit verloren hat,
dann die Urbanität als Bürgertugend geübt und gepriesen werden wird. Hat er recht
behalten? Am antiken Maßstab gemessen sicherlich nicht; aber im bescheidenen
Rahmen der modernen Möglichkeit wohl doch. Die französische Demokratie hat
mit ihren großen Rhetoren und Advokaten die Bürger zum politischen Regiment
geschult und berufen, und die Stadt Paris hat mit ihren Gelehrten und ihren Dich-
tern, mit ihren Bankiers und ihren Courtisanen zeitweise einen späten Abglanz je-

---

11   „urbanism" ist, soweit ich sehen kann, eine amerikanische Neubildung. – In dem neuesten
     Werk der Stadtsoziologie: Nels Anderson, The Urban Community (London 1960) gibt es die
     Stichworte urban, urbanism und urbanization. Dabei hat „urban" als Begriff der amerikani-
     schen Soziologie die Bedeutung „städtisch", „urbanisch" die Bedeutung „städtisches Leben"
     oder „städtische Gesinnung und Sitte".
12   E. Littré, Dictionnaire de la langue française. (Paris 1876), vol. IV p. 2397 vermerkt, daß man
     die Prägung des Wortes lange Zeit Balzac zugeschrieben hat. Das Wort als solches ist wesent-
     lich älter, – es kommt schon bei Oresme vor, und vom 14. bis zum 18. Jahrhundert gibt es
     vereinzelte Belege. Aber die Feststellung: „c'est Balzac qui l'a introduit définitivement et auto-
     risé" verwundert uns nicht, – das Wort „Urbanität" hat erst jetzt wieder seinen soziologischen
     Raum erhalten.

ner Urbanität der Frühe besessen und ihn mit der Sprache der Diplomaten und der Literaten auf die Völker Europas ausgestrahlt.

Auch auf Deutschland? Wie gern würde man mit einem vollen „Ja" antworten können. Aber nachdem sich gezeigt hat, daß wahre Urbanität von der Beteiligung an der Regierung von Stadt und Staat gar nicht zu trennen ist, ist von vornherein klar, daß die soziologischen Voraussetzungen in den kleinen und großen absolutistischen Staaten genau so wie im Bismarckschen Reich denkbar ungünstig gewesen sind. Das haben Goethe und Schiller so gut gewußt wie Hölderlin, und wenn man mit Recht den Wilhelm Meister stets als Bildungsroman bezeichnet hat, so als Bildung zu dem, was den Deutschen fehlte, – in Goetheschen Worten: zur Rechtschaffenheit, zur Wohlgebildetheit, zur dreifachen Ehrfurcht, zur Humanität; aber wir wären nicht im Unrecht, wenn wir mit unserem Worte sagen würden: in der Pädagogischen Provinz ist das Anliegen Goethes die Erziehung der Deutschen zur Urbanität. Und es läge durchaus im Goetheschen Sinn, wenn wir auch den Tasso und die Iphigenie und den Briefwechsel mit Schiller und den bewußten Willen zur Klassik als Erziehung zu Humanität und Urbanität bezeichneten, als Weg zum wahren und schönen und guten Menschen, – nicht immer zum Regenten (Carl August), doch auch als Untertan zum stolzen Diener stolzer Fürsten.

Seiner eigenen Lebensform und der deutschen Umwelt entsprechend würdigt Goethe die Städte vorwiegend als Fürstensitze, von denen eine bewundernswerte Volkskultur ausgeht „und welche ihre Träger und Pfleger sind". „Denken Sie an Städte wie Dresden, München, Stuttgart, Kassel, Braunschweig, Hannover und ähnliche", [I18] sagt er zu Eckermann[13], „denken Sie an die großen Lebenselemente, die diese Städte in sich selber tragen; denken Sie an die Wirkungen, die von ihnen auf die benachbarten Provinzen ausgehen; und fragen Sie sich, ob das alles sein würde, wenn sie nicht seit langen Zeiten die Sitze von Fürsten gewesen". Herder, aus Ostpreußen stammend, im Baltikum in jungen Jahren tätig, ein Wanderer durch Landschaft, Dichtung und Geschichte Europas, hat in diesem Punkt wohl weiter und tiefer als sein großer Freund gesehen. So fand er die bleibenden Worte, um am Beginn des neuen Humanismus die unvergängliche Bedeutung der Stadt zu preisen. „Die Städte", schreibt er, „sind in Europa gleichsam stehende Heerlager der Kultur, Werkstätten des Fleißes und der Anfang einer besseren Staatshaushaltung geworden ... Die Gesetze mancher Städte sind Muster bürgerlicher Weisheit. Städte haben vollführt, was Regenten, Priester und Edle nicht vollführen konnten und mochten; sie schufen ein gemeinschaftlich wirkendes Europa."

Dieser Ruf der Klassik und zur Klassik hat nur ein sehr schwaches Echo gefunden. In seinen Gesprächen hat Goethe oft und vernehmlich darüber geklagt, wie klein die Schicht der Gebildeten gewesen ist, die seinen Appell vernahmen. Mehr als die Urbanität galt die Höflichkeit, welche – bald nach Goethes Tod – der Brock-

---

13 Goethes Gespräche mit J.P. Eckermann. Die Stelle steht in dem berühmten Gespräch vom 23. Oktober 1828, in dem Goethe ausführlich sich darüber äußert, in welchem Sinn er eine Einheit Deutschlands für möglich und wünschenswert hält. Die Stelle aus Herder, Ideen zur Philosophie der Geschichte der Menschheit, verdanke ich dem Bibliothekar des Deutschen Städtetags, Blissenbach.

13a Ich lasse den Artikel „Urbanität" in dieser „Allgemeinen deutschen Real-Encyclopädie für die gebildeten Stände" (Leipzig 1836, Bd. XI) im Wortlaut folgen, da er bei aller Primitivität doch

haus von 1836 gleichsetzt mit „der bloßen Beobachtung conventionell hergebrachter Formen"[13a]. Diese konventionellen Formen sind so stark gewesen, daß sie sogar
den Untergang der Monarchien überdauert haben und nach dem Zusammenbruch
des tausendjährigen Reiches wieder aufgelebt sind, – sie [|19] wurden durch die
Verbindungen der verschiedensten Art, Landsmann- und Burschenschaften und
Corps weitergetragen und haben den besonderen Typ des deutschen Referendars
und Assessors, des Bergassessors und des Ministerialen geprägt, der sich bei kei-
nem anderen Volk so entwickelt hat. Diese Verbindungen haben als Wahrer ihrer
Tradition bis hin zur Ämter-Patronage eine nicht geringe Bedeutung besessen. Aber
Mensuren und Hackenschlagen und schnarrende Stimmen sind vielleicht ein Indiz
der Zugehörigkeit zu einer regierenden Kaste, – doch jedenfalls kein Zeichen urbanen Wesens, eher des Gegenteils. Als Stefan George um die Jahrhundertwende
seine Neuschöpfung des deutschen Menschen unternahm, hat er sich daher mit Hef-
tigkeit gegen diese deutsche Linie mit ihrer Vorliebe „für alles Platte, Eckige und
Vernünftelnde" gewandt und hat die Notwendigkeit einer echten Haltung einzu-
hämmern gesucht[14]: „Daß der Deutsche endlich einmal eine Geste: die Deutsche
Geste bekomme – das ist ihm wichtiger als zehn eroberte Provinzen". Nach den
Jahren des Unheils, die hinter uns liegen, liest und hört man solche Worte nur mit
tiefem Erschrecken; es ist so, als habe ein Teufel sie vernommen und verdreht und
habe den Deutschen statt der schönen Geste die starre Fratze beschert und wieder
einmal und für immer den schönsten Lenz erfrieren lassen. Das ist tatsächlich ge-
schehen. Aber indem ich den Namen des großen Dichters nannte, wollte ich auch in
Erinnerung rufen, daß es gerade in jener Wendezeit neben dem zackig-barbarischen
Deutschen den urbanen gegeben hat. Unter den Menschen meiner Lebenszeit wüßte
ich keinen zu nennen, [|20] der urbaner als er im Umgang gewesen wäre, und diese

richtig für seine Zeit feststellt, daß Urbanität nicht in monarchischen Staaten gedeihen kann:
„Urbanität heißt so viel als städtische Sitte, im Gegensatz der bäurischen oder Rusticität; daher
gewöhnlich feine Lebensart. Eigentlich ist Urbanität das feine, mit Würde zuvorkommende
Benehmen in Gesellschaft Anderer, wodurch man Alles, was den gebildeten Geschmack oder
das Schönheitsgefühl verletzen würde, zu vermeiden sucht. Es ist mithin verschieden von der
Höflichkeit und Artigkeit als der bloßen Beobachtung conventionell hergebrachter Formen.
Der Urbane trägt zwar kein Bedenken, in der Unterhaltung mit Andern nicht ganz angenehme
Gegenstände zu berühren oder sein Urtheil unbefangen zu äußern, allein er wird dabei immer
eine gewisse Achtung gegen Die, welche es gilt, sowie gegen die Anwesenden überhaupt beobachten und durch die Form seiner Äußerung das Kränkende derselben zu entfernen oder doch
zu mildern suchen. Der Höfliche dagegen vermeidet, der Sitte des Hofes gemäß, alles Dasje-
nige, was nicht angenehm ist und nicht schmeichelt. Urbanität ist von urbs, d.h. die Stadt, ab-
zuleiten, worunter man, als das Wort gebildet wurde, ausschließlich Rom verstand, mithin heißt
Urbanität wörtlich: das Benehmen, wie es zu Rom stattfand; insbesondere zur Zeit der Republik. Der Mangel eines einzig Gebietenden und eines Hofes um ihn ließ Höflichkeit nicht aufkommen, sondern die große Freiheit jedes Bürgers war Ursache eines freien, offenen und
furchtlosen Benehmens, wie es in monarchischen Staaten nicht stattfinden kann, und da diese
wiederum durch die sittliche und ästhetische Bildung, sowie durch die Achtung der gegenseitigen Rechte gemildert wurde, so bildete sich nach und nach Das aus, was Urbanität genannt
wird." – Im Großen Brockhaus von 1957 (Bd. XVI) gibt es das Stichwort „Urbanität" überhaupt nicht mehr. Erstaunlicherweise fehlt es in Kluge-Goetze-Mitzka, Etymologisches Wör-
terbuch der Deutschen Sprache. (Berlin 1957).
14 Vgl. Blätter für die Kunst. Fünfte Folge. 1900/01. S. 3.

deutsche Urbanität war so besonders reich, weil sie ohne den soziologischen Raum und darum besonders frei und stark sich entwickeln mußte; sie vertrug sich bei George durchaus mit seiner bäuerlichen Abkunft und wurde nur reizvoller durch bleibend-bäuerliche Züge.

Menschen wahrhaft urbanen Wesens haben sich in allen Schichten gefunden. Sie sind mir begegnet – und werden jedem der Älteren von Ihnen begegnet sein – unter Bürgern und unter Arbeitern, unter Diplomaten und Gelehrten, im Adel und unter den entthronten Fürsten, im Heer und in der Marine. Ich vermeide es, Namen zu nennen, da gerade die Ungenannten von ihrer großen Zahl zeugen müssen.

Doch damit nicht genug. Die weitere Behauptung ist zu wagen, daß, obwohl wirklich das Höflingswesen in monarchischen Staaten eine echte Urbanität schwer aufkommen läßt und obwohl die früh einsetzende Jagd nach dem Gelde große Teile des Bürgertums depraviert hat, – daß trotzdem in den Jahren vor dem ersten Weltkrieg, vielfach auch noch bis 1933, in manchen deutschen Städten eine *eigene Urbanität* gedieh. Ich zweifle zwar, ob es eine deutsche Stadt gab wie Basel, von dem Nietzsche rühmen konnte, „wie imprägniert mit dem Burckhardtschen Geiste und Geschmack alles ist, was von dorther kommt"[15]; denn gewiß hat Nietzsche recht: am deutschen geistigen Niedergang schon seiner Lebenszeit trug Schuld, daß das Selbstverständliche in Vergessenheit geriet und man nicht mehr wußte, daß „Erziehung, *Bildung* Selbstzweck ist – und nicht das Reich". Und mit tiefem Grund feiert Nietzsche Jacob Burckhardt als den großen Erzieher seiner Vaterstadt: „ihm zuerst verdankt Basel seinen Vorrang von Humanität"[16]. Er hätte auch Urbanität sagen können; denn bei aller Knorrigkeit des alemannischen Stammes haben die Basler dem jungen Gelehrten, dem Gott und Christentum befehdenden Philosophen und dem Umnachteten gegenüber in allen Formen ein Maß von Urbanität und Humanität bewiesen, das der Stadt am Rheinknie immer zur Ehre gereichen wird. Aber auch wenn der Vorrang von Basel nicht bestritten werden soll, so ist es nicht Selbsttäuschung des Alters, das die Ju- [|21] gendzeit in schönem Licht verklärt, sondern sachliche Feststellung, wenn ich zumindest eine *Atmosphäre der Urbanität* als Kennzeichen deutscher Städte rühme.

Was hier zusammentraf, um diese Atmosphäre zu schaffen, das war wohl von Stadt zu Stadt verschieden gelagert. Wichtig war überall der wache Bürgersinn alter Familien, wichtig wohl auch das Nachwirken einer großen Vergangenheit, wichtig vielerorts die durch große Oberbürgermeister geweckte, stolze Verbundenheit mit der neu-aufblühenden Stadtgemeinde. In meiner Heimatstadt Frankfurt haben alle drei Elemente sich aufs schönste vereinigt, und das Bekenntnis zu Goethe als dem größten Sohn und dem noch wirkenden Ahn hat die geistige Einheit fest geschmiedet[17]. Anders war die Mischung der Elemente in Köln, anders in den Hansestädten, – aber eine starke Tradition der alten Freiheit gab überall das Gepräge. Gewiß

---

15 Nietzsche an Franz Overbeck. Brief vom Sommer 1886. – Vgl. dazu rde No. 80. Vom deutschen Verhängnis. Gespräch an der Zeitenwende: Burckhardt-Nietzsche.

16 Nietzsche, Götzendämmerung. Große Naumann-Ausgabe. Bd. VIII S. 112 f. – Sperrung von Nietzsche.

17 Einiges habe ich festzuhalten gesucht in einem Beitrag zur Festschrift des Frankfurter Goethe-Gymnasiums (1959). „Als Goethe-Gymnasiast in der Goethe-Stadt. 1901–1910".

haben im Vergleich zur antiken Urbanität entscheidende Züge gefehlt; aber mit Fug und Recht dürfen wir doch von einer *humanistischen Urbanität* sprechen. Wir nannten die Elemente ihres Aufbaus und müssen nun noch die Besonderheit, die geschichtliche Einmaligkeit jener Kräfte bezeichnen, die ihr das eigene Leben gaben.

Die eine dieser Kräfte war der Humanismus, – der Humanismus im Sinne Wilhelm von Humboldts, – jener Neu-Humanismus, der zwar weit hinter Goethes geformter Humanität zurückblieb, doch ein hohes Maß von Bildung und Gesittung verbürgte. Die zweite wichtigere Kraft war die fruchtbare *Mischung der Kulturen* und ihrer Tradition, *der Stämme und der Rassen.* Es ist ein uraltes Wissen, daß nur in den Städten sich jene Mischung vollziehen kann, welche die Basis jeder hohen Kultur gewesen ist. Wenn Paris im 18. und 19. Jahrhundert einen Vorrang an Urbanität besaß, so nicht zuletzt darum, weil Franken als „Mutter der Fremden, Unerkannten und Verjagten"[17a] zur Heimat und zum Kampfplatz der besten Geister geworden war. Im 19. Jahrhundert vollzog sich nun in Deutschland, – geschichtlich spät, vielleicht allzuspät – jene Befruchtung, in der karge mit schwellenden, zarte mit herben, römische mit germanischen, französische mit preußischen, deutsche mit jüdischen Kräften sich mischten, – Ursprung jenes Bildungsbürgertums besonderer Art, dem Konservative wie Revolutionäre, Fontane wie Heine [I22] und wie Hofmannsthal, die Führer des Parlaments der Paulskirche ebenso wie Karl Marx entstammten. Hier hatte deutsche Musik den lebendigen Raum, hier deutsche Philosophie die Stätte der Diskussion; hier wurden die Schätze der Kunst vergangener Zeit wie der Gegenwart gesammelt und schufen die geistige Luft, in der die Jugend heranwuchs. Wieder seien nicht Namen von Familien aufgezählt, in denen diese Urbanität kulminierte. Sie machten den Ruhm von Frankfurt aus und von Mannheim, von Köln und von Hamburg, von Leipzig, von Königsberg und von Wien, sie bildeten Oasen in kleinen und mittleren und großen Städten und in der Metropole des Reichs, in Berlin. Es war eine Spätblüte, – leicht zu brechen und leicht zu welken, – dem neuen Materialismus und dem neuen Sensualismus gegenüber nicht sehr widerstandsfähig, – und verhängnisvoll war, daß gerade auch aus diesen Häusern geistiger Vornehmheit die beste Jugend dem ersten Weltkrieg zum Opfer fiel. In den Jahren der großen Inflation schien noch einmal eine geistige Wiedergeburt sich anzubahnen, – die geistige Verarmung durch das erste „Wirtschaftswunder" und die materielle durch die große Wirtschaftskrise haben alle guten Ansätze erstickt, und der Sieg des Ungeistes hat bewußt und erfolgreich die Urbanität von den Wurzeln her vernichtet.

Da die jüngste Vergangenheit noch völlig unbewältigt hinter den Deutschen liegt, ist dieser überaus folgenschwere Tatbestand in seiner geschichtlichen Endgültigkeit noch kaum wahrgenommen worden. Aber sein Verständnis ist von ganz entscheidender Bedeutung für die richtige Würdigung der Aufgaben, der Möglichkeiten und der Grenzen heutiger Stadtpolitik. Nietzsche, der im Gefühl der Verantwortung für die Zukunft Europas mit kaum trüglichem politischem Instinkt Europas Geschichte durchwanderte, hat den sturen Nationalisten seiner Zeit entgegengerufen, daß Spanien die Einzigartigkeit seiner Kultur der christlich-jüdisch-maurischen

---

17a Stefan George, Franken (Werke. Ausgabe in zwei Bänden. München und Düsseldorf 1958. Bd. I S. 235).

Mischung dankte, und er hat schon 1880 den Deutschen ins Stammbuch geschrieben[18]: „So ist der Kampf gegen die Juden immer ein Zeichen der schlechteren, neidischeren und feigeren Naturen gewesen: und wer jetzt daran teilnimmt, muß ein gutes Stück pöbelhafter Gesinnung in sich tragen."

Die Besten haben dies immer gewußt, – die Schlechten haben die Warnung nicht gehört, nicht hören können. Aber sie haben verstanden, daß sie für ihren Pöbel- [|23] aufstand die ganzen Werte leugnen mußten, die in der Urbanität sich manifestierten. Sie haben darum von Athen nichts wissen wollen und haben gemeint, sich auf die Spartaner berufen zu dürfen, – sie haben „den Revolver entsichert, wenn sie das Wort Kultur" vernahmen, und haben die Juden vertrieben und gemordet, deren bloße Existenz, deren Seele, deren Auge an ewige Mächte gemahnten, zu denen sie nicht hinab- und hinaufreichten. Die Verbrecher haben das Reich und haben Europa zerstört. Das deutsche Volk haben sie nicht, wie sie gern gewollt hätten, mit in den Strudel der Vernichtung ziehen können. Doch für Zeit und Ewigkeit haben sie ihm die *humanistische* Urbanität genommen. Wie das Jahr 1492 für Spanien mit der Vertreibung der Juden das Ende der hohen Kultur bedeutet und nur noch Raum läßt für Inquisition und Scheiterhaufen, so bezeichnet das Jahr 1933 das Ende der deutschen Urbanität, das Ende jener späten Epoche der deutschen Kultur, deren Träger in Kampf und in Verteidigung wir waren und deren in Schmerz und Trauer stolze Erben noch manche Älteren sind, zu denen ich gehöre und ich mich bekenne.

Die Urbanität ist im Jahre 1933 schneller zusammengebrochen als alle anderen geistigen, künstlerischen, religiösen Werte und Formen, die sich länger behauptet und oft an Widerstandskraft sogar gewonnen haben. Wenn man nach jenem ewigen Schandtag des 1. April 1933 durch die deutschen Städte fuhr, so packte einen das Grauen, wie schnell und wie gründlich der Geist daraus entwichen war. Leere Fassaden sind geblieben. In die sind die Bomben des Krieges gefallen und haben die leeren Mauern zerstört. Wer als Knabe und Jüngling noch jeden Winkel der Frankfurter Altstadt kannte, wem Köln und Münster, Braunschweig und Hildesheim, Ulm und Augsburg und Nürnberg vertraut waren, dem war nach dem Zusammenbruch der Anblick der einst so geliebten Stätten ergreifend und niederschmetternd, und der war dankbar, z.B. in München noch die Silhouette der Stadt und die Frauenkirche fast intakt zu finden, und wußte doch, daß Schwabing, daß das alte München Karl Wolfskehls[19] [|24] für immer dahin war, und so auch das Heidelberg Max Webers und Gundolfs und alle andern geistigen Zentren der drei ersten Jahrzehnte dieses Jahrhunderts. Die Urbanität war tot. Ein leiser Trost mag sein, daß mitten im Krieg Carl Oskar Jatho in einem Wechselredespiel[20] für Köln den Zauber jener

---

18 Vgl. Nachgelassene Werke. Große Naumann-Ausgabe. Bd. XI S. 295.
19 Wolfskehl hat in „Bild und Gesetz" (Berlin/Zürich 1930) der Stadt, in der er drei Jahrzehnte als Zeus von Schwabing residierte, München, und der Stadt seiner Geburt, Darmstadt, ein Denkmal gesetzt. Aber er witterte bereits (S. 114): „München ist drauf und dran, seinen Zauber einzubüßen – matt zu werden, – seine eigene Scheingestalt, Maske, hinter der das Nichts gähnt." – Wie ein Abgesang zu Wolfskehls Preis und Klage wirkt ein nachdenklicher Essay von Friedrich Sieburg, Vorübergehend in München. (Frankf. Allg. Ztg. 1960. Nr. 48.)
20 Im Druck erschienen 1946. (L. Schwann/Düsseldorf): C.O. Jatho, Urbanität. Über die Wiederkehr einer Stadt.

Atmosphäre in Worte gefaßt hat, die aus römischen und germanischen Ursprüngen, aus heidnischem und katholischem Glauben, aus Gartenfreuden und Weintrunkenheit, aus der Arbeitsamkeit und dem Kunstsinn der Bürger, aus der Klugheit und dem Weitblick ihrer Regenten die Kathedralstadt als Hort einer „nicht alternden geistvereidigten Jugend" erscheinen ließ.

Aber Jatho hat sich getäuscht, wenn er an eine Wiederkehr glaubte. Die fruchtbare Symbiose von einst kehrt nicht wieder, die Tradition ist unwiderruflich abgebrochen, die Zeit eines städtischen Patriziats ist vorbei, der Humanismus der Goethe-Zeit hat seine Kraft verloren, die industrielle Massengesellschaft von heute braucht – mehr als sie weiß – neue Formen, braucht andere als die der klassischen oder humanistischen Urbanität. Wenn man die echten, schweren Aufgaben, vor denen wir stehen, in ihrer Besonderheit erfassen will, so würde ich daher meinen, es wäre auf lange hinaus richtig, das Wort „Urbanität" ganz zu vermeiden; sonst werden Fragen wichtig genommen, die es im Augenblick und auf lange hinaus gar nicht sind, und sonst werden geistig die Zusammenhänge und die Ziele eher verfälscht als erhellt. Ich möchte die neue Aufgabe als die der *Stadtformung* bezeichnen, und ich glaube, es wäre ehrlicher und daher fruchtbarer, wenn wir uns dahin einigen könnten, daß es heute das *Problem der Stadtform* ist, mit dem wir, in nun näher zu umschreibender Richtung – uns auseinanderzusetzen haben.

In dieser Kennzeichnung der Situation nach rückwärts und nach vorwärts ist nichts enthalten, was irgend einen Anlaß zu Pessimismus gäbe. Ganz im Gegenteil! Nur die Anerkennung der harten Tatsachen in ihrer Unumstößlichkeit, nur die Ehrlichkeit gegenüber sich selbst und gegenüber der Vergangenheit gibt den Raum und den Mut, die Aufgaben der Gegenwart in ihrer eigenen Strenge, Schwere und Würde zu erfassen. Wer ernsthaft gewillt ist, jedes Flick- und Pfuschwerk zu vermeiden, nur der wird mit Erfolg die neue Formung der Stadt anpacken und durchführen können.

[|25] Das Wort Form darf nicht äußerlich verstanden werden. Jeder Künstler und also auch jeder Städtebauer weiß, daß jede Form einen Gehalt birgt, einen Geist ausdrückt. Und wem das Ringen der alten Philosophen um die beste Stadtverfassung vertraut ist, der erinnert sich sofort, daß es die Form war, die sie zu erneuern strebten; den „esprit" hatten erst die Franzosen, und vom „esprit des lois" hat erst Montesquieu geschrieben. Aber was auferlegt es uns, wenn wir über die Form der Stadt nicht nur nachdenken, sondern sie neu schaffen wollen?

Zunächst einmal ist hiermit gesagt: *Die Zeit des langsamen, organischen Wachstums der Städte hat ihr Ende erreicht*[21]. Die alten Städte, die wir so sehr liebten, sind zwar, wenn es Neugründungen wie Mannheim waren, auch einmal planmäßig angelegt worden. Aber die Regel ist doch gewesen, daß sich um ein Stadtzentrum, um den Markt oder die Residenz oder das Rathaus oder die Kathedrale herum die Städte langsam nach außen entwickelten. Da vom 15. bis zum Ende des 18. Jahrhunderts in den meisten Städten die Bevölkerung stagnierte, war der Umkreis der Ausdehnung meist sehr klein und hat sie sich oft im Innenraum alter Wälle

---

21 Diese Tatsache ist natürlich allen verantwortlichen Trägern der Stadtverwaltung und Stadtpolitik vertraut, und die Literatur zum ganzen Fragenkomplex hat bereits ein beträchtliches Ausmaß.

und Graben vollzogen. Erst das explosive Wachstum der Bevölkerung im 19. Jahrhundert hat den Raum gesprengt; aber auch die Dehnung zur Großstadt hat an der Dominanz des Stadtkerns, der City, nichts geändert. Erst in diesem Jahrhundert, als die Vermehrung der Bevölkerung ihren Fortgang nahm und sich in manchen Staaten noch verstärkte, war schon von der Bevölkerungsseite her die Frage eines Neubaus der Städte[22] gestellt; sie ist daher wohl besonders dringlich in Deutschland mit seiner Großzahl zerstörter Kerne, aber sie wird als gleiche Aufgabe gesehen in England und in den Vereinigten Staaten[23], und sie ist auch schon aufgeworfen in der Schweiz[24].

Sodann ist gesagt, daß die Stadt als solche geformt, neu gegründet und neu begründet werden muß. Wir haben [|26] uns viel zu sehr daran gewöhnt, Namen und Begriff für den Gehalt zu nehmen und infolgedessen den *Gestaltwandel* zu übersehen. Gewiß ist die Stadt auch heute eine Verwaltungseinheit wie ehedem; aber sie ist nicht mehr „der" Markt, repräsentiert nicht mehr „die" Gesellschaft, beherbergt nicht mehr allein die Stätten der Bildung und des Vergnügens. Die Unterschiede zwischen Stadt und Land haben sich verwischt. Sie haben es schon räumlich getan und tun dies weiter. Bis ins 19. Jahrhundert war die Stadt in sich geschlossen, – die Entfernung bis zur nächsten Stadt war groß und in der Zeit der Postkutsche nur langsam und nicht ohne Gefahr zu überwinden. Das gigantische Bevölkerungswachstum hat zuerst die Vororte in die Städte hineinwachsen lassen, belegt aber nun in immer stärkerem Maß auch den freien Raum zwischen den Städten. In meiner Jugend waren Barmen und Elberfeld noch gesonderte Städte – heute sind es Stadtteile von Wuppertal. Morgen werden auch Düsseldorf und Krefeld zusammengewachsen sein. Im Ruhr-Revier, aber auch im Raum von Braunschweig und selbst im durch Landesgrenzen getrennten Industriegebiet von Ludwigshafen-Mannheim-Heidelberg machen alte Stadtgrenzen fast nur noch durch die Ortsschilder sich bemerkbar. Aber die Unterschiede verwischen sich auch in Hinsicht auf Markt und Vergnügen. Es ist noch nicht lange her, daß man in die Stadt fahren mußte, um ein vielseitiges Angebot billiger Waren zu finden. Jetzt aber entwickeln sich in Deutschland und Frankreich wie vorher schon in den Vereinigten Staaten die sogenannten super-markets, – Einkaufszentren, die nicht mehr im Stadtzentrum, sondern in den Außenquartieren liegen, – und die Kauf- und Warenhäuser und vor allem die großen Versandgeschäfte bedienen das flache Land. Um ins Kino zu gehen, muß man nicht mehr die Stadt aufsuchen, sondern das Fernsehen bringt alle Neuigkeiten und alle Seh- und Hörspiele der kleiner werdenden Zahl der Bauern ganz ebenso wie den Städtern. Und schließlich: die Manager der Großbanken und der Großindustrie rekrutieren sich nur noch selten aus den alten städtischen Familien und nehmen ihren Wohnsitz wenn möglich nicht mehr in der Stadt, sondern in der landschaftlich und klimatisch bevorzugten Umgebung, also z.B. nicht mehr in

22   Unter dem Titel „Neubau der Stadt" hat der Oberbürgermeister von Ulm, Theodor Pfizer, seine Ulmer Schwörreden 1949–1958 zusammengefaßt.
23   Vgl. die außerordentlich instruktiven Artikel der Editors of Fortune. The exploding Metropolis. A study of the assault on urbanism and how our cities can resist it. (Doubleday Anchor Books. New York).
24   Vgl. die Studie von Burckhardt/Frisch/Kutter, Wir bauen unsere Stadt. (Basel 1956).

Frankfurt, sondern in Kronberg, Falkenstein, Königstein im Taunus. Ganz ebenso anderwärts. Das bedeutet alles, daß die Stadt im alten Sinn langsam ausgehöhlt wird, – sie muß in bewußter Formung ihr Lebensrecht neu begründen.

[|27] Entgegen dem heute so beliebten Schlagwort, daß eine „Entballung" der Städte notwendig ist, scheint mir die vordringliche Aufgabe darin zu bestehen, ihre „Aushöhlung" zu verhindern. Nicht die Auflösung der Stadt schafft eine neue Form, sondern nur die Stärkung des Kerns vermag bis in die äußersten Bezirke ein neues Leben auszustrahlen. Erst danach wird eine sinnvolle Entballung überhaupt möglich, und erst danach kann ernstlich eine Gründung von „Trabantenstädten" erwogen werden, die mehr als ein bloßes Häuserkonglomerat sind.

Zum dritten ist die Notwendigkeit einer neuen Stadtform gegeben durch die Revolution der Technik, welche für die Stadt vor allem spürbar wird durch die Motorisierung des Verkehrs und durch die Verunreinigung der Luft und der Gewässer. Unsere Städte stammen samt und sonders aus der Zeit der Fußgänger, der Reiter und der Pferdekutschen, – wir aber leben – zum Guten oder zum Bösen – in der Zeit der Automobile und der Flugzeuge. Die Anpassung wird durch „Verkehrspläne" gesucht, und tatsächlich scheint mir, daß z.B. in Hannover und in Frankfurt beim Wiederaufbau der Stadt den neuen Bedürfnissen der neuen Zeit ganz ausgezeichnet Rechnung getragen worden ist. Hannover zumal, einst die „fahlste unserer Städte", hat durch Zerstörung und Wiederaufbau ein zeitgemäßes und schöneres Gesicht erhalten. Aber vom Gesichtspunkt der neuen Stadtform aus ist es mit Verkehrsplänen nicht getan; alsdann ist ja nicht nur das Problem wichtig, wie man den Verkehr am zweckmäßigsten durch die Stadt schleust oder um sie herumführt, sondern wie man ihm im Stadtzentrum einen Haltepunkt zuweist, damit nicht zwangsläufig die City ausgekernt wird, sondern die moderne Form des Markts, als ein Geschäftszentrum, in der Stadt gehalten werden kann. Als Lösung hat mich am meisten beeindruckt, was in San Francisco hierfür mit Erfolg geschehen ist, – man hat im Zentrum eine unterirdische Garage in der Tiefe mehrerer Stockwerke geschaffen. Ob nicht eine ähnliche Lösung z.B. in Frankfurt oder in Augsburg oder in Würzburg[25] auch [|28] praktikabel wäre? Ich *frage* nur … Ist sie es nicht, so muß nach anderen Mitteln gesucht werden; denn mit Parkuhr, Zone bleue, Fußgänger-City und anderen Behelfsmitteln kann man zwar für wenige Jahre sich durchhelfen, aber die weitere Deformierung der Stadt wird dadurch nur kurzfristig aufgehalten.

Neben der Motorisierung nannte ich die Verunreinigung der Luft und der Gewässer als schwerwiegende Probleme, welche die industrielle Revolution den Städten stellt. Ich brauche Ihnen, die gewiß dauernd praktisch damit befaßt sind, diese Gefahren nicht näher auseinanderzusetzen. In meiner Jugend hielt man kohlenhaltigen Nebel für eine Eigentümlichkeit von London. Heute kann der Smog im Ruhr-

---

25 Aus Zeitungsausschnitten entnehme ich, daß in Hannover und Kiel Tiefgaragen im Bau sind. Aber ich hebe als für unseren Zusammenhang wesentlich hervor: Wichtig ist nicht, ob in der Tiefe oder Höhe garagiert wird, sondern daß es in Unterordnung unter die Aufgaben der eigentlichen City geschieht. Darum weise ich auf Union Square in San Francisco als vorbildliche Lösung hin. – Das alles sagt daher nichts gegen die Parkhochhäuser, die aus Verkehrsgründen, aber der Regel nach nur aus diesen, unentbehrlich sind. Daß gelegentlich auch sie den Anforderungen der City angepaßt werden können, zeigt das Beispiel der Storchengarage in Basel.

gebiet und in Frankfurt oder Mannheim es durchaus mit London aufnehmen. Es handelt sich hierbei um „Volkswirtschaftliche Kosten der Privatwirtschaft"[26], welche immer mit der Industrialisierung verbunden waren, welche aber erst jetzt durch Chemie, Öl, Benzin usw. ein die menschliche Gesundheit bedrohendes Ausmaß annehmen. Selbst wenn es gelingt, die Abgase nicht mehr in die Luft entweichen zu lassen, selbst wenn es ferner gelingt, das System der Fernheizung mit Erdöl oder Erdgas allgemein ein- und durchzuführen, werden Kehrichtabfuhr und Kehrichtverbrennung und eines Tages auch die Abfuhr oder Verwendung des Atommülls die Städte vor Aufgaben stellen, welche nicht mehr im Rahmen veralteter Organismen gelöst werden können.

Viertens verlangt der Neubau der Stadt, verlangt die neue bewußte Formung, daß die Bildungsaufgaben neu durchdacht und neu angepackt werden. Als Humanist und als Angehöriger einer alten, in humanistischer Tradition groß gewordenen und auf ihre Tradition mit Recht stolzen Universität darf ich vielleicht mit besonderem Nachdruck sagen, was vielen von Ihnen ketzerisch erscheinen mag: Wie jede frühere, so wird auch die neue Stadtform danach trachten müssen, die ihr gemäßen Bildungsanstalten zu schaffen und zu pflegen. Versucht sie das ernstlich, so wird sie erkennen, daß für die industrielle Gesellschaft ein gut Teil der überkommenen Bildungseinrichtungen nicht taugt und entweder zum alten Eisen geworfen oder ganz gründlich reformiert werden muß. Diese Einsicht ist unbequem, aber sie ist nicht etwa neu. Wieder ist es Nietzsche, der schon 1872 das Wesentliche gesagt [129] hat. In den berühmten Basler Vorträgen „Über die Zukunft unserer Bildungs-Anstalten" steht bereits der Satz: „Es ist eine ernste Sache um einen entarteten Bildungsmenschen: und furchtbar berührt es uns zu beobachten, daß unsre gesamte gelehrte und journalistische Öffentlichkeit das Zeichen dieser Entartung an sich trägt."[27] Nietzsche unterscheidet zwischen Anstalten der wirklichen Bildung und Anstalten der Lebensnot. Das Tragische der jetzigen Situation ist, daß es Anstalten der echten Bildung fast kaum mehr gibt, daß aber alle Anstalten der Lebensnot eine Bildungsfassade aufrichten und daher die Fachschulung, die sie geben könnten und sollten, nicht gewährleisten und töricht herabwerten.

Mir ist wohlbekannt, wieviel von einigen Städten getan wird, um den Anschluß an die geistige Tradition wieder zu finden, und es ist auch sicher nichts gegen die vielen Preise für Werke der Kunst oder der Wissenschaft einzuwenden, welche von einigen Städten verliehen werden, – nur wäre es der Sache und der Formung der Stadt bekömmlicher, wenn sie ausschließlich den Namen der Stadt und nicht unbedingt Goethe, Schiller, Lessing, Rubens usw. als Namen trügen, obwohl diese großen Vorfahren wahrscheinlich nicht gerade freundlich auf ihre kleinen Nachkommen blicken würden. Aber das alles bleibt ja völlig an der Oberfläche und ändert nichts daran, daß in allen Schichten die schlichte Beherrschung unserer deutschen Muttersprache abhanden gekommen ist, und dies, obwohl das Erlernen der Sprache und das Erwerben der Fähigkeit, einen Gedanken klar und ein Bild anschaulich auszudrücken, das einzige Gut ist, das allgemeine Bildung der Allgemeinheit mit-

---

26 Vgl. das Buch dieses Titels von K. William Kapp, übersetzt im Auftrag der List-Gesellschaft von Bruno Fritsch. (Tübingen/Zürich 1958).
27 Große Naumann-Ausgabe. Bd. IX. S. 333.

teilen könnte und müßte. Wo nicht einmal dies geschieht, ist die sogenannte allgemeine Bildung nur ein Deckmantel für die allgemeine Barbarei.

Dieser Punkt scheint vom Thema wegzuführen, aber er ist zentral für Mensch und Stadt und Staat, war zentral für jede Urbanität der Vergangenheit und wird zentral für jede schöne Lebensform der Zukunft bleiben. Wie es heute in Wirklichkeit um die Bildung steht, zeigt jeder Blick auf die Massenabfütterung, die von den Universitäten bis hinunter zu den Volksschulen stattfindet: daß hier von Bildung keine Rede mehr sein kann und selbst die Fachschulung notleidet, das weiß jeder, der aktiv oder passiv durch diese Mühlen hindurchgegangen ist. Darum [l30] ist gerade unter dem Gesichtspunkt der Formung der Stadt jeder Versuch, neue, zeitadäquate Wege zu gehen, äußerst verdienstlich und jeder Förderung wert. Darum scheint mir z.B. eine Neuschöpfung wie die Hochschule für Gestaltung in Ulm besonders beachtlich, – darum ist die allgemeine Entwicklung der soziologischen Forschung und Lehre so wichtig, weil die Städte à la longue einen Stadtsoziologen nicht minder nötig haben als den Stadtarchitekten und den Verkehrsplaner, – darum ist die Förderung der Berufsschulen, eine Neugestaltung des Lehrlingswesens, der Ausbau des „zweiten Bildungswegs" und eine starke Erweiterung der sogenannten Erwachsenenbildung vordringlich. Wenn dadurch eine Abwertung des lächerlichen akademischen Dünkels erfolgen sollte, so wäre das nur erfreulich und würde vielleicht den Weg dazu frei machen, um über das Gros der allgemeinen Bildungsanstalten ein paar Akademien zu setzen, in denen die Philosophie wieder zu ihrem Recht kommt und in denen die größte und schwerste Aufgabe angegriffen wird, – in Nietzsches Worten: „die Geburt des Genius und die Erzeugung seines Werkes vorzubereiten"[28].

Dies letzte Zitat dürfte geeignet sein, das Mißverständnis auszuschließen, als läge in der Forderung einer neuen Bildung eine Herabsetzung der geistigen Werte. Ganz das Gegenteil ist der Fall. Ich habe viele sehr wesentliche Neugründungen hierzulande gesehen. Ich bewundere, daß es in einer kleinen Stadt wie Ingelheim gelungen ist, einige hundert Menschen zu lebendigem Hören und Mitdenken bei Fragen der Kunst, der Philosophie und der Politik zu erziehen; ich achte die Recklinghauser Gespräche hoch als einen ersten Versuch, das „Bildungs"-monopol zu durchbrechen und die Gewerkschaften aktiv zu beteiligen; ich freue mich, wenn Museen wie Marbach durch wechselnde Ausstellung ihrer Schätze das tote Sammelgut wieder der lebendigen Wirkung zuführen. Aber es geschieht viel zu wenig in dieser Richtung. In jeder mittleren amerikanischen Stadt ist die Bevölkerung von Kind auf ganz anders mit ihren Museen verwachsen als in Europa; solange Eintrittsgelder verlangt werden und solange auch in den großen Museen keine Möglichkeit besteht, sich zu verköstigen und den Tag dort zu verbringen, so lange bleibt ein für die Jugend, für die heutigen Augenmenschen wichtiges Bildungszentrum der [l31] Städte ein Magazin kostbarer, selten sichtbarer Sehenswürdigkeiten[29].

---

28   ebenda S. 313.
29   Ich lege Wert darauf, den Eindruck zu vermeiden, als schätzte ich gering, was heute bereits in
      den Städten als geistige Verantwortung empfunden wird. Darum verweise ich nachdrücklich
      auf den Sammelband des Deutschen Städtetages (Stuttgart 1954): Die geistige Verantwortung
      der Städte. Ferner auf den Vortrag von Ernst Schwering, Die Gemeinden und die Kultur (in der

Nun der fünfte, letzte, wichtigste Punkt. Formung der Stadt, der Stadt Form geben, die Stadt in Form bringen heißt: die Stadt aus einer Agglomeration einer anonymen Masse wieder in einen lebendigen Organismus, in eine Gemeinschaft von Stadtbürgern verwandeln. Niemand kann sich leugnen, daß diese Aufgabe vor fast unlösbare Schwierigkeiten stellt. Die Städte der Urbanität waren immer von einem Kaufmannspatriziat mitbestimmt, dessen ganzer Habitus etwas Aristokratisches an sich hatte; auch wo seit der Jahrhundertwende der neue Reichtum das alte Patriziat zurückdrängte und sich die materialistische „haute volée" entwickelte, blieb ein gut Stück alten Bürgersinns erhalten. Das ist vorbei, gründlich vorbei, – in Deutschland noch stärker als sonst in Europa, weil der Einstrom der Flüchtlinge die Zahl der – wie man früher in Frankfurt sagte – „Ein-geplackten" gegenüber den „Ein-geborenen" in außerordentlichem Maß vermehrt hat. Trotzdem scheint mir in einigen Städten mit besonders starker Formkraft, z.B. in Hamburg, zumindest die äußere Assimilation erstaunlich gelungen. Aber geschieht wirklich genug, um das Verwachsensein mit der Stadt als gesellschaftlichem und politischem Gebilde zu fördern? Ich zweifle.

Einige positive Leistungen seien hervorgehoben. Die Ulmer Schwörreden scheinen mir eine ausgezeichnete Einrichtung, um den Bürgern ihre Zusammengehörigkeit und den Jungbürgern die Bedeutung des Eintritts in ihre politische Gemeinschaft vor Augen zu führen; eine Jungbürgerfeier, der ich in Mannheim beiwohnte, war in vortrefflicher Weise so gestaltet, daß die Mehrzahl der Jungbürger mit dem einen oder anderen Vertreter des Magistrats zusammensaß und ins Gespräch kam. Sicher gibt es in anderen Städten ähnliche Einrichtungen, die ich nur nicht kenne. Aber meines Erachtens reichen sie nicht aus, um das Gefühl der verantwortlichen Verbun- [|32] denheit mit der Stadt aufrecht zu erhalten, – um die bloße Wohnstadt in eine Bürgerstadt zu verwandeln. Und vielleicht sollte man gar nicht im großen beginnen, sondern zunächst einmal danach trachten, von Bezirk zu Bezirk ein Gemeinschaftsgefühl zu entwickeln. Es gibt Gelegenheiten, bei denen sich das Bewußtsein der Zusammengehörigkeit regt, etwa wenn der städtische Fußballklub den Sieg in der Meisterschaft errungen hat und die siegreiche Mannschaft empfangen wird oder wenn einem in der Stadt ansässigen Boxer oder Radfahrer oder Turner eine nationale oder gar eine Weltmeisterschaft zufällt und er triumphierend heimkehrt. Aber es äußert sich noch bei einem anderen, ausbaufähigen und ausbauwürdigen Anlaß: bei den städtischen Wahlen, den Wahlen der Stadtverordneten und, wo dies der Stadtverfassung entspricht, der Oberbürgermeister. Es wird vielfach geklagt, daß bei diesen Wahlen nicht die Parolen der großen Parteien, sondern lokale Gesichtspunkte entscheiden. Ich sehe darin keinen Anlaß zur Klage, sondern ganz umgekehrt ein Zeichen, daß echtes politisches Interesse vorhanden ist und daß ihm nur Raum zur Betätigung gegeben werden muß. Allgemein gesagt: Die Stadt ist früher die Heimat der Demokratie gewesen. Auch die neue Stadt kann nur dann ihre Form finden, wenn es gelingt, ihre Einwohner am Stadtregiment zu inte-

Zeitschrift: Der Städtetag. Jg. 1955). Aus der reichhaltigen Literatur sei sonst noch genannt: Mackensen, Papalekas, Pfeil u.a., Daseinsformen der Großstadt (Tübingen 1959). Immer noch beachtlich sind nachdenkliche Bemerkungen bei Spengler, Untergang des Abendlandes, passim.

ressieren, sie politisch zu erziehen und sie durch Mitverantwortung zu echten Bürgern werden zu lassen.

Nach den geltenden Städteordnungen ist dies unmöglich. Aber sind denn diese
Ordnungen tabu?[30] Oder sollte es Stellen geben, die Angst vor der demokratischen
Mitbestimmung der Bürger haben? Gewiß lassen sich Schweizer Einrichtungen
nicht einfach nach der Bundesrepublik übertragen, – die Schweizer Demokratie hat
eine alte, ununterbrochene Tradition. Aber es ist nicht einzusehen warum die deutschen Städte, die doch am Ausgang des Mittelalters die Burg der Demokratie gewesen sind, es nicht wieder werden sollten. Jedenfalls steht fest, daß keine Demokratie
von einer staatlichen Zentrale aus gebaut und verwurzelt werden kann, sondern sie
hat Bestand nur vom Boden der Selbstverwaltung der Gemeinde und der Stadt her.
Nach eigener Erfahrung muß ich [|33] sagen: nicht die Stellung an der Universität,
sondern die aktive Mitwirkung an der Gesetzgebung und der Sozialverwaltung der
Stadt hat dazu geführt, daß ich jetzt mich als echter – wenn auch eingeplackter –
Bürger von Basel fühle. Und wenn diese Stadt im Lauf der letzten fünfzig Jahre
Zehntausende von Deutschen sich assimilieren konnte, so nur dadurch, daß ein jeder nicht nur bei den periodischen Wahlen, sondern bei allen dem Referendum un-
terstellten Vorlagen und bei allen Initiativen seine Stimme abzugeben hat und sich
also ein sachliches und ein politisches Urteil bilden muß. Ich unterstreiche nochmals: man kann nicht Einrichtungen, die anderswo im Verlauf einer langen Geschichte kontinuierlich gewachsen sind, sich wie ein Konfektionskleid überstülpen.
Aber ich bin allerdings der Ansicht, daß politische Bildung nur im Rahmen der
Stadtgemeinde sich erwerben läßt und daß es um die Zukunft der Stadt, wie um die
Zukunft des Staates schlecht bestellt ist, wenn nicht alle tauglichen Wege beschritten werden, um die Stadtbewohner zu Stadtbürgern zu wandeln.

Nur über den Stadtbürger führt der Weg zum Staatsbürger. Durch Kurse allein
ist solche Wandlung nicht möglich. Kurse sind wichtiger, als heute im Westen angenommen wird, – sie sind eine unerläßliche Voraussetzung für ein Gespräch mit
im Osten erzogenen, gebildeten oder verbildeten Freunden und Gegnern. Man darf
nicht meinen, daß mit Wegsehen vom Marxismus nach westlicher Art schon die
Überwindung von Marx gelungen ist, – Marx gibt eine Denkschulung allerersten
Ranges, und hier im Westen besteht die Gefahr, daß man das dialektische Denken
überhaupt verlernt. Aber Kurse stellen bestenfalls eine Art von Vorschule dar. Worauf es letztlich ankommt, ist die aktive Beteiligung, ist *das tätige politische Leben*.

Neue Möglichkeiten öffnen sich von Tag zu Tag. Aber wenn die zunehmend
von Arbeit freie Zeit nur genutzt wird, damit jeder für sich in der Welt herumfährt,
dann kann sich niemals jenes Gemeinschafts- und jenes Heimatgefühl entwickeln,
das noch immer den Stadtbürger ausgezeichnet hat. Sollte es wirklich Bomben-
nächte brauchen, damit sich die Bewohner großer Mietskasernen und ganzer Häu-
serblocks zusammenfinden? Ist es wirklich unvermeidlich, daß bald keiner mehr

---

30 Bekanntlich sind die Unterschiede zwischen der rheinischen und den übrigen Städteordnungen
    erheblich. Sollte eine demokratische Weiterentwicklung der Ordnungen ganz unmöglich
    sein? – Für Frankfurt vgl. den Vortrag von Oberbürgermeister W. Bockelmann, Städtebau und
    Bodenpolitik. (Mitteilungen der deutschen Akademie für Städtebau und Landesplanung. Jg. 2,
    1958. Heft 3/4).

den Namen des nächsten Nachbarn kennt? Sollten Spiel und Sport und vielleicht sogar freundschaftliche Hilfe nicht die Kraft besitzen, um die Bewohner eines Blocks, einer Straße, eines Quartiers miteinander zu verbinden?

[134] Erst wenn dies gelingt, ist die Formung der Stadt dem Ziele nahe und mag an einem fernen Tag sich eine neue, echte Urbanität entwickeln. Nur aus der kleinen wächst die große Gemeinschaft, und nur in der Gemeinschaft findet die Stadt wieder zu ihrem Urwesen zurück, wird sie wieder Heimat für das Wichtigste, das uns heute zu entschwinden droht, – gebiert und nährt und birgt sie wieder, was ehedem als Krone der Schöpfung erschien: der runde, freie, der lebendige Mensch.

DER URBANE ORT
UND DIE NICHT-VERORTETE URBANE DOMÄNE*

Melvin M. Webber

Während der bisherigen Diskussion habe ich die Metropolregion als eigenständig verortet behandelt. Die vorgestellte schematische Beschreibung dient als Grundlage, um unser Verständnis und Messungen der urbanen Siedlung und der urbanen Region als räumlich begrenzte Orte zu verbessern. So wichtig diese Aufgabe auch zu sein scheint, betrüben mich doch die Unzulänglichkeiten des Ortskonzepts von Siedlungen und Regionen bezüglich der Behandlung von räumlichen Mustern, in denen Mitglieder von Gemeinschaften interagieren, sowie für die Durchführung einer Funktionsanalyse von urbanen Orten oder Regionen. Denn in einem sehr wichtigen Sinne sind die funktionalen Prozesse urbaner Gemeinschaften weder orts- noch regionsgebunden.

URBANE DOMÄNE: DIE NICHT-VERORTETEN GEMEINSCHAFTEN

Die Interessengemeinschaften

Sowohl die Vorstellung von Stadt als auch die Vorstellung von Region sind traditionell mit der Vorstellung von Ort verbunden. Egal ob eine Stadt oder eine Region als physische Objekte, als verknüpfte Systeme von Aktivitäten, als interagierende Bevölkerungen oder als Verwaltungsgebiete konzeptualisiert wurde, so konnte sie immer von allen anderen Städten und Regionen aufgrund ihrer territorialen Trennung unterschieden werden.

Die Vorstellung von Gemeinschaft ist ebenfalls mit einer Vorstellung von Ort verbunden. Obwohl weitere Voraussetzungen mit dem Begriff Gemeinschaft assoziiert werden, [|109] – einschließlich eines „Zugehörigkeitsgefühls", eines Kanons gemeinsamer Werte, eines Systems der sozialen Organisation sowie der Interdependenz – bleibt die räumliche Nähe eine *notwendige* Bedingung.

Heute wird jedoch deutlich, dass die notwendige Bedingung eines „Ortes" eher die Erreichbarkeit und nicht die räumliche Nähe ist. Da die Erreichbarkeit sich zunehmend von der Nähe löst, wird das Zusammenleben an einem territorialen Ort –

*   Zuerst erschienen unter dem Titel „The Urban Place and the Nonplace Urban Realm" in: Melvin M. Webber, John W. Dyckman, Donald L. Foley, Albert Z. Guttenberg, William L.C. Wheaton, Catherine Bauer Wurster (Hrsg.), Explorations into Urban Structures, Philadelphia: University of Pennsylvania Press, 1964, S. 79–153, dieser Auszug S. 108–132. Aus dem amerikanischen Englisch übersetzt von Katherine Bird und Wolfgang Hübner, durchgesehen von den Herausgebern.

sei es eine Nachbarschaft, ein Vorort, eine Metropole, eine Region oder eine Nation – unwichtiger für die Pflege sozialer Gemeinschaften.

Es mag sein, dass das Bild der auf sich gestellten Kleinstadt des kolonialen
Amerika auch heute noch unsere Vorstellung prägt.[1] Zur damaligen Zeit, als große
Anstrengungen und Kosten mit Kommunikation und Reisen verbunden waren, ver-
kehrte der Kleinstädter[**] hauptsächlich mit den anderen Bewohnern seiner Ort-
schaft. Entsprechend diente der innerörtliche Austausch eher dazu, die gemeinsamen Werte und die Systeme der sozialen Organisation zu stärken und zu stabilisie-
ren; sie werden sicherlich das Zugehörigkeitsgefühl des Einzelnen zu seiner Ort-
schaft gestärkt haben. Aber sogar zur Kolonialzeit, als die meisten sich lediglich mit
ihren Nachbarn austauschten, standen andere gleichzeitig in engem Kontakt zu
Menschen in weit entfernten Ortschaften, sie waren Mitglieder in sozialen Gemeinschaften, die nicht auf das Territorium ihres Heimatortes begrenzt waren. Noch vor
zweihundert Jahren waren diese Fernkommunikatoren selten, da das Spektrum der
Spezialisierung und der Interessen der kolonialen Bevölkerungen recht begrenzt
war. Heute jedoch ist derjenige, der nicht Teil solcher räumlich ausgedehnter Gemeinschaften ist, eher die Ausnahme.

Insbesondere hochspezialisierte Fachleute pflegen heutzutage enge Netzwerke
mit anderen Fachleuten, unabhängig davon, wo sie sich befinden. Sie teilen die
gleichen Werte; ihre Rollen werden durch die organisierten Strukturen ihrer Gruppen definiert; sie fühlen sich zweifellos ihrer Gruppe zugehörig; und ihre Zusam-
menschlüsse sind dergestalt, dass sie alle eine Interessengemeinschaft [|110] bil-
den. Also weisen diese Gruppen alle Merkmale auf, die wir Gemeinschaften zu-
schreiben, mit Ausnahme der physischen Nähe.

Die räumliche Verortung ist nicht die entscheidende Determinante für Mitgliedschaft in diesen professionellen Organisationen, sondern die Interaktion. Es ist
offensichtlich kein linguistischer Zufall, dass „Gemeinschaft" [community] und
„Kommunikation" [communication] die lateinische Wurzel *communis*, „gemein",
teilen. Gemeinschaften bestehen aus Personen mit gemeinsamen Interessen, die
miteinander kommunizieren.

Obwohl zweifellos die häufigsten Interaktionen zwischen räumlich nah anein-
ander lebenden und arbeitenden Mitgliedern professioneller Organisationen stattfinden, sind die produktivsten Kontakte – diejenigen, in denen der Inhalt der Kommunikation am gehaltvollsten ist, – weder unbedingt die häufigsten, noch diejenigen mit Kollegen, die in der Nähe sind. Obwohl hochspezialisierte Fachleute ein
eher extremes Beispiel sind, können wir ähnliche Beziehungsmuster auch bei Mitgliedern verschiedener Arten nichtprofessioneller Gemeinschaften beobachten.

Das alles ist allgemein anerkannt. Dass Mitglieder von Berufsgruppen damit
auch Mitglieder in Bruderschaften mit begrenzten Interessen sind, ist nichts Neues.

---

1   In einer exzellenten Abhandlung über die Entwicklung der Regierungsideologie in den Verei-
     nigten Staaten hat Robert C. Wood die Ursprünge der Konzepte von Ort mit ungewöhnlicher
     Klarheit nachgezeichnet. *Suburbia: Its People and Their Politics* (Boston: Houghton-Mifflin,
     1959).
**   Anm. d. Übs.: Der Originaltext wurde in einer Zeit verfasst, als gendergerechte Sprache nicht
     üblich war.

Gleichwohl ist es auch allgemein anerkannt, dass Mitglieder von Kirchen, Vereinen, politischen Parteien, Gewerkschaften und Wirtschaftsverbänden und dass Hobbyisten, Sportler sowie Konsumenten von Literatur und den darstellenden Künsten damit Mitglieder in Gruppen mit begrenzten Interessen sind, deren räumliche Ausdehnung über die Grenzen einer beliebigen urbanen Siedlung hinaus reichen. Eine „wahre" Gemeinschaft hingegen wird in der Regel als eine Gruppe mit multiplen Interessen betrachtet, die etwas heterogen ist und deren Einheit auf Interdependenzen beruht, die zwischen Gruppen entstehen, wenn sie ihren verschiedenen speziellen Gruppeninteressen *an einem gemeinsamen Ort* nachgehen.

Den Nutzen dieser Idee für bestimmte Zwecke stelle ich nicht infrage. Eine Metropole ist in der Tat ein komplexes System, in dem sich miteinander [|111] verwobene und interdependente Gruppen gegenseitig unterstützen, indem sie eine Vielfalt an Dienstleistungen, Gütern, Informationen, Freundschaften und Vermögen produzieren und verteilen. Gruppen, die in einer bestimmten Metropole verortet sind, wo sie allerlei Dinge tun, schaffen dadurch sicherlich eine systematische Struktur, durch die sie wirken – in der Tat bilden sie eine Gemeinschaft, deren gemeinsames Interesse darin liegt, den Betrieb des ortsgebundenen metropolitanen Systems fortzusetzen.

Dennoch stellt die ortsgebundene Gemeinschaft nur einen begrenzten und speziellen Fall der größeren Gattung der Gemeinschaften dar, der sein Fundament lediglich von den mit Nähe verbundenen gemeinsamen Interessen ableitet. Diejenigen, die nah zusammenleben, haben ein gemeinsames Interesse daran, die sozialen Kosten des Zusammenlebens zu senken und sie sind an der Qualität gewisser Dienstleistungen und Waren interessiert, die nur lokal angeboten werden können. Es ist dieser Strang gemeinsamer Interessen an fließendem Straßenverkehr, der Müllabfuhr, den Kinderbetreuungseinrichtungen, dem Schutz vor gewissenlosen Nachbarn und den feindlichen Elementen und dergleichen, der die Daseinsberechtigung für die Stadtverwaltung liefert. Dieser Strang bildet auch die Grundlage für bestimmte Wirtschaftsunternehmen und Freiwilligeninstitutionen, die andere Waren und Dienstleistungen bereitstellen, die von den Bewohnern und Unternehmen in der ortsgebundenen Gemeinschaft häufig nachgefragt werden. Aber im Laufe der Zeit stellen diese ortsbezogenen Interessen einen abnehmenden Anteil am gesamten Interessenbündel jedes Teilnehmers dar.

Bis auf wenige Ausnahmen ist der erwachsene Amerikaner zunehmend in der Lage, ausgewählte interessenbasierte Kontakte über immer größere Entfernungen zu pflegen und er ist damit Mitglied einer wachsenden Anzahl von Interessengemeinschaften, die nicht territorial definiert sind. Obwohl es klar ist, dass ein gewisser Teil seiner Zeit dem Austausch mit anderen in seiner Ortsgemeinschaft vorbehalten ist, scheinen mehrere langfristige Veränderungen im Gange zu sein, die diesen Teil reduzieren. [|112] Hier muss man nur auf das steigende Bildungsniveau und den damit verbesserten Zugang zu Informationen und Ideen verweisen; sowie die zunehmende Freizeit; das steigende Einkommen, das Kommunikation und Reisen über größere Entfernungen erschwinglich macht und die technologischen Änderungen, die sie ermöglichen; und der Abbau von Barrieren zum Austausch zwischen verschiedenen Ethnien, Rassen und Klassen. Diese Veränderungen erweitern das Spektrum der Diversität im Austausch des Durchschnittsmenschen und führen gleichzeitig zu einer Reduzierung in der relativen Bedeutung von ortsbezogenen Interessen und Austauschen.

Obwohl jede Generation von Amerikanern Teil von inhaltlich und räumlich diverseren Gemeinschaften als die Vorherige ist, besteht zu jedem Zeitpunkt eine große Bandbreite an Variation unter Zeitgenossen. Heutzutage gibt es Menschen, deren Leben und Interessen nur geringfügig vielfältiger sind, als die ihres Pendants im 18. Jahrhundert; es gibt die berüchtigten Brooklynites[***], die – abgesehen vom Fernsehen, Filmen und anderen Massenmedien – den East River nie überquert haben.[2] Aber es gibt andere, die auf der ganzen Welt zu Hause sind.

Ich vermute, dass die räumliche Reichweite der Interaktion direkt als eine Funktion des Spezialisierungsgrades einer Person variiert – je höher ihre Kompetenzen oder je seltener die Informationen, über die sie verfügt, desto räumlich verstreuter sind ihre Interessengemeinschaften und desto größer sind die Entfernungen, über die sie mit anderen interagiert. Der Grund dafür ist, dass Spezialisierung gleichbedeutend mit Seltenheit ist und die Kunden für eine seltene Dienstleistung oder die Teilnehmer an einer seltenen Aktivität, die hochspezialisiertes Wissen voraussetzt, wahrscheinlich territorial weit verstreut sind.

Folglich scheint ein hierarchisches Kontinuum zu bestehen, in dem die am höchsten spezialisierten Personen Teil von globalen Interessengemeinschaften sind; andere, [|113] die etwas weniger spezialisiert sind, kommunizieren selten mit Personen im Ausland, sondern interagieren regelmäßig mit Personen in verschiedenen Teilen des eigenen Landes; andere kommunizieren selten direkt mit jemandem außerhalb der Metropolregion, und wieder andere kommunizieren fast ausschließlich mit ihren Nachbarn. Wenn man Personen vergleicht, die in der Virusforschung, der Produktion von Arzneimitteln, dem Großhandelsvertrieb von Arzneimitteln und dem Einzelhandelsvertrieb von Arzneimitteln tätig sind, so mag es sein, dass alle in diesen Bereichen in derselben Stadt oder sogar in derselben Nachbarschaft innerhalb dieser Stadt arbeiten. Aber die Räume, über die sich ihre wichtigen Interaktionen erstrecken, reichen von der Welt bis zur Nachbarschaft, je nach Spezialisierungsgrad der zu kommunizierenden Informationen oder der zu vermarktenden Waren.

In seiner Rolle als Mitglied einer weltweiten Gemeinschaft von Virusforschern ist der Wissenschaftler überhaupt kein Mitglied seiner ortsgebundenen Gemeinschaft. Die Tatsache, dass sich sein Labor in einer bestimmten Stadt oder Metropole befindet, ist für die Pflege der entscheidenden Kontakte mit den Personen an anderen Orten, die ebenfalls die Grenzen des Wissens in diesem Feld erweitern, fast irrelevant.[3] Er könnte auch in engem Kontakt zu Kollegen in seinem Labor stehen,

---

*** Einwohner des Stadtteils Brooklyn in New York, Anm. d. Übs.

2   Herbert Gans fand ähnliche Muster unter den *West Enders* in Boston. Vgl. *The Urban Villagers* (New York: The Free Press of Glencoe, 1962). Marc Fried und Peggy Gleicher vertiefen das gleiche Phänomen mit ihren Untersuchungsergebnissen in „Some Sources of Residential Satisfaction in an Urban ‚Slum‘", *Journal of the American Institute of Planners*, XXVII (November, 1961), 305–315.

3   Das Wort „Feld" hat eine räumliche Wurzel, wird jedoch häufig im nicht-räumlichen Sinne als ein interessierender „Bereich" verwendet.

die auch aktiv an der weltweiten Gemeinschaft teilnehmen und eine Untergruppe innerhalb dieser größeren Gemeinschaft bilden. Natürlich sind er und sie auf eine große Anzahl von Assistenten, Lieferanten und anderen Dienstleistern angewiesen, von denen einige auch in der ortsgebundenen Gemeinschaft arbeiten. Die Kontakte zu diesem Personenkreis finden jedoch auf niedrigeren Spezialisierungsgraden statt und daher sind sie und die Wissenschaftler gleichzeitig Mitglieder anderer Interessengemeinschaften.

Unser Virusforscher ist Mitglied einer Vielzahl solcher Gemeinschaften, von denen jede auf einem unterschiedlichen Spezialisierungsgrad und über verschiedene Entfernungen funktionieren kann. Als Autor und Leser von Fachliteratur ist er [I114] Mitglied der Weltgemeinschaft der Virusforscher. Es kann sein, dass er häufig zu verschiedenen, über den Globus verstreuten Orten reist, um Regierungen oder Unternehmen zu beraten, um Gespräche mit Kollegen zu führen oder an Konferenzen teilzunehmen. Es ist auch wahrscheinlich, dass er ebenfalls Teil von anderen Weltgemeinschaften in der Kunst, in der Literatur, in der Außenpolitik und so weiter ist. Er bringt sich auch in nationale Debatten innerhalb seines Berufs ein, berät Regierungen und Unternehmen in Amerika, beteiligt sich am künstlerischen, literarischen und politischen Leben der Nation und interagiert dadurch mit einer Vielzahl von Interessengemeinschaften, deren Mitglieder über einen Raum kommunizieren, der in etwa das Territorium der Vereinigten Staaten umfasst. Er ist wiederum auch Mitglied vieler weiterer weniger spezialisierter Gemeinschaften; als Mitglied seines lokalen Elternbeirates nimmt er an der ortsbezogenen Gemeinschaft der Stadt teil, die er bewohnt.[4]

Je nach *Rolle*, die er aktuell spielt, ist unser Freund, der Biochemiker, mal Mitglied der einen oder der anderen völlig unterschiedlichen Gemeinschaften, von denen jede über verschiedene räumliche Entfernungen funktioniert. Für den Teil seiner Zeit, den er Rollen in der ortsgebundenen Gemeinschaft widmet, ist er Mitglied dieser ortsgebundenen Gemeinschaft. Für den Teil seiner Zeit, in dem er in anderen Gemeinschaften eine Rolle spielt, ist er *kein* Mitglied seiner ortsgebundenen Gemeinschaft.

Die urbanen Domänen

Für jedes beliebige Spezialisierungsniveau existiert eine Vielfalt an Interessengemeinschaften, deren Mitglieder im etwa gleichen räumlichen Umfeld agieren. Sie teilen sich gemeinsame Markt- oder Dienstleistungsbereiche; zu einem gewissen Grad sind sie voneinander abhängig und interagieren miteinander; und auf ihrem jeweiligen Spezialisierungsniveau bildet jede heterogene Gruppe von Interessenge-

---

4   Es wäre falsch, „die Stadt, in der er lebt (*lives*)" zu sagen, weil es deutlich ist, dass er im Rahmen seiner unterschiedlichen Rollen in vielen anderen Orten *lebt*. Dieser Mann, im Gegensatz zum Hausmeister in seinem Labor, lebt weltweit. Diese ist eine semantische Angelegenheit der nicht-trivialen Art. Die Vorstellung, dass ein Mann dort lebt, wo sein Haus steht, wird zunehmend zu einem Anachronismus aus einem weniger mobilen Zeitalter. Unsere Volkszählung hat bis jetzt noch keinen Ausweg aus diesem übergebliebenen Bias gefunden.

meinschaften ein komplexes aber dennoch organisiertes System von Aktivitäten und Austausch heraus. Ich bezeichne diese Gemeinschaften von Interessengemeinschaften als *urbane Domänen*.

[|115]

Abbildung 2: Regionale und geografische Aufteilung der Vereinigten Staaten von Amerika

[|116] Es ist offensichtlich, dass die urbanen Domänen analog zu den urbanen Regionen sind, zwar ähnlich in ihrer Funktion, doch unähnlich in ihrer Struktur. Beide beziehen sich auf funktional interdependente Aktivitäten und Akteure, die in räumlichen Feldern tätig sind, jedoch sind die Zusammensetzung der Aktivitäten und Akteure und die Ausdehnung der räumlichen Felder sehr unterschiedlich.

Eine urbane Region, die eine urbane Siedlung und ihr umgebendes Hinterland umfasst, ist ein räumlich abgegrenztes Territorium. Obwohl die Ränder immer unscharf und überlappend sind, ist jede urbane Region auf jeder Hierarchieebene von urbanen Regionen territorial diskret; außer an ihren Rändern umfassen keine zwei urbanen Regionen das gleiche Territorium. Die Karte des *Census Bureaus* mit ihrer regionalen Aufteilung des Landes (siehe Abbildung 2) repräsentiert die reine Idee einer territorialen Zuweisung auf dramatische Weise. Meines Wissens wurde bis jetzt keine ähnliche Karte für die urbanen Regionen der Vereinigten Staaten gezeichnet, aber eine solche Karte würde das gesamte Gebiet ähnlich in Segmente unterteilen, wobei jede Landfläche in Anlehnung an Christallers Formulierung (Abbildung 3) ihrem passenden urbanen Knoten zugeordnet wird. In all diesen Fällen wird jede Person, die einen bestimmten Ort bewohnt, ausschließlich diesem Ort zugeordnet, ungeachtet ihres Spezialisierungsgrads. Daher spiegelt die urbane Region eine einheitliche Idee wider. Eine bestimmte urbane Region mit ihrem umgebenden Hinterland kann innerhalb einer größeren Hierarchie von Orten und Hinterland eingebettet sein, und trotzdem ein einheitlicher Ort im euklidischen Sinne bleiben. Zu jedem Zeitpunkt ist ihre räumliche Ausdehnung im Wesentlichen fixiert und ihre Zusammensetzung kann durch eine Zählung der Bevölkerung und der dort ansässigen Einrichtungen festgestellt werden.

Eine urbane Domäne hingegen ist weder urbane Siedlung noch Territorium, sondern besteht aus heterogenen Gruppen von Menschen, die über den Raum miteinander kommunizieren. Auf jeder der unteren Ebenen des hierarchischen Kontinuums der Spezialisierung sind die räumlichen Entfernungen, über die die Menschen interagieren, relativ kurz; aber die räumliche Ausdehnung jeder Domäne ist uneindeutig und verschiebt sich [|117] sofort, wenn die Teilnehmer an den vielen Interessengemeinschaften in der Domäne neue Kontakte knüpfen, mit verschiedenen Kunden Geschäftsbeziehungen unterhalten, sich mit neuen Freunden treffen oder andere Veröffentlichungen lesen.

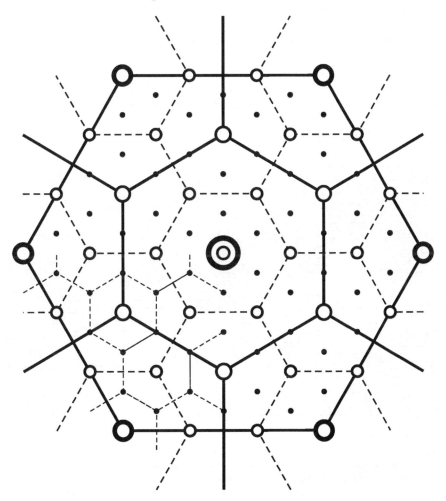

Abbildung 3: Hexagonales Schema von Christallers System von zentralen Orten

[|118] Ebenso ist die Zusammensetzung der Bevölkerung der Domäne nie von ei-
nem Moment auf den anderen stabil. Jede Person ist zu unterschiedlichen Zeitpunkten ein Kommunikator in einer von mehreren verschiedenen Domänen, wenn er
von einer Rolle zur anderen wechselt. Natürlich gilt das insbesondere für die hoch-
gradig spezialisierte Person, die nach einem transatlantischen Telefonat ein büroin-
ternes Personalproblem schlichtet, danach ihre Post von Kunden an diversen Standorten liest, sich dann zu den anderen Autofahrern im Feierabendverkehr gesellt,
bevor sie ihre Rollen als Elternteil, Zeitungsleser und Mitglied eines Freundeskrei-
ses übernimmt. Die Teilnehmer in jeder Domäne verändern sich ständig; wobei
nicht jeder an der globalen Domäne teilnimmt, obwohl die Nachbarschaftsdomänen
fast alle Personen während eines Teiles ihrer Tage enthalten. Außerdem gibt es sehr
wenige, die einen Großteil ihrer Zeit auf die Rollen in der globalen Domäne verwenden, stattdessen widmen sehr viele Personen den Rollen, die mit lokalen Domänen einhergehen, große Zeitanteile.

Es sollte nun deutlich geworden sein, dass es in den meisten großen urbanen
Siedlungen Bewohner gibt, die mit anderen in der gesamten hierarchischen Anordnung der Domänen kommunizieren. Zu einem gewissen Grad ist jede Siedlung die
partielle Verortung der Domänen auf vielen Hierarchieebenen. Dieser Grad wird
am besten als der Anteil der Arbeitsstunden dargestellt, der dem Ausüben der mit
den Belangen jeder Domäne einhergehenden Rollen gewidmet ist. In diesem Zusammenhang ist daher keine urbane Siedlung ein einheitlicher Ort, sondern Teil
einer ganzen Anordnung von sich verändernden und sich gegenseitig durchdringen-
den Domänenräumen (*realm-spaces*).

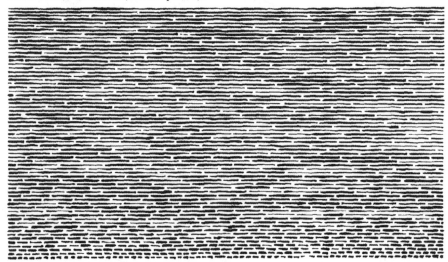

Abbildung 4: In der Zeichnung erstreckt sich der geografische Raum horizontal und der Grad der
Spezialisierung vertikal. Die Striche stellen die Domänen dar, die sich in überlappenden Mustern
über den Kontinent ausdehnen, die obenstehenden reichen räumlich am weitesten. Personen sind
zuerst Teil der einen und dann der anderen Domäne, wenn sie zuerst die eine und dann die andere
Rolle spielen. Die räumlichen Muster der Domänen sind also verschwommen und instabil.

Abbildung 4 ist eine Darstellung der Idee, die ich kommunizieren möchte. Im Gegensatz zu den vertikalen Aufteilungen eines Territoriums, die den Ortskonzepten der Region entsprechen (wie in Abbildung 2), betrachte ich die funktionalen Prozesse innerhalb des gesamten nationalen urbanen Raums als *horizontal* stratifiziert. Folglich kommunizieren die am höchsten spezialisierten Personen auf nationaler Ebene und darüber hinaus. Auf den weniger spezialisierten Ebenen interagieren Menschen über kürzere

[|119]

[|120] Entfernungen, aber die Reichweite variiert von Person zu Person und, für eine bestimmte Person, von Moment zu Moment. Daher finden wir keine euklidischen territorialen Aufteilungen – lediglich kontinuierliche Variation, räumliche Diskontinuität, anhaltende Disparität, komplexen Pluralismus und dynamische Ambiguität.

Im Kontext der Kommunikation betrachtet, ist die urbane Siedlung weit von einem einheitlichen Ort entfernt. Ihre Zusammensetzung und ihre räumlichen Dimensionen stehen in einem relativen Verhältnis zu den Beobachtungen von Teilnehmern in unterschiedlichen Domänen zu unterschiedlichen Zeitpunkten.

DIE STADT UND DAS URBANE*

Henri Lefebvre

I – Vom Wandel oder den „Mutationen"** der zeitgenössischen Gesellschaft zu
sprechen, ist zum Gemeinplatz geworden. Dabei hat das Wort „Mutation" nur in der
Biologie eine präzise Bedeutung; verwendet man es im soziologischen Sinne, ist es
eher ein Bild, eine Metapher statt ein Konzept. Dieses Bild droht sogar die grundlegende Frage zu verschleiern: Wohin bewegen wir uns?

Dennoch sind diese „Mutationen" durch zahlreiche Krisen gekennzeichnet, die
ineinander verwoben sind; von den wirtschaftlichen und wirtschaftspolitischen Krisen bis hin zu den Krisen in der Kunst, der Literatur, dem Kino, dem Theater, der
Universität, der Jugend usw. Angesichts dieser Verwobenheit und Wechselwirkung
zahlreicher Krisen stellt sich die Frage: Gibt es eine Krise bzw. Krisen, die wichtiger, grundlegender sind als andere? Die nun folgende Abhandlung baut auf einer
Hypothese auf, nach der die Krise der urbanen Realität wichtiger und zentraler ist
als so manche andere.

II – Üblicherweise sprechen wir von der „Industriegesellschaft". Dieser Begriff ist
insofern kritikwürdig, als er bestimmte soziale Verhältnisse, die den Prozess der
Industrialisierung überhaupt erst ermöglicht haben, nicht deutlich genug hervorhebt. Die Produktionsverhältnisse erfordern eine Analyse, die der Begriff „Industriegesellschaft" tendenziell umgeht, indem er den Schwerpunkt auf die materielle
Produktion und das reine Wachstum der Produktion statt auf die gesellschaftlichen
Verhältnisse der Produktion legt. Mit diesen wichtigen Einschränkungen und dem
erneuten Hinweis darauf, wie sich ein vorgebliches Konzept zum Bild und zur Metapher wandelt, werden wir hier den Ausdruck „Industriegesellschaft" verwenden.

Man kann sagen, dass die Industriegesellschaft zur Urbanisierung führt. Diese
Feststellung und diese Formel sind längst gängiger Konsens. Weniger gängig ist
hingegen die Frage, ob die Auswirkungen dieses Prozesses der Urbanisierung nicht
schnell wichtiger werden als seine ursprüngliche Ursache, die Industrialisierung.
Die hier vorgestellte These ist, dass die urbane Problematik die aus dem Prozess der
Industrialisierung heraus entstandene Problematik grundlegend verdrängt und verändert: Während die meisten Theoretiker und auch „Praktiker", die empirisch vorgehen, die Urbanisierung noch als eine äußere und untergeordnete, ja fast zufällige

---

*   Zuerst erschienen unter dem Titel "La ville et l'urbain", Espaces et Sociétés, Nr. 2, 1971, S. 3–7.
     Aus dem Französischen übersetzt von Nicole Stange-Egert, durchgesehen von den Herausge-
     bern.
** Hier steht im Französischen der Singular. „Mutation", wenn es denn im Deutschen überhaupt
     in der metaphorischen Bedeutung „Wandel, Veränderung" gebraucht wird, gibt es aber nur im
     Plural (A.d.Ü.).

Folge des grundlegenden Prozesses der Industrialisierung betrachten, behaupten wir das Gegenteil. Bei diesem Prozess mit doppeltem Aspekt vollzieht sich etwas sehr Wichtiges; in klassischen Begriffen ausgedrückt, ein qualitativer Sprung. Das quantitative Wachstum der wirtschaftlichen Produktion hat zu einem qualitativen Phänomen geführt, das selbst in Form einer neuen Problematik zum Ausdruck kommt: in Form der urbanen Problematik. Es ist von grundlegender Bedeutung, sich dies bewusst zu machen und es zur Kenntnis zu nehmen, um nicht einen theoretischen und praktischen Fehler aufrechtzuerhalten; dieser Fehler besteht darin, dass man aus der Rationalität des Unternehmens, der Erfahrung der Industrialisierung, Modelle und Schemata ableitet, die auf die entstehende urbane Realität übertragen werden. Man möchte diese Realität im Lichte der Unternehmenslogik und wie ein Unternehmen behandeln. Zwar war die Rationalität des Unternehmens, seiner Organisation und der Arbeitsteilung, die es beinhaltet, eine wesentliche Errungenschaft der Industrialisierung, doch passt sie nicht mehr in die Zeit, die nun anbricht und die eine neue Rationalität entwickeln muss: die urbane Rationalität. Die alte Rationalität fortzuschreiben, [|4] sie unbedacht anzuwenden, führt zu einer Reihe von Fehlern und Täuschungen, die man in der sogenannten „Stadtplanung" wiederfindet.

Der Begriff „urbane Gesellschaft" lässt sich nicht auf jede beliebige historische Stadt anwenden; in der so definierten Sichtweise bezeichnet er eine Realität, die noch im Werden ist, die teilweise real und teilweise virtuell ist, das heißt, die urbane Gesellschaft ist noch nicht vollständig entwickelt. Sie entsteht erst noch. Sie ist eine Tendenz, die sich bereits abzeichnet, die dazu bestimmt ist, sich zu entwickeln.

Nachdem diese terminologische Zweideutigkeit geklärt ist, kann man eine Periodisierung der historischen Zeit vorschlagen, die diese in drei Zeitalter einteilt: das Agrarzeitalter, das Industriezeitalter und das urbane Zeitalter. Es gab schon Städte im Agrarzeitalter und im Industriezeitalter. Doch das urbane Zeitalter beginnt gerade bzw. hat erst begonnen. Um es noch einmal zu betonen, diese Periodisierung ist nicht absolut: Jede Unterteilung der historischen Zeit in einzelne Perioden ist relativ. Unter Anwendung einer ebenfalls gängig gewordenen Metapher könnte man sagen, dass das „Urbane" ein Kontinent ist, den man entdeckt und erforscht, während man ihn aufbaut.

III – Die Stadt war von Beginn des Agrarzeitalters an eine menschliche Schöpfung, das Werk schlechthin; ihre historische Rolle ist noch wenig bekannt, vor allem im Orient, und die Theorie der asiatischen Produktionsweise hält noch einige Überraschungen bereit, was das Verhältnis zwischen Stadt und Land betrifft. Was den Westen selbst angeht, so gehört dieses konfliktuelle, also dialektische Verhältnis zu denen, über die Historiker am wenigsten wissen. Was die Stadt im eigentlichen Sinne betrifft, sowohl die orientalische als auch die antike, mittelalterliche usw., wurde eine ganze Batterie von Konzepten vorgeschlagen.

a) Die Stadt ist ein räumliches Objekt, das einen Standort und eine Lage besetzt und die man als Objekt mit verschiedenen (ökonomischen, politischen, demografischen usw.) Techniken und Methoden untersuchen muss. Die Stadt als solche nimmt einen bestimmten Raum ein, der sich deutlich vom ländlichen Raum abgrenzt. Das Verhältnis zwischen diesen Räumen hängt von den Produktionsverhält-nissen, also von der Produktionsweise, und dadurch bedingt auch von der Arbeits-teilung innerhalb der Gesellschaft ab.

b) Insofern hat die Stadt eine Mittlerfunktion zwischen einer nahen und einer fernen Ordnung. Die nahe Ordnung ist die der ländlichen Umgebung, die von der Stadt dominiert, organisiert und wirtschaftlich genutzt wird, indem diese ihr Mehr-arbeit abnötigt. Die ferne Ordnung ist die der Gesellschaft in ihrer Gesamtheit (auf Sklaverei basierende, feudalistische, kapitalistische Gesellschaft usw.) Als Mittle-rin ist die Stadt auch der Ort, an dem die Widersprüche der betreffenden Gesell-schaft deutlich werden – zum Beispiel zwischen der politischen Macht und den verschiedenen Gruppierungen, auf denen sich diese Macht begründet.

c) Die Stadt ist ein Werk im Sinne eines Kunstwerks. Der Raum ist nicht nur organisiert und definiert, er wird auch von der einen oder anderen Gruppe nach ih-ren Anforderungen, ihrer Ethik und Ästhetik, also ihrer Ideologie, modelliert und zu Eigen gemacht. Die Großbauwerke sind ein wesentlicher Aspekt der Stadt als Werk, doch der Tagesablauf der Mitglieder der urbanen Gemeinschaft ist ein nicht minder wichtiger Aspekt. Die Stadt als Werk muss unter diesem doppelten Aspekt unter-sucht werden: nach verschiedenen Bauwerken und Tagesabläufen, die sie für die Städter und Bürger beinhalten.

Hieraus ergibt sich, dass in der antiken Stadt die Nutzung und der Nutzwert den Tagesablauf noch prägten. In traditionellen Stadtformen haben Tausch und Tausch-wert noch nicht alle Grenzen gesprengt und bestimmen auch noch nicht alle Nut-zungsmodalitäten. Insofern sind und bleiben antike Städte bis heute Werke und keine Produkte.

IV – Die Auflösung der traditionellen Stadt ist ein offensichtliches Phänomen, des-sen Bedeutung allerdings nicht so offensichtlich ist. Man muss sie suchen. Diese Tatsache wurde auf vielfältige Weise interpretiert. Die einen glauben, man müsse von einer „Anti-Stadt" im Gegensatz zur Stadt sprechen, und die Moderne definiere sich durch die „Nicht-Stadt" (Nomadentum oder die unbegrenzte Ausbreitung des Wohnraums). Dieses Phänomen lässt sich nur mit einer dialektischen Analyse und mittels der dialektischen Methode aufklären. Die Industrie ist tatsächlich [|5] als „Nicht-Stadt" und „Anti-Stadt" erschienen. Sie entstand dort, wo die von ihr ge-nutzten Ressourcen waren, nämlich Energiequellen, Rohstoffe, Arbeitskräfte, aber sie hat auch die Städte im buchstäblichen Sinne „angegriffen", indem sie sie zer-stört und aufgelöst hat. Sie lässt sie übermäßig wachsen, zerstört aber ihre antiken Charakteristiken (Phänomen der Implosion-Explosion). Mit der Industrie kam es zu einer Generalisierung des Tausches und der Warenwelt; Nutzung und Nutzwert sind fast vollständig verschwunden und bleiben nur als Forderung des Konsums von Waren bestehen, der qualitative Aspekt der Nutzung verschwindet fast vollständig. Durch diese Generalisierung des Tausches ist der Boden zur Ware geworden; der für das tägliche Leben notwendige Raum wird gekauft und verkauft. Alles, was die Vitalität der Stadt als Werk ausgemacht hat, ist angesichts der Generalisierung des Produkts verschwunden.

Heißt das, dass die urbane Realität verschwunden ist? Nein, im Gegenteil. Sie breitet sich weiter aus. Die gesamte Gesellschaft wird urban. Der dialektische Prozess geht folgendermaßen: die Stadt – ihre Negierung durch die Industrialisierung – ihre Wiederherstellung in einem viel größeren Maßstab als früher, dem der gesamten Gesellschaft. Dieser Prozess vollzieht sich nicht ohne immer tiefergehende Konflikte. Die bestehenden Produktionsverhältnisse haben sich ausgedehnt, erweitert; sie haben eine breitere Basis erobert und halten gleichzeitig in der Landwirtschaft und der urbanen Realität Einzug, doch bei dieser Ausweitung haben sie auch neue Konflikte mit sich gebracht.

Einerseits bilden sich Entscheidungszentren, die mit noch unbekannten Befugnissen ausgestattet sind, denn sie konzentrieren Reichtum, repressive Macht und Information; andererseits erlaubt die Auflösung der alten Städte vielfältige Ausgrenzungen; die Elemente der Gesellschaft werden räumlich unerbittlich voneinander getrennt, wodurch es zu einer Auflösung der gesellschaftlichen Beziehungen im weiteren Sinne kommt, die mit der Konzentration der Verhältnisse, die direkt mit den Eigentumsverhältnissen gekoppelt sind, Hand in Hand geht.

V – So entsteht dieses neue Konzept des Urbanen. Man muss es deutlich von der Stadt unterscheiden. Das Urbane unterscheidet sich von der Stadt nämlich genau dadurch, dass es im Zuge der Auflösung der Stadt entsteht und sich manifestiert, doch es gibt uns die Möglichkeit, einige Aspekte neu zu betrachten und sogar zu verstehen, die lange Zeit unbeachtet geblieben sind: die Zentralität, den Raum als Ort der Begegnungen, die Großbauwerke, usw. Das Urbane, also die urbane Gesellschaft, ist noch nicht existent und existiert doch virtuell; aus den Gegensätzen zwischen Wohnraum, Ausgrenzung und urbaner Zentralität, die für die soziale Praxis grundlegend wichtig ist, ergibt sich ein sinnvoller Widerspruch.

Das Urbane ist ein theoretisches Konzept, das durch einen Prozess freigelegt und befreit wird, wie er sich uns präsentiert und wir ihn analysieren. Es ist kein Wesen nach dem traditionellen Verständnis des Begriffs bei Philosophen; es ist keine Substanz, wie es uns der eine oder andere noch schmeichelhaft verwendete Begriff glauben machen will, zum Beispiel „Urbanität"; es ist eher eine Form, die der Begegnung und der Versammlung aller Elemente des gesellschaftlichen Lebens, von den Früchten des Bodens (trivial ausgedrückt: den landwirtschaftlichen Produkten) bis zu den Symbolen und sogenannten „kulturellen" Werken dient. Das Urbane manifestiert sich im Zuge des negativen Prozesses der Dispersion, der Ausgrenzung, als Forderung nach Begegnungen, nach Versammlungen, nach Informationen.

Als Form trägt das Urbane einen Namen: Es ist die Simultaneität. Diese Form findet ihren Platz unter all den Formen, die man untersuchen kann, indem man sie von ihrem Inhalt unterscheidet. Was die urbane Form versammelt und simultan macht, kann sehr verschieden sein. Es sind mal Dinge, mal Menschen, mal Zeichen; von grundlegender Bedeutung sind dabei die Versammlung und die Simultaneität. Insofern kann man sagen, dass der „Nullvektor" entscheidend für die Definition des Urbanen ist.

Die Zentralität hat ihre spezifische dialektische Bewegung. Sie ist notwendig. Es gibt keine urbane Realität ohne Zentrum, sei es ein Einkaufszentrum (das Produkte und Dinge versammelt), ein symbolisches Zentrum (das Bedeutungen versammelt und simultan [l6] werden lässt), ein Informations- und Entscheidungszentrum, usw. Doch jedes Zentrum zerstört sich selbst. Es zerstört sich durch Sättigung; es zerstört sich, weil es auf eine andere Zentralität verweist; es zerstört sich, indem es das Handeln derjenigen herausfordert, die es ausschließt und in die Randbereiche verdrängt.

Die auf diese Weise freigelegte urbane Form ist eine Abstraktion, aber dennoch konkret. Das Gleiche gilt für die Form des Tausches, wie sie Marx am Anfang von *Das Kapital* darlegt. Diese Form und ihre Theorie sind extrem abstrakt, deshalb wurde ihre Analyse ein Jahrhundert lang so wenig verstanden. Und doch ist diese abstrakte Form der Schlüssel zum Konkreten, zur Praxis. Sie ist der Ausgangspunkt zur Erfassung des Inhalts. Anderes Beispiel: Die Formen der Logik selbst als Formen jedes Denkens sind sehr abstrakt, und doch sind sie die grundlegenden Schlüssel und der Ausgangspunkt für jede methodisch stattfindende Reflexion. Man könnte noch mehrere Beispiele für diese zugleich abstrakte und konkrete Form anführen (Symmetrie, Wiederholung, usw.)

Der abstrakte Charakter dieser Reflexion über das Urbane und dessen Definition kann als Hindernis, aber nicht als Einwand betrachtet werden. Es ist die generelle Form, die die Richtung empirischer Feststellungen bestimmt, nicht umgekehrt. Empirische Feststellungen an sich gelangen nicht zur generellen Form. Sie sind dennoch unverzichtbar, denn sie offenbaren den Inhalt der Form. Sie ermöglichen es, den Prozess zu untersuchen und zu analysieren, ihn einzugrenzen, die wichtigsten Punkte abzustecken. Vor allem die Segregation, die Entstehung von armen, peripheren Räumen, die die Reproduktion der Produktionsverhältnisse, der Klassenverhältnisse entsprechen bzw. ermöglichen; diese Segregation stellt zwar eine theoretische und praktische Negation des Urbanen dar, offenbart sie jedoch als solche. Der verlassene, verwahrloste Charakter urbaner Randbezirke ist bezeichnend; um herauszufinden und sagen zu können, was er uns zeigt, muss man ihn interpretieren. Die Interpretation der peripheren oder zentralen urbanen Räume erfolgt nicht nur auf Karten durch die Entwicklung eines abstrakten Codes; sondern es findet hier ein nicht-wörtliches, symptomatisches Interpretieren par excellence statt.

VI – Diese Interpretation des urbanen Raumes macht es möglich, eine allgemeine Definition anhand von miteinander verwobenen Widersprüchen und Negationen zu geben; es ist ein differentielles Zeit-Raum-Gebilde, das entsteht. Zeit und Raum aus dem Agrarzeitalter gehen mit bestimmten, nebeneinander existierenden Besonderheiten einher, denen des Standorts, des Klimas, der Flora und Fauna, der menschlichen Ethnien, usw. Zeit und Raum des Industriezeitalters streben bis heute nach Homogenität, nach Uniformität, nach einer einengenden Kontinuität. Zeit und Raum des urbanen Zeitalters werden differenziell, und dieser Charakter wird durch die Analyse herausgearbeitet. Äußerst verschiedene Netzwerke und Ströme überlagern und verweben sich, von der Kanalisation bis hin zum Informationsfluss, vom Handel mit Produkten bis zum Austausch von Symbolen. Die Dialektik der Zentralität bringt eine differenzielle Bewegung von außerordentlicher Kraft mit sich. Es wurde vorgeschlagen, in diesem Raum „Topien" zu unterscheiden: Isotopien (homologe Räume, die analoge Funktionen oder Sektoren haben); Heterotopien (kontrastierende Räume, teilweise beträchtliche sich abstoßende Kräfteverhältnisse und oft extreme Spannungen) und Utopien (Orte des Anderswo oder dessen, was nicht stattfindet, vor allem Wissen und Können, die gleichzeitig präsent und abwesend sind, vor allem in den Großbauwerken). Diese differenzielle Analyse des urbanen Raumes entzieht sich analytischen Verfahren, die unter dem Vorwand der Rationalität eine Homogenisierung feststellen und durchsetzen. Diese analytischen Verfahren beschäftigen sich nur mit uniformen Schemata und Homologien. Sie führen zu Logiken (der des Tauschs, der Planung usw.), statt den Schwerpunkt auf die Unterschiede zu legen.

VII – Aus diesem grundlegenden Irrtum im Hinblick auf die Rationalität leitet sich eine Konsequenz ab, die wir bereits erwähnt haben, die aber nochmals hervorgehoben werden muss. Das Urbane, diese im Werden begriffene Virtualität, diese sich bereits realisierende Potenzialität, ist ein blinder Fleck für all diejenigen, die sich an eine bereits überholte Rationalität klammern; und auf diese Weise drohen sie zu verfestigen, was der urbanen Gesellschaft entgegensteht, was sie [17] negiert und im Laufe desjenigen Prozesses zerstört, durch den sie entsteht: Nämlich die generalisierte Segregation, die Trennung aller Elemente und Aspekte der sozialen Praxis vor Ort, die voneinander abgegrenzt und per politischer Entscheidung innerhalb eines homogenen Raumes zusammengefasst werden.

III. FÜNF PERSPEKTIVEN DER URBANITÄT

WANDEL DER WOHNVERHÄLTNISSE, VERHÄUSLICHUNG DER VITALFUNKTIONEN, VERSTÄDTERUNG UND SIEDLUNGSRÄUMLICHE GESTALTUNGSMACHT[*][1]

Peter R. Gleichmann

Am Beispiel der sich wandelnden Wohnverhältnisse möchte ich einige Veränderungstendenzen aufzeigen im Verhältnis von politischem Prozeß der „Verstädterung" und Wandel der Lebensumstände in neuen Wohnsiedlungen. Ich möchte einige Züge des Einflusses der planenden großstädtischen Verwaltungen auf Ausgestaltung der persönlichsten Wohnverhältnisse und auf die psychischen Veränderungen im Zusammenwohnen zeigen; denn es werden bisher sehr selten „anthropologische" Aspekte des modernen Lebens in „Wohnungen" und ihre zivilisatoren Folgen mit der Siedlungspolitik in einen Zusammenhang gebracht. Ich werde den administrativen Sprachgebrauch soweit möglich vermeiden, ebenso den etwa der Architekten oder Planer, mich zugleich aber bemühen, mich so auszudrücken, daß es möglichst mit allen jenen Fachaspekten *vereinbar* bleibt. Dafür werde ich Kategorien bevorzugen, die zugleich Zustands- und Verlaufsbeschreibungen des Verhaltens gestatten[2]; und bisweilen werde ich ohne „die Angst mancher Verhaltenswissenschaften" (DEVEREUX) derber sprechen als das im Zusammenhang eines solchen Themas üblich ist.

„Die spezifische Entwicklungsstruktur von staatlichen, wirtschaftlichen und vielen anderen Arten der zwischenmenschlichen Interdependenzen spielen im Leben von Menschen keine geringere Rolle als die Trieb- und Affektinterdependenzen. Aber der soziale Charakter der letzteren wird über ihrem individuellen Charakter heute oft genug übersehen." (NORBERT ELIAS 1972).

[|320] 1. *Der Wandel der Standards des Wohnverhaltens* läßt sich materiell am eindrucksvollsten ablesen an der *„Hebung der Wohnstandards"* (FEY). Quantität und Qualität der Wohnungen sowie die Wohnfläche je Haushalt sind in 25 Jahren unerwartet gewachsen.

Das säkulare Ziel jeder bisherigen Wohnungspolitik: *eine abgeschlossene Wohnung für jede (Klein-)Familie* ist praktisch erreicht oder überschritten –, den relativen Mieterschutz einbegriffen.

---

* Erschienen unter demselben Titel in Zeitschrift für Soziologie, Jahrgang 5, Heft 4, 1976, S. 319–329.

1 Vortrag, gehalten am 5.3.76 in Warschau auf Einladung der Polnischen Akademie der Wissenschaften in einem Seminar von Raum- und Stadtplanern sowie Soziologen.

2 Darauf ist verschiedentlich hingewiesen worden, so von E. SIBERSKI, 1967, und N. ELIAS, 1970.

Diese Politik konnte sich – neben einem zunächst hohen staatlichen Mitteleinsatz – auf zwei *soziale Ressourcen* stützen: eine fachlich hochqualifizierte, durch jahrzehntelange Übung problembewußte und finanztechnisch erfindungsreiche *Beamtenschaft* sowie auf ein (durch das föderale System befördertes) breites wohnwirtschaftliches Kleinunternehmerpotential; dessen Fertigkeiten und dessen traditionales Interesse an einer hohen Wohnkultur wurden durch eine Fülle von Vergünstigungen noch mobilisiert. Ein Resultat dieser gewaltigen Anstrengungen (ca. 14 Mio. Wohneinheiten in 25 Jahren) ist eine großbetrieblich organisierte, weitgehend wirtschaftlich konzentrierte (Bau- und) Wohnungswirtschaft, die sich nun neben der Bestandspflege der „Modernisierung" des restlichen, „unter dem Standard liegenden" Teils annimmt. Einmal sollen alle Wohnungen in den Wirtschaftskreislauf einbezogen werden, die durch „Abnutzung" bzw. Verschiebung des Anspruchsniveaus „herausfallen" würden; und dann sollen alle die Wohnbauten im Umlauf gehalten werden, die durch Kapitalvernichtung oder -verzehr auszufallen drohen, etwa weil ihre Eigentümer, meist als Eigenwohner, ihre Häuser als Alterssicherung „aufzehren" (CULLINGWORTH), anders gesagt, mit dem Ausscheiden aus dem Erwerbsleben keine Kapitalrechnung mehr aufstellen[3].

2. *Der Wandel der Verhaltensstandards* im Wohnen ist aber sozial bedeutsamer, wenn auch weniger beachtet.

Wir bezeichnen mit Verhaltensstandards *menschliche Verhaltensregeln*, die die Beziehungen von Individuen in sozialen Verbänden doch auch „zu sich selbst" regeln. Diese Standards verändern sich im Rahmen sozialer Entwicklungsprozesse, vor allem durch Verschiebungen im sozialen Machtgefüge. Um sie empirisch-soziologisch zu dokumentieren, kann man ganz grob zwischen schriftlich, meist rechtlich kodifizierten, und nicht geschriebenen Regeln unterscheiden. Hier haben wir es meist mit den Regeln des sogenannten „guten" oder „anständigen" Benehmens zu tun (KRUMREY). Maßgeblich bleibt, das jeweilige gesellschaftliche *Machtgefüge als Hauptquelle der Regulierungen* des „richtigen Verhaltens" auszumachen[4].

---

3   Ein verbliebenes Rumpfstück der Bodenrechtsreform des jetzt beschlossenen „Gesetzes zur Änderung des Bundesbaugesetzes" (Bundesratsdrucksache 300/74) (analog dem Städtebauförderungsgesetz) eine *allgemeine* Erlaubnis zum Erlaß von: Bau-, Nutzungs-, Modernisierungs-, Erhaltungs- und Abbruchs*geboten*. – Alternativen dazu sind nicht zahlreich. Eine Wirtschaftsgesellschaft kann ganze Wohngebiete oder Städte dem physischen Verfall preisgeben, wie in Teilen der USA oder einiger Sozialistischer Länder; oder sie kann versuchen, die staatliche „Mobilisierung der Mieter" (und Einzeleigentümer) in „Reparatur- und Feierabendbrigaden" (HOFFMANN 1973: 244 ff.) direkt mit unentgeltlicher „Zwangsarbeit" zur Pflege des Wohnungsbestandes zu bewegen. – Andererseits ist die Beschleunigung des Umlaufs der Mietwohnungen („Wohnungswechsel") bisher verbunden mit der tendenziellen Selektion der weniger „Wohnleistungsfähigen"; vgl. AICH u.a.; HESS u.a.
4   Vgl. ELIAS (1939). Die gegenwärtig wieder entzündete zivilisationstheoretische Debatte geht auf die produktiven ELIASschen Ansätze kaum ein und gleitet daher ungewollt bei bedeutsamen Problemstellungen wie der „Technischen Zivilisation" oder den „Folgen der Zivilisation" zurück ins Pejorative.

Hauptkennzeichen der neuen Verhaltensstandards in einer sich wandelnden Wohnungswirtschaft ist die *rigorose Disziplinierung des Bewohnerverhaltens*. Das zeigen die meisten Dokumente einer fast hundertjährigen Wohnungspolitik.

Die „Normalwohnung" wird zum allein generell geltenden wirtschaftlichen Gut und zur alleinigen Recheneinheit der Wohnungspolitik und des Städtebaus gemacht; ihre allgemeine Durchsetzung führt zur *Eliminierung* zahlreicher anderer Sozialverhältnisse etwa gewerblicher, familialer oder sexueller Art. Im einzelnen finden wir jetzt beispielsweise durch technischen Wandel induzierte ganz neue Verhaltensbereiche und Aufgaben:
– Reglements in der *Bedienung der Haustechnik*; [|321]
– *Instandhaltung* der Wohnmaschine;
– diszipliniertes Handhaben der *Müllbeseitigung*;
– Reglementierung zur Benutzung *gemeinsamer Anlagen*; das sind neue Kooperationsformen zwischen Mietern –, „technisch vermittelte Interaktion"[5]
– Zunahme häuslicher *Unfälle*.
Die verhaltensleitende Instanz ist mit der Organisierung der Wohnungswirtschaft aus der öffentlichen zunehmend in die betriebliche Obhut übergegangen[6]; Wohnungsaufsicht – „Hausordnung".

3. *Im internationalen und globalen Vergleich* fallen zwei Bewegungstendenzen auf. Die Verbesserungen unserer Wohnungsversorgung sind zeitlich einhergegangen mit einer *nachhaltigen Verschlechterung* der Wohnstandards eines großen Teils der *Weltbevölkerung* im Zuge andauernder Verstädterungsbewegungen vor allem in Asien, Afrika und Lateinamerika.

Dagegen haben nur wenige Länder eine höhere jährliche Neubaurate je Einwohner oder eine bessere Wohnungsausstattung (Schweden, USA, Niederlande). Nur wenige Länder verfügen durchschnittlich über größere Wohnungen (Niederlande, Großbritannien, USA). Der *Einfamilienhausanteil* am gesamten Wohnungsbestand ist in einigen Ländern ständig höher als in der BRD und auch relativ schneller anwachsend.

4. *Die fortschreitende Ablösung der Wohnverhältnisse aus anderen* Sozialverhältnissen hat nicht aufgehört. Sie schafft ein ganz charakteristisches Spannungsverhältnis zwischen der modernen „städtischen Normalwohnung" und anderen sozialen Instanzen[7].
– Ausgesondert sind fast alle Formen von *Arbeit* und *Beruf, gewerblichen Tätigkeiten, Kost-* und *Lehr*verhältnissen. Ausgeschieden ist jede Form der *allgemeinen und beruflichen Ausbildung*. Beseitigt ist die Nutz-*Tierhaltung* in Wohnun-

---

5   Die Großwohnanlagen *erzeugen* „technisch vermittelte" Interaktionen, wie sie deshalb auch mögliche Interaktionen „technisch verhindern", vgl. O. NEWMANS Kritik.
6   Das schließt die Möglichkeit weiterer direkter staatlicher Einwirkungen auf die Interaktionsformen einer Hausgemeinschaft nicht aus; vgl. HOFFMANN.
7   Wirtschaftlich-technisch wird dieses Spannungsverhältnis einer Wirtschaftsgesellschaft meist „Infrastruktur"-Problem genannt, vgl. FREY.

gen. Auch *Krankheit und Krankenpflege* sind weitgehend an außerhäusliche Instanzen übergegangen.

– Starke *Tendenzen* zur Aussonderung gibt es bei *Teilen der kindlichen Erziehung*, zugunsten von Kindergärten und Vorschuleinrichtungen; bei der *häuslichen Nahrungsherstellung* –, Fertiggerichte, betriebliche und schulische Kantinen.

– Erkennbar sind Trends zur *Auslagerung der Freizeit: Außerhäuslicher Urlaub*; Reiseintensität (= mindestens 1 Urlaubsreise pro Jahr) der deutschen Bevölkerung steigt (1975 über 55.9 %; FORNFEIST).

– Zunahme der *Freizeit- und Jugendzentren.*

– Und schließlich sind Geburt und Tod weitgehend außerhäusliche Ereignisse geworden, wenn auch die Debatte über „humanere Formen des Sterbens" (ILLICH) eine rückläufige Bewegung vorstellbar macht.

– Aber auch *gegenläufige* Prozesse deuten sich an. Die *häusliche Pflege der alten Menschen* nimmt rapide zu[8]. Dreiviertel der rund 360 000 *behinderten Kinder* leben in Wohnungen (mit vollständigen Familien); weitere 9.6 % in unvollständigen Familien[9].

5. *Die zunehmende Verhäuslichung sämtlicher leiblicher Vitalfunktionen* stellt die tiefgreifendste Veränderung unserer „verstädterten" Wohnverhältnisse dar. Fast alle körperlichen Vorgänge und Äußerungen sind „hinter die Kulissen des gesellschaftlichen Lebens verdrängt", wie N. ELIAS (1939) in seiner Theorie des zivilisatorischen Prozesses[4] anschaulich formuliert hat. Wer vom „Wohnen" sprechen will, hat über sozial modellierte Verhaltensbereiche zu sprechen, die zum großen Teil *nicht sprachlich abgebildet sind* und wegen der „Angst der Verhaltenswissenschaften" auch kaum systematisch beobachtet werden: [l322]

– Essen[10] und Trinken[11];

– Miktion und Defäkation (Harn- und Kotentleerung)[12];

– Reinlichkeitsverhalten, Körperpflege, Körperwäsche[13];

8   Wirtschaft und Statistik, 1975, H. 9, S. 633 ff.
9   Wirtschaft und Statistik, 1975, H. 9, S. 611 ff.
10   Selten zu finden ist eine „Psychosomatik des Eßverhaltens" (BRÄUTIGAM u. a. 1973: 228 ff.); sie geht anhand von Einzelfällen auf die Mager- und Fettsucht ein. – Der Abschnitt über die „Ernährungsgewohnheiten" im ERNÄHRUNGSBERICHT (1972: 24–40) faßt einige deutschsprachige Erhebungen zusammen. – ZUR ERNÄHRUNGSSITUATION der schweizerischen Bevölkerung fordert H. AEBI (ebda: 262 ff.) Erhebungen über Ernährungsgewohnheiten, die unter „dynamischem Aspekt" und „nicht losgelöst von allen anderen Umweltbedingungen betrachtet werden" müssen.
11   In den (meist dem Alkoholismus gewidmeten) Studien über das „Trinkverhalten", WIESER, wird der umgebenden häuslichen Gesellung größte Bedeutung beigemessen.
12   In der ausführlich auf „Wohnungsbenutzung" eingehenden „Wohnphysiologie" GRANDJEANS fehlen Aussagen über Miktion und Defäkation.
13   Die erste deutschsprachige umfängliche Erhebung über das „Sauberkeitsverhalten", BERGLER, die auch die enormen methodischen Schwierigkeiten offenbart, wenn eine Verhaltensdimension herausgelöst aus ihrer sozialen Verflechtung betrachtet wird, widmet der *„Sprache"* einen langen Abschnitt mit dem Schluß, „daß man bei der weiteren Forschung von den Hypothesen der Entwicklungs- und Geschlechtsspezifität der Attribution transformierter inhaltlicher Di-

–   Entkleiden und Bekleiden[14];
–   Schlafen[15];
–   Sexualgeschehen[16];
–   Gastlichkeit und Geselligkeit[17].

Diese „Tätigkeiten" sind *zugleich* leiblich-vitale Funktionen *und* sozial geformte Verhaltensweisen. Wenn sie in einer raum-zeitlich ganz bestimmten Weise zusammengefügt sind, sprechen wir von Wohnen[18]. Wir erlernen den Umgang mit der eigenen und der fremden Leiblichkeit in der Wohnung. Hier erfahren wir Grundprinzipien sozialer Distanz und Nähe; lernen unser *Schamgefühl* zu handhaben, mit unseren *„Affekten hauszuhalten"* (ELIAS 1939). Wir können deshalb von einer *„Verhäuslichung der Techniken unserer Affektbeherrschung"* sprechen. Entscheidend für das Verständnis unserer „städtischen Wohnverhältnisse" ist die Einsicht, daß die *soziale Modellierung der körperlichen Vitalfunktionen* in einem langen „zivilisatoren Prozeß" abläuft, der parallel mit einer sozialen Befriedung, einer Unterdrückung der physischen Gewaltanwendung zwischen Menschen, verläuft und damit gleichzeitig mit der Entstehung von *„Gewaltmonopolen"* oder, anders gesagt, der *modernen Staaten. – Einige Beispiele* für die Verhäuslichung der Vitalprozesse, die zeigen, wie die *individuellen* Körperfunktionen raum-zeitlich *verflochten* sind durch „Regeln des richtigen Benehmens" mit *kollektiven* zu einem einheitlichen Handlungsablauf, den wir „Wohnen" nennen:

–   *Behausen* heißt, jemand mit technischen Mitteln zu versehen, die meisten seiner leiblichen Vorgänge *verbergen* zu können. *„Geborgenheit"* ist daher oft als eigentlicher Kern des Wohnens bezeichnet worden –, so von den Ontologen [I323] des Raumes oder den Phänomenologen der Leiblichkeit.
–   Es bestehen bestimmte *„Peinlichkeitsschwellen"* Schamzonen für jede Handhabung des Körpers:

mensionen ausgehen muß" (1974: 118). Sein Befund: „Das wesentlich stärker ausgeprägte Sauberkeitsverhalten der Frauen kann nicht mit einem größeren kognitiven Differenzierungsgrad des Sauberkeitsbegriffs bei eben diesem Personenkreis in Verbindung gebracht werden, im Gegenteil: differenzierteres und den verschiedenen Maximalnormen stärker angenähertes Verhalten impliziert – möglicherweise auf der Basis weitgehend automatisiert ablaufender Prozesse von hohem Selbstverständlichkeitsgrad und damit geringer Reflexion – eine reduzierte sprachlich-kognitive Beurteilungsperspektivität." (1974: 138)

14   Zur Verhäuslichung von Be- und Entkleidungsvorgängen finden sich episodische Notizen bei einigen symbolischen Interaktionisten, gelegentlich auch in einer historischen Soziologie der Mode, doch keine umfassenden Analysen dieser tief in Befindlichkeit, Körpergefühl und Körperbild eingreifenden Vorgänge, vgl. ROACH/EICHER.

15   Die umfängliche psycho-physische Schlafforschung erfährt in der Regel aus der mehr und mehr nachgefragten *Schlafmittel*produktion ihren Hauptantrieb, KOELLA, und vernachlässigt die sozialräumlichen Schlafbedingungen gänzlich.

16   Obgleich alle empirischen sexualwissenschaftlichen Erhebungen, die befragenden wie die beobachtenden, irgendwann das „Bedürfnis nach Ungestörtheit" konstatieren, gehen sie nur außerordentlich selten, KENTLER, auf die gesellschaftlichen Verflechtungen ein.

17   Ausführlicher vgl. GLEICHMANN (1973).

18   Die eindrucksvolle Studie von HELGE PROSS über die „Hausfrau" *bestätigt* mich in der Auffassung, Wohnen, bzw. Verhäuslichung, als klar von „Hausarbeit" oder „Familie" unterscheidbare soziale Konstellationen zu verstehen.

– Tilgung des *Körpergeruchs*[19] und der *Körpergeräusche*;
– Lokalisierung, wo *Nacktheit* oder teilweise *Entblößung* als erlaubt gelten;
– Genaue soziale Lokalisierung der *Defäkation* und soziale Ächtung „deplazierter Entleerungen";
– *Zentrierung des gesamten Sexualgeschehens* auf die Wohnung bzw. auf wenige ihrer Räumlichkeiten; parallel dazu tendenzielle Entsexualisierung sämtlicher anderen Bereiche (SCHÄFER).
– Im Umgangsvokabular von „Haus" und „Wohnen" enthüllt der „Wunsch nach Geborgenheit fast stets auch den *Wunsch nach ungestörtem Geschlechtsverkehr*" (E. BORNEMAN).
– Neben der Verwirklichung des Ziels: eine Wohnung für jeden Familienhaushalt – stand deshalb stets die Forderung nach „*Unverletzlichkeit der Wohnung*" vor fremder Willkür und fremdem gewaltsamen Eingriff (Art. 13 GG).
– Schließlich haben die Angriffe auf die „Unwirtlichkeit der Stadt" (MITSCHERLICH) in Erinnerung gebracht, daß *Wirtlichkeit und Gastlichkeit* des Wohnens grundlegende soziale Züge unserer Wohnverhältnisse sind.

Kurz, diese stichwortartigen Hinweise helfen genauer wahrzunehmen, wie sehr der Prozeß der Verhäuslichung unserer Vitalbedürfnisse mit den wirtschaftlich-technischen Einrichtungen der Städte verflochten ist. Zivilisierte Verstädterung, modernes Wohnen in „städtischen Wohnhäusern", bedeutet nichts anderes als eine *Institutionalisierung unserer somatischen Vollzüge in der Stadt*. Jeder Eingriff in die städtischen Flächennutzungen und ihre Standortgefüge berührt daher die Vitalfunktionen der Stadtbewohner.

Der Verstädterungsprozeß hat neuartige Wohnverhältnisse miteinander verknüpft, alte überkommene Vergesellschaftungsformen aufgelöst, wie „Dörfer" oder „Nachbarschaften". An deren Stelle sind neue getreten. In gröbster Vereinfachung werde ich zwei Unterscheidungen von *Haus- und Siedlungsgestalt* treffen: Einmal

6. *Die soziale Entwicklung der Kleinhäuser*[20] („Einfamilienhäuser") ist hauptsächlich gekennzeichnet durch eine tendenzielle *Kongruenz von Bewohnergruppen und tatsächlicher Sachherrschaft*. Die Bewohnerbeziehungen sind leibhaftig, anschaulich, direkt. Der Bewohner kann die Bedingungen vor allem der „kindlichen Sozialisation" weitgehend selbst bestimmen, auch die Reichweite seiner „Interaktion" mit Nachbarn oder den Umgang mit seiner Sache, dem Haus. Über ein Drittel aller (1972 21 Mio.) Wohnungen in der BRD gehören zu diesem Typ. Werden alle „Wohngebäude mit 1 und 2 Wohnungen" zusammengezählt, entfallen rund die Hälfte (1972 9.6 Mio.) aller Wohnungen auf diesen Haustyp; sein Anteil wächst

19 Wo eine Wahrnehmungspsychologie sich nach eigenem Bekunden mit dem „Wahrgenommenen" und *nicht* mit dem Wahrnehmen befaßt, kann der „Geruch als soziales Problem", W. SUMMER (1971: 44ff.), schwerlich in den fachwissenschaftlichen Aspekt geraten. – Planmäßige „Geruchsänderung", Beseitigung von „Industriegerüchen" und die Messung von „Verärgerungsreaktionen auf ortsbedingte Gerüche" sind neuerdings Aufgaben einer an den Wohnproblemen orientierten psychophysiologischen Forschung, TURK u. a.
20 Ich übernehme die Bezeichnung: „Kleinhäuser" aus R. EBERSTADTS einflußreichem Handbuch. Sie vermag nicht darüber hinwegzutäuschen, daß logisch konsistente Benennungen der Hausgestalten, bautechnische wie soziale, fehlen.

kontinuierlich. – Unverhältnismäßig hohe Übereinstimmung besteht zwischen Bewohnern, Wohnungspolitikern und Wissenschaftlern darin, daß dieser Typ optimale Bedingungen für die Kindererziehung („familiale Sozialisation"; „kindergerechte Wohnungen")[21] bietet. Verständlicher Widerstand kommt wesentlich von den Stadtplanern.

7. *Die Entwicklung der Großwohnhäuser*[22] ist dagegen stets *kontrovers beurteilt* worden; besonders hinsichtlich der Eigenschaften dieser Hausgestalt, *soziale Beziehungen der Bewohner zu stiften, zu fördern oder zu behindern* sind die denkbar widersprüchlichsten Auffassungen nebeneinander anzutreffen[23].

[l324] *Kennzeichnend für diese Hausgestalt:* das nackte wirtschaftliche Gut „Normalwohnung" wird gegen „Entgelt auf Zeit zur Nutzung überlassen"; Anhäufung der „Wohneinheiten" nach Grundsätzen optimaler Kapitalverwertung bei kaum eingeschränkter Ausschöpfung aller jeweils bekannten und verfügbaren wirtschaftlich-technischen Möglichkeiten. Die tendenzielle *Bevölkerungskonzentration* auf kleinstem Raum, durchgängiges Merkmal aller europäischen Städte, gründet auf diesem Haustyp.

Etwa ein Drittel aller Haushalte wohnen in diesem Typ[24]. Kennzeichnend ist aber auch: die Bewohnerbeziehungen werden weitgehend bestimmt durch großbetriebliche Wohnungsunternehmen, durch:
– *bürokratisierte* Formen der *Wohnungsverwaltung* (Insistieren auf „schriftliche Mitteilungen");
– die *Vermittlung der „Hausmeister"* (oder vergleichbarer Personen);
– sowie – besonders in den „rationalisierten" Unternehmen – durch die *Reduktion* der „Mieterkommunikation" *auf abstraktmonetäre Informationen* an die Hausverwaltung (Konten-Abbuchungsverfahren).
Architekten haben in den letzten 50 Jahren viel Zeit darauf verwendet, immer *ausgeklügeltere Hausformen* für diesen Typ zu erfinden; während für die *Erfindung neuer Sozialformen*[25] und das kontrollierte Experimentieren mit diesen bisher *wenig soziale Phantasie* aufgebracht worden ist.

In der durch und durch verstädterten Gesellschaft treffen wir heute –, wieder sehr *grob vereinfacht*, zwei klar unterscheidbare *Siedlungstypen* an:

8. *Kontinuierlich erweiterte Wohnsiedlungen*, in denen meist *kleinste Hauseinheiten* oder *Hausgruppen an bestehende Siedlungen angefügt werden*, sind der ältere

21   Vgl. die Zusammenfassung von BAUMANN/ZINN.
22   Im Gegensatz zu EBERSTADT und seinen Nachfolgern, die den Ausdruck Mietkaserne bevorzugen, haben wir Bezeichnungen zu wählen, die die Perspektive sämtlicher Beteiligter einbeziehen. Dem entsprechen etwa die französischen *„grands ensembles"*.
23   Von einer auf Befragungen gründenden, insgesamt zu positivem Urteil gelangenden Studie, HERLYN, bis zu vor allem auf *Beobachtung* beruhenden Erhebungen NEWMANS, die einige Konfliktpunkte in den Großwohnanlagen einiger nordamerikanischer Städte untersuchen. – Über die *Soziogenese* der politischen Prozesse, durch die „Großwohnanlagen" zustandekommen, fehlen Erhebungen.
24   Wirtschaft und Statistik, 1975, H. 1, S. 35.
25   Gerade die besten Versuche, KOMMUNE ..., konzentrieren sich auf alles mögliche, nur nicht auf die Gestaltungsmöglichkeiten der Sachherrschaft im Großwohnhaus.

Typ; in den „Wohnwünschen" der Bewohner bevorzugt (THÜRSTEIN), weil *Woh-
nungsfläche und außerhäuslicher Bewegungsraum* je Familie *größer sind*. Seine
Nachteile entstehen vor allem aus den Schwierigkeiten, die *Siedlungseinrichtungen*
aller Art fortwährend abzustimmen mit einer Wohnsiedlung, die dauernd wächst. –
Dagegen sind

9. *die geschlossenen Wohnsiedlungen nach einheitlichem Plan* zum beherrschenden Organisationsprinzip gemacht worden, das den Produktionsprozeß und die *In-
teressenaufteilung von „Bauträgern", Verkehrswirtschaft, Gemeindewirtschaft und
den am Planungsprozeß Beteiligten machtvoll widerspiegelt*[26]. In diesen Siedlungen wird überwiegend die Hausgestalt der Großwohnanlagen bevorzugt.

Die vielen soziologischen Untersuchungen, die – meist von Stadtplanern oder
Wohnungsunternehmen in Auftrag gegeben – durchgängig *„die mangelnde Kom-
munikation in neuen Wohngebieten" beklagen, rühren ausnahmslos aus diesem
Siedlungstyp*[27]. Über die älteren Siedlungsformen, die kontinuierlich erweiterten
„Kleinhaussiedlungen", sind ähnliche Klagen unbekannt.

Aus derartigen Erfahrungen heraus waren schon früh zahlreiche soziale Bewegungen mit *„sozialintegrativen"* Siedlungsmodellen (Nachbarschaft; Genossen-
schaft[28]) aufgetreten. Die meisten Versuche, kleingruppenhafte Lebensverbände,
die auch bautechnisch-visuell zusammen siedeln, zu schaffen, müssen als *geschei-
tert* angesehen werden[29]. Ihr Mißerfolg beruht hauptsächlich auf *zwei Fehlein-
schätzungen*, der übermächtigen arbeitsteilig sozialen Differenziertheit, in der
die Bewohner in andere Verbände „unvollständig integriert" sind, und – zweitens –
der alles beherrschenden *Organisationsmacht* aller jener eben ge- [l325] nannten
Verbände, die die Produktion und den „Betrieb" der neuen Wohnsiedlung zur Aufgabe haben[30].

10. *Der Bedeutungsverlust lokaler Vergemeinschaftung* ist daher von den Gemein-
desoziologen vieler Industrieländer übereinstimmend empirisch bestätigt worden[31].
Damit wurde jener Vorgang bezeichnet, bei dem aus der Tatsache des gemeinsamen
Nebeneinander-Wohnens-und-Siedelns *keine direkte Mitgliedschaft* in politischen
und wirtschaftlichen Verbänden erwachsen konnte[32].

---

26   Beispielhaft: Für ein einzelnes Wohnungsunternehmen vgl. GÖHNERSWIL; für die gemeindli-
     chen Verkehrsunternehmen, LINDER; für die Energieversorgung, HILTERSCHEID (1970:
     240 ff.).
27   Beispielsweise: R. WEEBER, K. HEIL, KOB u. a. Zusammenfassungen auch in PEHNT.
28   Beispielsweis F. OPPENHEIMER.
29   Eine neuere Übersicht bei: B. HAMM.
30   Für *einzelne* Aspekte vgl. HOFFMANN; für eine „one-firm-community" vgl. HILTERSCHEID.
31   Für eine große Zahl von ähnlichen Beobachtungen immer noch exemplarisch, VIDICH u. a.
     (1958).
32   Partielle *Gegenbewegungen* politischer Aktivierung einzelner „Siedlungen" sind zu beobach-
     ten; sie wahrzunehmen bedeutet meist „Teilnahme und Beobachtung", VIDICH/BENSMAN;
     GRAUHAN; LINDER; OFFE. – Für die handbuchmäßige, systematische Analyse von „Bürger-
     beteiligung und Planung" „für die kommunale Praxis und gemeinnützige Wohnungswirtschaft"
     vgl. KÖGLER.

Dieser säkulare Prozeß des Bedeutungsverlustes „lokaler Sozialintegration" (wie sie Dorf oder Kleinstadt heute bisweilen noch darstellen) ist *parallel verlaufen mit dem Aufkommen* nationaler Volkswirtschaften und schließlich übernationaler wirtschaftlicher Verbände; ist aber auch, was nicht vergessen werden darf, parallel entstanden mit der Durchsetzung *umfassender Systeme der Sozialen Sicherheit*[33]. – Einige soziale

11. *Umschichtungen in der siedlungsräumlichen Gestaltungsmacht* sind zu skizzieren, wenn der zivilisatorische Wandel unserer Städte im Blickwinkel bleibt; das heißt, Reduktion der lokalen Orientierung zugunsten einer *Verlagerung der wesentlichen Existenzrisiken in überlokale Verbände*, zum Beispiel durch die *Errichtung der Gemeindewirtschaft*. Erst, wenn wir eine leistungsfähige Energie- und Wasserversorgung, gute Massen- und Individualverkehrsmittel, aber auch Entwässerung, Krankenversorgung, *für jeden Städter zugänglich gemacht* haben, können scheinbar ganz „individuelle" soziale Tugenden, wie Pünktlichkeit, Sauberkeit, regelmäßiges Erscheinen am Arbeitsplatz zu *sozial verallgemeinerten Verhaltensnormen des Städters* werden.

Was als Lockerung, Reduzierung der „Kommunikation" in neuen Wohngebieten beschrieben worden ist, lief in Wahrheit zeitlich parallel mit einer *stärker werdenden sozialen Anbindung an zahlreiche gemeindewirtschaftliche Unternehmungen* ab. Pointiert, mehr „Entfremdung" in neuen Wohngebieten hieß auch: verstärkte Vergesellschaftung des einzelnen Familienhaushaltes/Bewohners und seiner Lebensrisiken. Oder, anders gesagt: Der von so vielen Sozialwissenschaftlern beschriebene und beklagte „*Verfall der kommunalen Öffentlichkeit*"[34] steht im unmittelbaren Zusammenhang mit dieser Gemeindewirtschaft. „*Zerstörung*[35] *der kommunalen Öffentlichkeit*" ist eine Begleiterscheinung einer nun auf sämtlichen Verwaltungsstufen „*politischen Verwaltung*"[36]. Die städtische Gemeindewirtschaft ist zur *maßgebenden Gestaltungmacht des Siedlungsraumes* geworden.

12. *Am Wandel des leitenden Denk- und Organisationsschemas*[37] *der großen Wohnsiedlungen* läßt sich das stichwortartig zeigen. Ich beschränke mich auf grundsätzliche Angaben, vernachlässige also die wichtigen qualitativen Fragen der „organisatorischen Trägerschaft" der Siedlungs- und „Wohnfolge"-Einrichtungen sowie Fragen des „Betriebes".

Waren jahrzehntelang Schul-, Einzelhandels-, ja Kirch-Bezirk *Bemessungsgrundlage für Wohnsiedlungen*, haben jetzt alle diejenigen Einrichtungen *Vorrang*,

---

33 Vgl. C. VON FERBER (1967).

34 Vgl. zum Beispiel HILTERSCHEID.

35 Neuerdings auch durch „die politische G.m.b.H.", LINDER (1973: 301 ff.) (ähnliche Planungsfirmen auch in Großstädten sozialistischer Staaten), sowie die „Bürokratisierung von Politik".

36 Vgl. GRAUHAN, 1970. – „Allgemeine Funktion von Verwaltung ist also: *die Steuerung von Interaktionsprozessen möglich zu machen*", PÖHLER (1969: 129 ff.); Verwaltung beruht durch allgemeine Technisierung zunehmend auf der „Verarbeitung von *Informationen*".

37 Den Ausdruck „Denkschema" als Ergebnis langfristiger *Arbeit* von wissenschaftlichen „Denkkollektiven" übernehme ich von L. FLECK, der dies im Gegensatz zu THOMAS S. KUHN als sozialen Prozeß begriffen hat.

für die ein gesetzlicher Errichtungs- und Betriebszwang besteht. Ihre *Netzbildung* folgt den Erfordernissen des individuellen und öffentlichen Nahverkehrs, der Energieversorgung, [I326] Entwässerung, der Müllabfuhr. Die – absolute – *Größenordnung dieses Siedlungsschemas wird errechnet aus dem Verhältnis von maximal möglicher ("zumutbarer") Einwohnerkonzentration auf eine Anschlußstelle der Massenverkehrsmittel und den maximal zumutbaren Fußweglängen.* Ähnlich wird versucht, dem zugehörigen *Einzelhandels*zentrum, bisweilen auch den *Schulen, Standortmonopole* zuzuweisen. Waren früher in dem Gesamtkonzept Garantien für die Sicherung von Minderheiten (niedrige Besiedlungsdichte) gegeben, jahrzehntelang gekennzeichnet als *"Kampf gegen die Verstädterung"* ist die neue Planungs-*"Politik der Verstädterung"*[38] jetzt voll in den Dienst aller jener Organisationen getreten.

Der *Vorrang der Schulen* als Bemessungsgröße beruht allein auf der *generellen Schulpflicht*; noch fehlt eine analoge "Schulversorgungspflicht". *Schulzwang und Erreichbarkeit* der Schulen bestimmen für alle Familien mit Kindern die Terminierung des täglichen *Zeitbudgets*.

Die gemeindlichen Versorgungs- (und "Entsorgungs"-) Unternehmen haben eine gesetzliche *Versorgungspflicht* auferlegt bekommen gegenüber jedem Wohnhaushalt. Diese Lösung wurde politisch erkauft mit dem Überlassen von *Versorgungs- und Gebietsmonopolen.* Ihnen folgte regelmäßig ein vielgestaltiges System des *Anschluß- und Abnahmezwangs. Die Macht zur Siedlungsgestaltung hat sich verschoben zugunsten der Versorgungsunternehmen.* Die Vergesellschaftung der wohnlichen Existenzrisiken hat eine soziale Atomisierung der Bewohner gefördert ("Verlust an Solidarisierungsbereitschaft"). Die Regulierung der *Bewohnerbeziehungen untereinander* schlägt sich nieder in einem komplizierten *Nachbarrecht* (zwischen Hauseinheiten) und den *Hausordnungen* (zwischen Mietern).

Die *Verklammerung* von politischer Gemeinde / öffentlicher Verwaltung und wirtschaftlicher Betätigung wurde als einzige Möglichkeit zur "Setzung nichtwirtschaftlicher Ziele" betrachtet. Die von der Arbeiter- und Wohnungsreformbewegung erkämpften Einrichtungen haben jetzt die Grundsätze einer *maximalen Bodenverwertung selbst übernommen*; haben sich den erwerbswirtschaftlichen Unternehmen darin voll angeschlossen, unbeschadet der "politischen Verwaltung", die einst gerade gegen derartige Zielsetzungen angetreten war.

Damit konnte jedoch die Kommunalpolitik zum Instrument der allgemeinen Wirtschaftspolitik gemacht werden, nicht nur zum Mittel im wirtschaftlichen Konkurrenzkampf *zwischen Städten.*

13. *Stadtplanung hat sich gewandelt zu einem Instrument der "Zwangssozialisation"*, wie es die Sozialpolitik vor einem halben Jahrhundert noch treffend (in anderem Zusammenhang) formulierte. Das bedeutet, *die beiden Hauptinstrumente*, die Bemessung von Art und Maß der Flächennutzung sowie die Setzung von Standorten (vornehmlich von öffentlichen Einrichtungen) *dienen* in der neuen städtischen Wohnsiedlung *zur Plazierung der Bewohner* in allen jenen Einrichtungen. Anders,

---

38 Vgl. auch GRAUHAN/LINDER.

sie plazieren die Einrichtungen *in die raum-zeitlichen Verhaltenskonfigurationen* der Bewohnerhaushalte[39]. Das gilt auch in jenen Fällen, in denen die Planung der Siedlungsgestalt de facto von anderen vollzogen wird. Hier wird die Stadtplanung zum *Organ der Legitimierung fremder Standortinteressen*, von Wirtschaftsunternehmen, öffentlichen Anstalten oder Körperschaften aller Art.

14. *Neue Verschiebungen in der siedlungsräumlichen Gestaltungsmacht* erzeugten die Wohnungssuchenden, die mittels *hoher Erwerbseinkommen* und steigender tatsächlicher *Freizügigkeit* (KRÄMER/BADONI) zunehmend dieser großstädtischen Planungs- und Siedlungsverfassung[40] entfliehen konnten (KELLER); „Abwanderung und Widerspruch"[41]. Die rapide Verbesserung der Masseneinkommen (aufgrund hoher Arbeitsproduktivität) erlaubt den *raschen Zuwachs* der Rate der Einfamilienhausbewohner, befördert durch eine Politik der Mengenbeschränkung („Kleinwohnungen") bei gleichzeitigen Preiserhöhungen seitens der Mietwohnungsunternehmen, was die *Nachfrage nach großen Wohnflächen und großer außerhäuslicher Bewegungsfläche* quasi automa- [|327] tisch abgelenkt hat auf die Nachfrage nach „Einfamilienhäusern" mit Standorten, die peripher zur Stadtregion liegen.

Die Vollmotorisierung nahezu jeden Haushaltes ist großenteils Resultat einer fortschreitend differenzierter werdenden gesellschaftlichen und räumlichen *Arbeitsteilung*, erlaubt aber eben auch eine analoge soziale Differenzierung des Konsums. Zusammengenommen haben die hohen Haushaltsausgaben für Wohnung und das Auto die *Prozesse der Suburbanisierung eingeleitet*. Sie werden so lange anhalten, bis die *Politik der Bevölkerungskompression*[42] innerhalb der Kernstädte beendet wird.

15. *In der Vergrößerung der Gebietsherrschaftseinheiten* haben die Verwaltungen anscheinend den einzigen Ausweg gefunden, diese *Verschiebungen der Machtbalance* zwischen Bewohnern und Gebietskörperschaften zu *kompensieren*[43]. Die jüngsten Gebietsveränderungen auf der kommunalen und auf der Kreisebene sind in der erklärten Absicht vollzogen, die *Organisationsmacht der großen Gebietskörperschaften zu vergrößern*. In einigen Fällen ist es gelungen, neue Gebietsherrschaftseinheiten zu erfinden und zu verwirklichen, die dem fortwährenden raumwirtschaftlichen Wachstum einer Stadtregion fortwährend nachkommen können. Diese Vorgänge bedeuten, jedenfalls der Intention nach, eine *Ausdehnung des stren-*

---

39   P. GLEICHMANN (1968) und die dort angef. Literatur.
40   Zum technokratischen Habitus vgl. C. VON FERBER (1963).
41   Theoretisch am klarsten formuliert von A. O. HIRSCHMAN.
42   Ein bündiges Zeugnis sind die EMPFEHLUNGEN … einer maßgebenden, stadtplanerisch interessierten Gruppe zur „Novellierung der *Benutzungsverordnung* von 1962" für das größte Wohnungsunternehmen. – Nahezu *sämtliche Vorschläge* in Richtung auf eine größere „bauliche Nutzung" der Grundstücke konnten durchgesetzt werden in der Neufassung der „Verordnung über die bauliche Nutzung der Grundstücke (BauNVO) vom 26. Nov. 1968 (BGBL. I S. 11).
43   Empirische soziologische Befunde bei B. SCHÄFERS (1970). – Angaben über *gegenläufige* Prozesse der „Fragmentierung der institutionellen Struktur im Verflechtungsraum", vgl. LINDER.

gen Zugriffs einer Stadt- und nun schon eher: *Regional*planung (mit Zügen der Zwangssozialisation) *auf immer größere Anteile der Gesamtbevölkerung.*

LITERATUR

AICH, P., O. BUJARD, 1972: Soziale Arbeit. Beispiel Obdachlose. Köln.

ATTESLANDER, P., B. HAMM, Hersg., 1974: Materialien zur Siedlungssoziologie. Köln = Neue Wissenschaftliche Bibliothek, 69.

BAUMANN, R., H. ZINN, 1973: Kindergerechte Wohnungen für Familien, hersg. von der Eidgenössischen Kommission Wohnungsbau. Bern: Eidgenöss. Drucksachen und Materialzentrale.

BERGLER, R., 1974: Sauberkeit, Norm – Verhalten – Persönlichkeit. Bern: Beiträge zur empirischen Sozialforschung.

BORNEMAN, E., (1971) 1974: Sex im Volksmund. Der obszöne Wortschatz der Deutschen. 2 Bände. Reinbek.

BRÄUTIGAM, W., P. CHRISTIAN, 1973: Psychosomatische Medizin. Stuttgart.

CULLINGWORTH, J.B., 1963: Housing in Transition. A Case Study in the City of Lancaster. London.

DEVEREUX, G., 1967: Angst und Methode in den Verhaltenswissenschaften. München: Hanser Anthropologie.

EBERSTADT, R., 1920[4]: Handbuch des Wohnungswesens. Jena.

ELIAS, N., (1939) 1976[3]: Über den Prozeß der Zivilisation. 2 Bde. Frankfurt.

ELIAS, N., 1970: Was ist Soziologie? München.

ELIAS, N., 1972: Soziologie und Psychiatrie. In: Soziologie und Psychoanalyse, hersg. von H.U. WEHLER. Stuttgart, 11–41.

EMPFEHLUNGEN zur Novellierung der Verordnung über die bauliche Nutzung der Grundstücke (Baunutzungsverordnung) vom 26.6.1962. Hersg. GEWOS, Gesellschaft für Wohnungs- und Siedlungswesen, e.V. Hamburg 1967 (im Manuskript gedruckt).

ERNÄHRUNGSBERICHT 1972, 1973: Hersg. Deutsche Gesellschaft für Ernährung, im Auftrag des Bundesministers für Ernährung … und des Bundesministers für Jugend, Familie und Gesundheit. Frankfurt.

FERBER, C. VON, 1963: Thesen zur Technokratie. Atomzeitalter, Heft 7/8, 181–184.

FERBER, C. VON, 1967: Sozialpolitik in der Wohlstandsgesellschaft. Hamburg.

FEY, W., 1972: Die Hebung des Wohnstandards im Wohnungsbestand als Aufgabe. Aufriß eines Zehnjahresprogramms der Modernisierung. Bonn; Schriftenreihe des Instituts für Städtebau, Wohnungswirtschaft und Bausparwesen, 26.

FLECK, L., 1935: Entstehung und Entwicklung einer wissenschaftlichen Tatsache. Einführung in die Lehre vom Denkstil und Denkkollektiv. Basel.

FORNFEIST, D., 1976: Urlaubsreisen 1975. Einige Ergebnisse der Reiseanalyse 1975. Studienkreis für Tourismus. Starnberg.

FREY, R.L., 1972[2]: Infrastruktur. Grundlagen der Planung öffentlicher Investitionen. Tübingen.

FUNKE, R., 1974: Organisationsstrukturen planender Verwaltungen, dargestellt am Beispiel von Kommunalverwaltungen und Stadtplanungsämtern. Bonn- [l328] Bad-Godesberg: Schriftenreihe des Bundesministers für Raumordnung, Bauwesen und Städtebau, 03.027.

GLEICHMANN, P.R., 1969[1]: Städteorganisation. In: Handwörterbuch der Organisation, hersg. von E. GROCHLA. Stuttgart, 1556–1564.

GLEICHMANN, P.R., 1973: Gastlichkeit als soziales Verhältnis. In: Sonderausgabe der Mitteilungen des Instituts für Fremdenverkehrsforschung der Hochschule für Welthandel Wien, 25–36.

GLEICHMANN, P.R., 1976: Raumtheorien und Architektur. Einige Stichworte zu den materiellen Formen der architektonischen Verständigung über Raumvorstellungen. In: Die Sprache des Anderen, hersg. von K.P. KISKER und G. HOFER: Referate des IX. Internationalen Kolloquiums der deutschsprachigen Gesellschaft für Psychopathologie des Ausdrucks vom 26.9.– 28.9.75. Basel: Bibliotheca Psychiatrica 154.

GÖHNERSWIL, 1972: Wohnungsbau im Kapitalismus. Eine Untersuchung über die Bedingungen und Auswirkungen der privatwirtschaftlichen Wohnungsproduktion, hersg. von einem Autorenkollektiv an der ETH Zürich. Zürich: Verlagsgenossenschaft, Jörn Janssen, Nachwort.

GOUDSBLOM, J., 1974: Balans van de sociologie. Utrecht (engl. Ausgabe. Oxford, Blackwells, 1976, im Druck).

GRANDJEAN, E., 1973: Wohnphysiologie. Grundlagen des gesunden Wohnens. Zürich.

GRAUHAN, R.-R., 1970: Politische Verwaltung. Freiburg.

GRAUHAN, R.-R., 1972: Großstadtpolitik. Texte zur Analyse und Kritik lokaler Demokratie. Gütersloh: Bauwelt-Fundamente, 38.

GRAUHAN, R.R., W. LINDER, 1974: Politik der Verstädterung. Frankfurt.

HAMM, B., 1973: Betrifft: Nachbarschaft. Verständigung über Inhalt und Gebrauch eines vieldeutigen Begriffs. Gütersloh: Bauwelt-Fundamente, 40.

HEIL, K., 1971: Kommunikation und Entfremdung. Menschen am Stadtrand – Legende und Wirklichkeit. Eine vergleichende Studie in einem Altbauquartier und in einer Großsiedlung in München. Stuttgart = Beiträge zur Umweltplanung.

HESS, H., A. MECHLER, 1973: Ghetto ohne Mauern. Ein Bericht aus der Unterschicht. Frankfurt.

HERLYN, U., 1970: Wohnen im Hochhaus. Eine empirisch-soziologische Untersuchung in ausgewählten Hoch-Hochhäusern … Stuttgart = Beiträge zur Umweltplanung.

HILTERSCHEID, H., 1970: Industrie und Gemeinde. Die Beziehungen zwischen der Stadt Wolfsburg und dem Volkswagenwerk und ihre Auswirkungen auf die kommunale Selbstverwaltung. Berlin.

HIRSCHMAN, A.O., 1974: Abwanderung und Widerspruch. Reaktionen auf Leistungsabfall bei Unternehmungen, Organisationen und Staaten (Exit, Voice and Loyalty. Harvard 1970). Tübingen = Schriften zur Kooperationsforschung, A. Studien, 8.

HOFFMANN, M., 1973: Wohnungspolitik der DDR. Das Leistungs- und Interessenproblem. Düsseldorf.

ILLICH, I., 1975: Die Enteignung der Gesundheit. „Medical Nemesis". Reinbek.

KELLER, R., 1973: Bauen als Umweltzerstörung. Alarmbilder einer Un-Architektur der Gegenwart. Zürich.

KENTLER, H., Hersg. 1973: Texte zur Sozio-Sexualität. Opladen.

KOB, J., M. KURTH, R. VOSS, M. SCHULTE-ALTEN-DORNBURG, 1972: Städtebauliche Konzeptionen in der Bewährung: Neue Vahr Bremen. Lehren einer Fallstudie. Göttingen = Beiträge zur Stadt- und Regionalforschung, hersg. im Auftrag der GEWOS, Hamburg, von H. Jürgensen, Heft 3.

KOELLA, W., 1973: Physiologie des Schlafes. Stuttgart.

KÖGLER, A., 1974: Bürgerbeteiligung und Planung. Eine Synopse bisheriger Methoden und Erfahrungen und Empfehlungen für die kommunale Praxis und die gemeinnützige Wohnungswirtschaft. Hamburg = GEWOS-Schriftenreihe, Neue Folge 12.

KOMMUNE und Großfamilie, 1972: Dokumente – Programme. Tübingen = Veröffentlichungen des Instituts für Ehe- und Familienwissenschaft, hersg. von J. DUSS VON WERDT, Bd. 1. Zürich.

KRÄMER-BADONI, T., H. GRYMER, M. RODENSTEIN, 1971: Zur sozio-ökonomischen Bedeutung des Automobils, Frankfurt = es 540.

KRUMREY, V., 1976: Strukturwandlungen und Funktionen von Verhaltensstandards. Aus einer soziologischen Analyse deutscher „Anstandsbücher" der Jahre 1870 bis 1970. In: Wohnungsforschung und Siedlungsplanung, hersg. von P.R. GLEICHMANN. (im Druck).

LINDER, W., 1973: Der Fall Massenverkehr. Verwaltungsplanung und städtische Lebensbedingungen. Frankfurt = Sozialwiss. Sonderserie, Verwaltete Politik.

MITSCHERLICH, A., 1967[1]: Die Unwirtlichkeit unserer Städte. Anstiftung zum Unfrieden. Frankfurt = es 123.

NEWMAN, O., 1972/73: Defensible Space. People and Design in the Violent City. New York/London.

OFFE, C., 1972[1]: Strukturprobleme des kapitalistischen Staates. Aufsätze zur Politischen Soziologie. Frankfurt = es 549.

OPPENHEIMER, F., 1896[1]: Die Siedlungsgenossenschaft. Jena.

PEHNT, W., Hersg., 1974: Die Stadt in der Bundesrepublik Deutschland. Lebensbedingungen, Aufgaben, Planung. Stuttgart.

PÖHLER, W., 1969: Information und Verwaltung. Versuch einer soziologischen Theorie der Unternehmensverwaltung. Stuttgart = Göttinger Abhandlungen zur Soziologie, 17.

PROSS, H., 1975: Die Wirklichkeit der Hausfrau. Die erste repräsentative Untersuchung über nichterwerbstätige Hausfrauen: Wie leben sie? Wie denken Sie? Wie sehen sie sich selbst? Reinbek.

ROACH, M. E., J. B. EICHER, Hersg. 1965: Dress, Adornment and the Social Order. New York.

SCHÄFER, H., 1976: Soziologische Aspekte der Wohnungsnutzung. Eine Bewohnerbefragung (in der Nordweststadt Frankfurts). In: Wohnungsforschung und Siedlungsplanung, hersg. von P.R. GLEICHMANN (im Druck).

SCHÄFERS, B., 1970: Planung und Öffentlichkeit. Drei soziologische Fallstudien: kommunale Neugliederung, Flurbereinigung, Bauleitplanung. Düsseldorf = [l329] Beiträge zur Raumplanung, hersg. vom Zentralinstitut für Raumplanung, Münster, Band 8.

SCHÄFERS, B., Hersg. 1973: Gesellschaftliche Planung. Materialien zur Planungsdiskussion in der BRD. Stuttgart.

SIBERSKI, E. 1967: Untergrund und offene Gesellschaft. Stuttgart = Göttinger Abhandlungen zur Soziologie, 11.

SUMMER, W., 1971: Geruchlosmachung von Luft und Wasser. München.

SIEBEL, W., 1974: Entwicklungstendenzen kommunaler Planung. Bonn-Bad Godesberg = Schriftenreihe des Bundesministers für Raumordnung, Bauwesen und Städtebau, Städtebauliche Forschungen 03.028.

TURK, A., J. W. JOHNSTON, D. G. MOULTON, Hersg., 1974: Human Responses to Environmental Odors. New York.

THÜRSTEIN, U., 1972: Die Wohnwünsche der Bundesbürger. Gutachten, erstellt im Auftrag des Bundesinnenministeriums. Frankfurt: im Manuskript gedruckt; DIVO-INMAR, 2 Bände.

VIDICH, A., J. BENSMAN, 1958, revised edition 1968[1]: Small Town in Mass Society. Class, Power and Religion in a Rural Community. Princeton.

VIDICH, A., J. BENSMAN, M. R. STEIN, 1964: Reflections on Community Studies. New York.

WEEBER, R., 1971: Eine neue Wohnumwelt. Beziehungen der Bewohner eines Neubaugebietes am Stadtrand zu ihrer sozialen und räumlichen Umwelt. Stuttgart = Beiträge zur Umweltplanung.

WIESER, S., 1973: Das Trinkverhalten der Deutschen. Herford.

WIRTSCHAFT und Statistik, 1971 ff., hersg. vom Statistischen Bundesamt. Wiesbaden.

ZUR ERNÄHRUNGSSITUATION der schweizerischen Bevölkerung, 1975: Erster schweizerischer Ernährungsbericht, hersg. von B. BRUBACHER und G. RITZEL. Bern.

SOKRATES, DIE STADT UND DER TOD
INDIVIDUALISIERUNG DURCH URBANISIERUNG[*]

Ilse Helbrecht

EINLEITUNG

Vor 2400 Jahren musste ein Mann sterben, weil er die Wahrheit suchte. Im Jahr 399 v. Chr. machten die Athener Sokrates den Prozess. Die Anklage an den wohl berühmtesten Philosophen der Antike lautete, dass er mit seinem Gedankengut neue Götter einführe und die Jugend verderbe. Deshalb versammelte sich ein Schwurgericht und befand ihn für schuldig. Mit nur geringer Mehrheit wurde die Todesstrafe verhängt. Sokrates vernahm das Urteil und blieb. Er floh nicht aus Athen, was er leicht hätte tun können. Und er schwor auch nicht von seiner Lehre ab. Statt dessen versammelte er seine Freunde um sich, um in ihrer Gesellschaft zu sterben. Als die Stunde nahte und Sokrates vom Diener der Elf den Schierlingsbecher mit dem giftigen Saft erhielt, übergab dieser ihm den Trunk „mit schlichten Worten, fast schamvoll" (SALIN 1960, 11). Anschließend verließ der Diener wei- [|104] nend den Raum. Daraufhin wendete sich der Philosoph an seine Freunde und sagte, was für ein ‚urbaner' Mensch der Mann sei, der ihm diesen letzten Dienst erweise.

Warum kannte Sokrates kein besseres Wort als ‚urban', um den Anstand und die Demut, die Tragik und die Größe des Dieners zu beschreiben? Welche Eigenschaften müssen Menschen und Städte heute haben, damit sie uns ‚urban' erscheinen? In der griechischen Antike sind die Worte ‚urban' und ‚human' Zwillingsbegriffe. Urbanität und Humanität bedeuten fast das gleiche zu jener Zeit (vgl. SALIN 1960, 15 f.). Die Geschichte des Sokrates zeigt, dass Urbanität keinen Ewigkeitswert besitzt. Denn der Verwobenheit von Urbanität und Humanität würden wir heute nicht mehr so leicht zustimmen. Urbanität ist ein soziales Konstrukt. Jede gesellschaftliche Epoche schafft sich ihre eigenen Städte. Dies geschieht durch das Bauen der Stadt aus Holz, Stein und Beton. Und es vollzieht sich durch die Einführung einer kulturellen Haltung, einer Gesellschafts- und Gemeinschaftsform, die die Stadt mit Leben füllt. Was als urban gilt, wird an einem Ort zu einer Zeit von einer Gesellschaft definiert.

Gegenwärtig ist die Frage nach der angemessenen Form von Urbanität erneut entbrannt. Am Beginn des 21. Jahrhunderts wird die überkommene Gestalt europäischer Städte von vielen Seiten bedroht. Gleichzeitig ist ihre zukünftige Form offener und freihändig gestaltbarer denn je. Urbanität für das postindustrielle Zeitalter zu definieren ist Herausforderung und Chance gleichermaßen. Die Frage, welche

---

[*] Erschienen unter demselben Titel in: Berichte zur deutschen Landeskunde 75, Heft 2/3, 2001, S. 103–112.

städtebaulichen Situationen und menschlichen Verhaltensweisen wir heute in
Deutschland und Europa als urban betrachten, ist entscheidbar – und eben deshalb
strittig.

Die Zeiten der Schwurgerichte, Sklaven und Schierlingsbecher sind lange vorbei. Auch die Arbeiter, Stahlwerke und Fabrikschlote haben sich rar gemacht in
unseren Städten. Wir leben weder in der griechischen Antike, noch in den staubigen
Städten der Industriegesellschaft. Das Reich der Notwendigkeiten ist geschrumpft,
die Möglichkeitsräume haben sich erweitert. Der Auszug von Industrie und Militär
schafft in den Kernstädten Platz für die Neugestaltung innerstädtischer Brachen.
Mit dem Aufkommen der Dienstleistungsgesellschaft halten neue Stadtbewohner
ebenso wie Stadtbauformen Einzug. Im wachsenden Spannungsfeld räumlicher
Zentralisierungs- und Dezentralisierungstendenzen treten Suburbanisierung und
Reurbanisierung gleichzeitig auf. Vormals widersprüchliche Prozesse paaren sich
zu komplementären Entwicklungsmustern. Unter ihrem doppelbödigen Einfluss
wandelt sich die Gestalt der Metropolen rundum. Auch die Gesichter der Urbaniten
werden ausdrucksstärker, individueller, farbiger. Ein wirtschaftlicher, räumlicher
und sozialer Konturwechsel der Stadt kehrt ein, dessen Gestaltbarkeit zumindest
aufgrund technologischer Mög- [|105] lichkeiten wächst. Deshalb bildet sich die
Aufforderung, mögliche und wünschbare Gestalten der Stadt der Zukunft zu über-
denken. Die Chance bietet sich, alte Grundsatzfragen neu zu lösen: Welchen urbanen Gehalt sollen unsere Metropolen haben? Welche Wohn-, Arbeits- und Lebensformen soll die Stadt beherbergen? Wofür braucht es in der digitalen Dienstleistungsgesellschaft überhaupt noch eine Kernstadt, ein Zentrum, eine Stadtmitte?

Ein Blick in die internationale Stadtlandschaft zeigt, dass gleiche Fragen unterschiedlich beantwortet werden. Es bestehen Wahlmöglichkeiten. Die Perspektive
wechselt von Land zu Land. Aus europäischer Sicht ist dabei eine Leitlinie besonders interessant, weil sie Orientierung bieten könnte für die Gestaltungsfragen der
Zukunft. Sie zieht sich durch die Geschichte von Zivilisation und Urbanisierung auf
diesem Kontinent. Um den Leitfaden freizulegen, ist eine einfache Überlegung hilf-
reich, die einen historischen Bogen spannt. Die zukünftige Gestalt der Urbanität
tritt hervor, blickt man auf ihre Anfänge zurück. Nach den denkbaren Konturen einer europäischen Urbanität zu suchen ist eine archäologische Aufgabe, wenn man
den Schatz einer möglichen Stadtzukunft aus der eigenen Geschichte zu bergen
vermag. Ich vermute: Die europäische Urbanität der Zukunft liegt teils in ihrer eigenen Vergangenheit verborgen. Wir erleben – bei aller Diskontinuität durch Digitalisierung, Tertiärisierung, Globalisierung – das Wiedererblühen einer klassischen
Form von Urbanität: die Stadt als Ort der Individualisierung, der Menschwerdung.

Trotz verwirbelter Dynamiken des Wandels und markanter Umbrüche in den
stadtregionalen Entwicklungen bildet der Prozess der Individualisierung eine historische Kontinuität. Er zieht sich als urbane Aufgabe durch die Geschichte des
Abendlandes. Die Individualisierungsschübe der letzten Jahrzehnte seit der Nach-
kriegszeit setzen eine lange Tradition fort, die des selbst-bewussten Europas. Postindustrielle Urbanität knüpft an Herausforderungen des Städtischen an, die schon
am Beginn der abendländischen Entwicklung stehen. Urbanität im 21. Jahrhundert
zu definieren ist ein Wagnis alt/neuer Kontur. Denn die zentrale Aufgabe besteht

darin, Antworten auf Fragen zu geben, die Sokrates schon gestellt hat. Um dies zu beleuchten, lassen Sie uns kurz wieder in die Geschichte einkehren. Warum starb Sokrates? Wofür hat er gelebt? Welche Rolle spielte die Stadt in seiner Philosophie und in seinem Leben?

SOKRATES, DER TOD UND DIE STADT

Sokrates wirkte sein Leben lang in Athen. Er wird erst relativ spät im Alter von 70 Jahren vor Gericht gestellt. Die Anklage lautete, dass er mit seiner Philosophie gegen die offizielle Ordnung des Stadtstaates verstoße. Der [|106] Wortlaut der Anklageschrift war vermutlich: „Zur Niederschrift gegeben und beschworen hat dies Meletos, der Sohn des Meletos aus Pitthos, gegen Sokrates, den Sohn des Sphroniskos aus Alopeke: Sokrates handelt rechtswidrig, indem er die Götter, die der Staat anerkennt, nicht anerkennt und andere, neuartige göttliche (dämonische) Wesen einzuführen sucht; er handelt außerdem rechtswidrig, indem er die jungen Leute verdirbt. Strafantrag: der Tod." (Anklageschrift, zitiert nach FUHRMANN 1998, 66)

Der Hauptvorwurf an den Philosophen ist zweigeteilt. Erstens wird er beschuldigt, in seiner inneren Einstellung und seinen äußeren Handlungen den staatlich anerkannten Göttern die Verehrung zu verweigern. Zweitens würde er nicht nur bestehende Götter missachten, sondern auch neue einführen. Das fremdartige Element, das Sokrates aus Sicht der Ankläger als neuen Gott vorstellt, ist sein Daimonion, die göttliche innere Stimme, auf die er sich beruft. Es ist letztlich diese persönliche Orientierungsrichtlinie seines Denkens und Handelns, für die er vor Gericht gestellt wird – seine Individualität.

Sokrates stellt als Denker vorgegebene Denkmuster radikal in Frage. Dies haben jedoch auch die Sophisten schon zu seiner Zeit getan. Wesentlicher und folgenreicher für den Philosophen ist, dass er zudem kompromisslos für die selbstverantwortete Entscheidungsfreiheit des Individuums eintritt. Sein Philosophieren bricht im 4. Jhdt. v. Chr. mit der mythischen Weltsicht der Antike, weil er die Verantwortung des Einzelnen in den Mittelpunkt stellt. Er nimmt Ordnungen nicht einfach als gegeben hin, sondern sieht in dem eigenen vernunftgeleiteten Denken die letzte Instanz zur Legitimation des Handelns. Die Verantwortung für das eigene Leben ruht auf den Schultern des Individuums. Seine Urteilsfähigkeit entscheidet. Von dieser Selbstverpflichtung rückt Sokrates auch auf der Anklagebank nicht ab. Noch in dem von Platon stilisierten Dialog zwischen Sokrates und seinem Freund Kriton, in dem dieser ihn während des Prozesses zur Flucht überreden will, insistiert der Philosoph, dass er auch in diesem Falle bei der Frage, ob er seinen Tod vermeiden soll, nur einer Richtlinie verpflichtet sei, dem eigenen denkenden Urteil. So lässt Platon den Sokrates auf das Angebot seines Freundes Kriton zur Fluchthilfe antworten: „Mein lieber Kriton, deine Hilfsbereitschaft ist viel wert ... Wir müssen also prüfen, ob wir dies (die Flucht, d. V.) tun sollen oder nicht. Ich halte es ja nicht erst jetzt, sondern immer schon so, dass ich nichts anderem in mir folge als dem Gedanken, der sich mir beim Nachdenken als der beste erweist" (PLATON 1998a, 43).

Warum lehnt Sokrates die Flucht ab? Wieso ist für ihn das persönliche Urteil von so großer Bedeutung? Auch hierüber gibt sein Verhalten vor Gericht Aufschluss. Sokrates tritt mit seinem Leben dafür ein, *keine* Ant- [|107] wort auf die Frage zu wissen, was der Tod bedeutet. In dem Gerichtsprozess steht seine ganze philosophische Überzeugung auf dem Spiel, nämlich die, *nicht* zu wissen, was die Wahrheit ist. Sokrates insistiert, dass er nicht weiß. Und es ist diese Einsicht, die ihn von vielen seiner Zeitgenossen trennt. Was ihn seiner eigenen Einschätzung nach zu einem weisen Mann in Athen macht, ist „eine Weisheit von menschlichem Maß" (PLATON 1998a, 7). Die Grenze des Wissbaren zu erkunden und auszuhalten, darauf ist seine intellektuelle Tätigkeit gerichtet. Philosophie ist für ihn nicht Wissen haben, sondern Wahrheit suchen (vgl. PLATON 1998b, 92). Dieser Prozess des Suchens vollzieht sich für Sokrates im Gespräch. Sokrates hat in den Straßen von Athen den lebendigen Austausch gesucht. Er hat Fragen gestellt, auf die sich im Gespräch mit seinem Gegenüber Antworten entwickelten, die zu neuen Fragen führten. Die philosophische Suche der Wahrheit verdichtet sich für Sokrates in der Frage. Fragen zu können heißt, Werte, Menschen, Ordnungen und Dinge fraglich werden zu lassen. Diese Fähigkeit, ins Offene zu geben, setzt den produktiven Umgang mit Nicht-Wissen voraus. Hans-Georg GADAMER nennt dies den „hermeneutische(n, d. V.) Vorrang der Frage" (1990, 368).

Platon hat die wesentliche Rolle der Frage in seiner Sokrates-Darstellung in Form der Dialoge schreibend perfektioniert. Sokrates hat sich im Gespräch, in der mündlichen Rede an seine Athener Mitbürger gewandt. Er verbrachte sein Leben damit, Politiker wie Dichter, Handwerker wie Philosophen in Gespräche darüber zu verwickeln, was der Mensch ist oder die Vernunft sei. In diesen Gesprächen zeigte sich, dass niemand begründet zu sagen vermochte, was das Wahre, das Schöne oder das Gute sei. Jedoch gaben viele Gesprächspartner vor, es zu wissen. Worauf Sokrates in den Gesprächen hinweist, ist die Begrenztheit menschlicher Erkenntnis. Auf der Anerkennung der eigenen Beschränkung beruht sein intellektueller Vorsprung. So lässt Platon Sokrates in seiner Verteidigungsrede vor Gericht sagen: „Im Vergleich zu diesen Menschen bin ich der Weisere. Denn wahrscheinlich weiß ja keiner von uns beiden etwas Ordentliches und Rechtes; er aber bildet sich ein, etwas zu wissen, obwohl er nichts weiß, während ich, der ich nichts weiß, mir auch nichts zu wissen einbilde. Offenbar bin ich im Vergleich zu diesem Mann um eine Kleinigkeit weiser, eben darum, daß ich, was ich nicht weiß, auch nicht zu wissen glaube" (PLATON 1998a, 9).

Die Einsicht, nicht zu wissen, ist Sokrates ernst. Sie bedeutet ihm – mehr als – sein Leben. So tritt er vor Gericht ab mit den Worten: „Doch jetzt ist's Zeit fortzugehen: für mich, um zu sterben, für euch, um zu leben. Wer von uns dem besseren Los entgegengeht, ist uns allen unbekannt – das weiß nur Gott" (PLATON 1998a, 38). Hätte er das Angebot zur Flucht angenommen, [|108] so hätte er damit eingestanden, vor etwas Angst zu haben, das er nicht kennt. Dies widerspricht seiner Philosophie. Und es negiert sein Menschsein, missachtet sein Ja. Die Unsicherheit darüber, was auf das Sterben folgt, ist ihm genauso wertvoll wie die Gewissheit des Lebens. Die Grenze des Wissens von beiden Seiten vertrauensvoll zu beleuchten, heißt, Wissen und Nicht-Wissen gleichartig zu sehen. Gerade weil Sokrates sich der

Unsicherheit sicher ist – er also weiß, dass er nicht weiß –, ist er in seinem Denken und Handeln ganz der eigenen Urteilsfähigkeit und inneren Stimme verpflichtet. Mit der Einsicht in die Bedeutung des Nicht-Wissens spricht Sokrates dem einzelnen Menschen eine große Verantwortung zu. Sokrates ist ein früher Philosoph der Individualisierung. Sein Leben und sein Sterben zeugen von der Größe der Aufgabe, ein Individuum zu werden.

„DIE GRÖSSTE WOHLTAT": INDIVIDUALISIERUNG, DIE STRASSE UND DAS GLÜCK

Individualisierung wird heute oft in ihren Schattenseiten betrachtet. Ulrich BECK (1986) hat die gesellschaftlichen Folgen individueller Lebensformen jenseits der Tradition markant beschrieben. Viele weitere kritische Beobachter betrachten die Gefahren der Individualisierung wie etwa Vereinzelung, soziale Erosion und Entsolidarisierung mit großer Sorge. Für Sokrates jedoch ist der Rückbezug auf das Eigene notwendige Voraussetzung gelungenen Lebens. Er will den Menschen Wege zum Glück eröffnen. Sein Philosophieren soll sie daran erinnern und sie darin unterstützen, sich auf sich selbst zu besinnen. Denn in jedem sokratischen Dialog, in dem der Gesprächspartner näher an die Grenze seines Wissens und durch beständiges Fragen auch darüber hinaus geführt wird, finden Einsicht und Erkenntnisgewinn statt. Das ist oft unangenehm. Manchmal auch schmerzhaft. Denn der, „mit dem Sokrates das Gespräch führt, (wird, d. V.) seines eigenen Nichtwissens überführt –, und das bedeutet: es geht ihm etwas über sich selbst auf und sein Leben im Vermeintlichen" (GADAMER 1993, 501). Dieses ‚Überführen‘ und ‚Aufgehen‘ haben die Athener offensichtlich nur eine Zeitlang ertragen. Genau dies aber, die Chance zu wachsender Selbsterkenntnis, sieht Sokrates als eigentlichen Gewinn seiner Philosophie. So sagt er zur Rechtfertigung seiner Denkweise vor Gericht, dass es ihm in seinem Leben darum gegangen sei, „jedem einzelnen, indem ich mich seiner annahm, die größte Wohltat zu erweisen (wie ich jedenfalls glaube): ich wollte ja einen jeden von euch dazu bringen, sich nicht eher um irgendeine seiner Angelegenheiten zu kümmern, als bis er sich um sich selbst gekümmert hätte, nämlich darum, möglichst gut und vernünftig zu werden" (PLATON 1998a, 31).

Die „größte Wohltat", die Menschen zuallererst an das Eigene zu erinnern, bevor sie sich Anderem zuwenden, erweist Sokrates seinen Athener [|109] Mitbürgern auf Schritt und Tritt. Sokrates ist ein urbaner Philosoph. Er ist ein Denker der Straße. Er verwickelt seine Mitbürger alltäglich in Gespräche über ihren Beruf, ihre Lebensweise, ihre Moral. Er braucht die Stadt, um die Welt zu verstehen. Er verwendet die Stadt, um die Menschen zu verändern. Er betreibt eine Philosophie des öffentlichen Dialogs. Für ihn ist Denken eine Begegnung im Gespräch. Und die Stadt ist mit ihren Gassen und Marktplätzen, Ecken und Säulenhallen der geeignete Ort zum Philosophieren. Denn sie ist Stätte des Austausches. Die Stadt ist Zentrum der Dialogkultur. Sie ist der Ort der Begegnung. In den Athenern findet Sokrates sein philosophisches Gegenüber. Im Schutze ihrer Lebendigkeit konnte er mit seinen Gesprächspartnern die Maßstäbe ihres Denkens und Handelns im Tageslicht betrachten.

Sokrates ist ein grundsteinlegender Individualist, denn er folgt der Identität seines Denkens. Er sucht, er kritisiert, er vertraut. Gleichzeitig beharrt er, nicht mehr zu sein, als was er ist. Er respektiert die Grenzen der individuellen Vernunft ebenso wie die gemeinsame Verantwortung, die Wahrheit zu suchen. In der Spannung zwischen der Beschränkung menschlichen Wissens und der Verantwortung des Individuums kommt der Stadt eine lebendige Aufgabe zu: Sie bietet die Notwendigkeit und Möglichkeit eines Gegenüber. Sokrates hat sein eigenes Philosophieren als „gemeinschaftsbezogene Tätigkeit des Fragens und Suchens" ausgeübt (FUHRMANN 1998, 95). Dabei ist er nur seiner eigenen Individualität verpflichtet, indem er in der europäischen Geschichte „zum ersten Male ein den Geboten individueller Sittlichkeit unterworfenes Leben zu führen versucht" (FUHRMANN 1998, 83). Sokrates ist ein urbaner Philosoph, weil sein individuelles Denken erst in der Begegnung mit einem Gegenüber zur Blüte gelangt. Ohne Athen ist Sokrates nicht denkbar. Die Möglichkeit, der Verurteilung durch Verbannung zu entgehen, war keine Option. Sokrates konnte Athen nicht verlassen. Seine menschliche wie philosophische Existenz war mit der Stadt verwoben. Die Heimat zu verlassen hätte bedeutet, seine Suche zu beenden, sein Gegenüber zu verlieren und sein Vertrauen in das Nicht-Wissbare zu verraten.

Europäische Urbanität entsteht als fragende Haltung, die sich auf die Begegnung richtet. Für deren Vollzug hat Sokrates gelebt. Für das Verpflichtetsein auf die Offenheit des Antworthorizonts ist er gestorben. Ein Gespräch zu beginnen, dessen Ausgang bekannt ist, ist kein wirkliches Gespräch. Eine Frage zu stellen, deren Antwort feststeht, ist keine wirkliche Frage. Frage und Antwort müssen offen aufeinander bezogen sein. Das geht nur in dem lebendigen Austausch mit einem Gegenüber. In der gemeinsamen Anstrengung des dialogischen Denkens entsteht ein Raum der Begegnung, die urbane Stadt.

[|110] DIE STADT, DER EINZELNE UND DIE REFLEXIVE MODERNE

Sokrates war besonders, weil er ein Einzelner war. In der Antike ragte Sokrates aus der Menge als Individuum und Denker heraus. Das hat ihn den Kopf gekostet. Im 21. Jahrhundert sind viele aufgefordert, wie Sokrates zu werden. Ein jeder muss Vordenker seiner Lebensphilosophie und Handwerker seiner Biographie sein. Die Individualisierung, die in den Sozialwissenschaften im Mittelpunkt vieler Analysen zur Gegenwart steht, fordert den einzelnen Menschen ebenso wie die Gesellschaft als Ganzes heraus. Sozialer Wandel ist durch Enttraditionalisierung und Vereinzelung geprägt. Dies zeigt sich statistisch in der Zunahme der Einpersonenhaushalte. Die Single-Gesellschaft stellt in den meisten Großstädten die Haushaltsmehrheit. Gerade die Stadtregionen sind die Bühnen, auf denen manche Monologe, Dramen und Komödien der Individualisierung aufgeführt werden. Was uns dabei gegenwärtig als besonders erscheint, ist in vielen Facetten die massenhafte Verbreitung eines schon sehr viel früher einsetzenden Prozesses. Die Modernisierungsgewinne des

20. Jahrhunderts wie wachsender Wohlstand, Chancengleichheit, Demokratisie-
rung der Bildung, Emanzipation der Frau und die Pluralisierung der Lebensstile
sind zwar in ihrer massenphänomenalen Wucht neuartig. Die menschliche Herausforderung jedoch, die hinter der Kulturaufgabe Individualisierung steht, reicht länger schon zurück. Die Figur des Sokrates erinnert uns daran, dass der Prozess der
Individuation, der Menschwerdung im Sinne der Entwicklung zu einer eigenständi-
gen Person, eine erste Menschheitsaufgabe ist. Westliche Gesellschaften haben diesen Weg früh beschritten. Werte der Selbstverantwortung, der Mündigkeit und das
Vertrauen in die eigene Individualität entstehen philosophisch betrachtet schon in
den frühen Stunden des Abendlandes.

Heute sind Individualisierungsprozesse umfassender verbreitet denn je. Jedes
dritte Kind wächst in Deutschland als Einzelkind auf. Für viele Alleinerziehende ist
Elternschaft zu einer einsamen Aufgabe geworden. Die Zahl der Haushalte, in denen überhaupt noch Kinder unter 15 Jahren leben, hat sich in den letzten 50 Jahren
nahezu halbiert. Die Demographie der Bundesrepublik spricht, wie im übrigen Europa auch, eine klare Sprache: Schrumpfung der Haushaltsgrößen, Vereinzelung
der Lebensformen, Pluralisierung der Lebensstile.

‚FREIHEIT VON‘ UND ‚FREIHEIT ZU‘

Individualisierung ist ein Gewinn an Freiheit, ebenso wie eine Zunahme an Ent-
scheidungsnot. Individualisierung befreit das Individuum von alten Zwängen und
legt ihm neue Lasten auf die Schultern. Eine veränderte Verantwortlichkeit entsteht.
Individualisierung fordert heraus. Sie ruft dazu [|111] auf, das Freisein von Zwän-
gen in ein Gewahrsein von Handlungsmöglichkeiten zu überführen. Erst wenn die
Individuen nicht nur Freiräume erobern, sondern diese subjektiv sinnvoll gebrauchen, gelangt Individualisierung als Befreiungsprozess ans Ziel. Hierfür Maßstäbe
zu finden und Kriterien zu benennen, ist schwer in einer enttraditionalisierten Welt.
Der hoffnungsvolle Aufbruch der Aufklärung zum Individuum schlägt in Verzweif-
lung, Vereinzelung und Vertrauensverlust um, wenn neben den Abbruchhalden alter
Gewissheiten keine neuen Leuchttürme zur Orientierung entstehen.

Auf den Zusammenhang zwischen der Befreiung von sozialen Zwängen und
der individuellen Belastung der Verantwortungsübernahme hat niemand rechtzeiti-
ger hingewiesen als Erich Fromm in seinem 1941 veröffentlichten Buch ‚Die Furcht
vor der Freiheit‘: „Im Mittelpunkt der modernen europäischen und amerikanischen
Geschichte steht das Bemühen, sich von den politischen, wirtschaftlichen und geistigen Fesseln zu befreien, welche die Menschen gefangenhielten … Eine Fessel
nach der anderen wurde gesprengt. Der Mensch befreite sich aus seiner Beherrschung durch die Natur und machte sich zu ihrem Herrn; er beseitigte seine Beherrschung durch die Kirche und durch den absolutistischen Staat. Die Abschaffung der
äußeren Botmäßigkeit schien die notwendige, aber auch hinreichende Vorbedin-
gung für die Erreichung des ersehnten Ziels zu sein: die Freiheit des Individuums“
(FROMM 1991, 9).

Die ‚Freiheit von' muss in eine ‚Freiheit zu' überführt werden. Sokrates wusste auch das. Für die Suche nach dem gemeinschaftlichen Fundament einer verantwortungsvollen Moral hat er gelebt. Für das Recht, bei dieser Suche nur seinem Gewissen und Nicht-Wissen verpflichtet zu sein, ist er mit seiner ganzen Person eingetreten. Beides zusammen war für ihn nur in der Stadt möglich. Die Straßen und Plätze von Athen haben Sokrates und seiner Philosophie eine Heimat gegeben. Die Stadt war ein Ort der Wahrheitssuche, der Bildung von Individuen im Dialog. Halten wir nach Elementen einer Urbanität für das 21. Jahrhundert Ausschau, so ist dies nach wie vor eine gute Maßgabe. Die Not, ein Individuum zu werden, ist heute größer denn je. Es wächst der Bedarf nach einer Urbanität, in deren Schutze und Lebendigkeit sich Individuen entfalten können – indem sie sich gegenseitig stets neue Möglichkeiten der Individualisierung eröffnen.

PERSPEKTIVE

Städte sind Orte intensiver Vergesellschaftung. Städte sind Orte markanter Individualisierung. Städte konzentrieren soziale und kulturelle Konflikte auf sich – ebenso wie die Möglichkeiten zu ihrer Lösung. Städte sind Orte, über die Geschichten erzählt werden. Städte sind selbst große Geschichten- [|112] erzähler. Das Gesicht unserer Städte gibt einen Blick frei auf die Haltung unserer Gesellschaft. Diese ist nach wie vor – und mehr denn je – durch Enttraditionalisierung und Individualisierung bestimmt.

Städte sind vieles: wirtschaftliche Motoren, politische Zentren, soziale Brennpunkte, kulturelle Magneten. In den gegenwärtigen urbanen Entwicklungen mehren sich die Anzeichen, wonach gerade diejenigen Stadtregionen an gesellschaftlicher Bedeutung und ökonomischem Wohlstand gewinnen werden, die Antworten bieten auf Fragen der Individualisierung. Denn je grenzenloser Firmen agieren, je flexibler die Arbeitsformen werden, je kleiner die Haushaltsgrößen sind, je größer die Pluralität der Lebensstile ist, umso deutlicher sind der Einzelne und die Gesellschaft vor Fragen gestellt, die offen und entscheidbar sind. Wirkliche Fragen, deren Beantwortung Horizonte eröffnen und ins Freie winken. Sokrates war ein Meister solcher Fragen. Er konnte Werte und Dinge fraglich werden lassen. In dieser Fraglichkeit liegt eine Chance. Um sie zu nutzen, hat Sokrates Ort und Weg gewiesen. Sein Wirken in der Stadt zeigt, dass es wichtiger sein kann, Antworthorizonte zu öffnen als das Fragen zu beenden. Verantwortungsvolle Individualisierung braucht deshalb Urbanisierung als Pendant. Auch zukünftig werden solche urbanen Qualitäten bedeutsam bleiben, die fortsetzend helfen, Individualisierung zu gestalten. Damit bleibt für die Zukunft der europäischen Stadt ein Verständnis von Urbanität wesentlich, das schon für Sokrates zentral war: die Stadt als Geburtsort des Individuums, das sich reibt am Gegenüber und sich bildet im Gespräch.

LITERATUR

BECK, U. 1986: Risikogesellschaft. Frankfurt/M.

FROMM, E. 1991: Die Furcht vor der Freiheit. München.

FUHRMANN, M. 1998: Nachwort. In: PLATON 1998a: Apologie des Sokrates. Kriton. Stuttgart, S. 65–96.

GADAMER, H.-G. 1990: Wahrheit und Methode. Grundzüge einer philosophischen Hermeneutik. Tübingen.

GADAMER, H.-G. 1993: Selbstdarstellung Hans-Georg Gadamer (I 973). In: H.-G. GADAMER: Wahrheit und Methode. Ergänzungen und Register. Tübingen, S. 479–508.

PLATON 1998a: Apologie des Sokrates. Kriton. Stuttgart.

PLATON 1998b: Phaidros. Stuttgart.

SALIN, E. 1960: Urbanität. In: Erneuerung unserer Städte: Vorträge, Aussprachen und Ergebnisse der II. Hauptversammlung des Deutschen Städtetages. Stuttgart, S. 9–34 (= Neue Schriften des Deutschen Städtetags).

GLOBAL CITY: INTERNATIONALE VERFLECHTUNGEN UND IHRE INNERSTÄDTISCHEN EFFEKTE*

Saskia Sassen

[...] Die Kombination räumlicher Dezentralisierung mit globaler Integration – unter der Voraussetzung einer dauerhaften Konzentration der Kontrolle in der Wirtschaft – hat den großen Städten in der gegenwärtigen weltwirtschaftlichen Phase eine strategische Rolle zugewiesen. Über ihre bisweilen lange Geschichte als Zentren des Welthandels wie des Bankwesens hinaus erfüllen diese Städte nun eine Funktion als Kommandozentralen in der weltwirtschaftlichen Organisation; sie sind Schlüsselstandorte und Märkte für die in dieser Phase führenden Wirtschaftsbereiche – Finanz- und spezialisierte Unternehmensdienste – und die Entwicklungszentren für Innovationen auf diesen Gebieten. In diesen Städten haben sich so ungeheure Ressourcen konzentriert, und diese führenden Bereiche haben solch massiven Einfluß auf ihre Wirtschafts- und Sozialordnung, daß daraus die Konturen eines neuen Typs der Urbanisierung entstehen. Diesen bezeichne ich als Global City. Die herausragenden Beispiele der achtziger Jahre sind New York, London und Tokio.

Informationstechnologien ermöglichen die geographische Verteilung und gleichzeitig die Integration vieler Aktivitäten. Doch die Zugangsbedingungen zu diesen Leistungen haben dazu geführt, daß sich die intensivsten Nutzer in den modernsten Telekommunikations-Zentren konzentrieren. Zwar haben auch andere urbane Zentren moderne Telekommunikations-Anlagen installiert, aber die Zugangsbarrieren werden immer höher, und tendenziell orientiert sich die Entwicklung von Telekommunikations-Systemen an Großnutzern, die meist Unternehmen mit großen nationalen und globalen Märkten sind (CASTELLS 1989). So besteht eine enge Beziehung zwischen dem Wachstum internationaler Märkte für Finanzdienste und Handel, der Tendenz großer Unternehmen, sich in wichtigen Städten niederzulassen, und der Entwicklung einer Telekommunikations-Infrastruktur in diesen Städten. Unternehmen mit globalen Märkten oder globalen Produktionsprozessen sind auf moderne Telekommunikations-Einrichtungen angewiesen. Internationalisierung und Expansion der Finanzmärkte machen den Zugang zu hochentwickelten Telekommunikations-Einrichtungen zu einer unerläßlichen Notwendigkeit. Die stärkste Nachfrage nach Telekommunikations-Diensten entsteht bei den informationsintensiven Industrien, die sich daher bevorzugt in den [|73] Großstädten niederlassen, die über solche Einrichtungen verfügen.

[...]

---

*   Erschienen unter demselben Tiel in: Häußermann, Hartmut / Siebel, Walter (Hrsg.) New York. Strukturen einer Metropole. Frankfurt: Suhrkamp, 1993, S. 71–90.

Heute erfordert die räumliche Verteilung der Wirtschaftstätigkeit auf nationaler und globaler Ebene, wenn sie mit stabiler ökonomischer Konzentration einhergeht, erweiterte Kontroll- und Steuerungsfunktionen. Obwohl die räumliche Dezentralisierung der Wirtschaftstätigkeit im Prinzip von einer entsprechenden Dezentralisierung des Eigentums und damit der Profitaneignung hätte begleitet sein können, läßt sich derartiges kaum beobachten. Wenn auch die großen Unternehmen zunehmend mit kleineren Zulieferern kooperieren und viele nationale Unternehmen in den fortgeschrittenen Entwicklungsländern rapide gewachsen sind, so ist doch diese Art des Wachstums letztlich Teil einer Kette, in der einige Konzerne weiterhin die Kontrolle über das Endprodukt besitzen und die Profite aus seinem Verkauf auf dem Weltmarkt kassieren. Sogar Heimarbeiter in abgelegenen ländlichen Gebieten sind inzwischen Glieder dieser Kette.

Das wird nicht nur auf der Unternehmensebene sichtbar, sondern auch auf der regionalen. So haben die Internationalisierung und Expansion des Finanzwesens einer großen Anzahl kleinerer [I74] Finanzmärkte Wachstum beschert, das wiederum die globale Expansion dieser Branche gefördert hat. Aber die höchsten Kontroll- und Managementfunktionen dieser Industrie haben sich in wenigen führenden Finanzzentren konzentriert, vor allem in New York, London und Tokio. In ihnen wird ein unverhältnismäßig großer Teil aller finanziellen Transaktionen abgewickelt, der seit den frühen achtziger Jahren sogar rapide angewachsen ist. Die grundlegende Dynamik ist, daß sich die zentralen Funktionen in den Global Cities um so stärker konzentrieren, je mehr die Ökonomie globalisiert wird.

Die räumlichen Wirkungen dieser Dynamik zeigten sich in der extrem hohen Verdichtung in den Zentren dieser Städte. Die weitverbreitete Vorstellung, daß Verdichtung unnötig wird, wenn globale Telekommunikations-Systeme eine maximale Dezentralisierung ermöglichen, ist nur teilweise richtig. Gerade auf die durch Telekommunikation ermöglichte räumliche Dezentralisierung ist zurückzuführen, daß die Agglomeration zentralisierender Aktivitäten so immens zugenommen hat. Darin zeigt sich nicht eine bloße Kontinuität alter Agglomerationsmuster, sondern eine neue Agglomerationslogik. Allerdings stellt sich die Frage, wann die moderne Telekommunikation Eingang in diese zentralisierenden Funktionen finden wird.

[…]

Zur räumlichen und technischen Reorganisation der Wirtschaftstätigkeit gehören die geographische Verteilung von Produktionsanlagen, Büros, Dienstleistungsangeboten einerseits, die stark angestiegene Nachfrage nach hochspezialisierten Dienstlei- [I75] stungen im Zusammenhang mit Fortschritten in der Mikroelektronik andererseits. Diese beiden Prozesse, Verteilung und Dienstleistungsspezialisierung, überlappen und beeinflussen sich gegenseitig. Die globale Verteilung von Produktionsanlagen und Büros erfordert die Zentralisierung der leitenden Unternehmensfunktionen. Gesellschaften, zu denen viele Betriebe, Büros und Dienstleistungsunternehmen gehören, müssen Planung, interne Administration, Distribution, Marketing und andere Aufgaben der Hauptverwaltung koordinieren. Wenn sich große Konzerne auf dem Gebiet der Produktion und des Verkaufs von konsumentenbezogenen Dienstleistungen betätigen, wird eine breite Skala von Aktivitäten, die vorher von selbständigen Unternehmen ausgeübt wurden, in die Firmenzentralen verlagert. Ein entsprechender Prozeß der Expansion zentraler Planungs- und Kontrollfunktionen auf höchster Ebene vollzieht sich in Behörden, hervorgerufen z.T. durch die technischen Fortschritte, die dies ermöglichen, und z.T. durch die zunehmende Komplexität regulatorischer und administrativer Aufgaben. Schließlich hat die Rekonzentration umfangreicher ausländischer Investitionsaktivitäten und Transaktionen in den großen Städten dieses ökonomische Kernstück der höchsten Kontroll- und Dienstleistungsfunktionen weiter genährt. Kurz gesagt, neben Dezentralisierungstendenzen zeigen sich neue Zentralisierungstendenzen.

[...]

2.2. Wachsende Ungleichheit in New York City

Alle diese Trends sind in New York City zu beobachten, und manchmal haben sie stärkere Wirkung, als die nationalen Durchschnittswerte erkennen lassen. Diese größere Intensität läßt sich auf mindestens drei Bedingungen zurückführen. Erstens die Standortkonzentration der führenden Wachstumssektoren mit entweder scharfer Einkommensdispersion oder disproportionaler Konzentration von entweder schlecht- oder hochbezahlten Tätig- [|82] keiten. Zweitens die Fülle an kleinen Dienstleistungsunternehmen mit geringen Betriebskosten, die die massive Konzentration von Menschen in diesen Städten und der große tägliche Zustrom von nicht ansässigen Arbeitskräften und Touristen ermöglicht. Das Verhältnis der Anzahl dieser Dienstleistungsbetriebe zur ansässigen Bevölkerung ist in New York höchstwahrscheinlich signifikant höher als in einer durchschnittlichen Stadt. Außerdem bringt die starke Konzentration von Menschen in großen Städten enorme Anreize zur Eröffnung solcher Geschäfte mit sich, aber auch harte Konkurrenz und sehr geringe Erträge. Unter solchen Bedingungen werden die Arbeitskosten zum entscheidenden Faktor, und das macht eine hohe Konzentration von gering entlohnten Tätigkeiten wahrscheinlich. Drittens ist, aus eben diesen Gründen und in Verbindung mit anderen Nachfragekomponenten, die relative Größe des abgewerteten verarbeitenden Sektors in einer Stadt wie New York vermutlich größer als in einer mittelgroßen Stadt.

[...]

Das Ergebnis ist eine Tendenz zu wachsender ökonomischer Polarisierung. Die mittleren Schichten bilden zwar noch die Mehrheit, aber die Bedingungen ihrer Expansion und ihrer politisch-ökonomischen Macht – die zentrale Bedeutung von Massenproduktion und Massenkonsumtion für das ökonomische Wachstum und die Profitrealisierung – sind von neuen Wachstumsbereichen abgelöst worden. Dabei handelt es sich nicht um eine bloß quantitative Transformation, sondern darin sind die Elemente eines neuen ökonomischen Regimes zu erkennen. Diese Polarisierungstendenz nimmt deutliche Gestalt an: a) in der Organisation des Arbeitsprozesses, b) in den Strukturen der sozialen Reproduktion und c) in ihrer räumlichen Organisation.

[I84] a) Abgewertete und informelle Arbeit

In den Formen der Produktionsorganisation haben sich Transformationen vollzogen, hin zu geringeren Produktionszahlen, kleineren Betrieben, hoher Produktdifferenzierung und schnellen Veränderungen der Produkte. Damit gewannen die Zulieferung und der Einsatz flexibler Methoden der Produktionsorganisation an Bedeutung. Flexible Produktionsmethoden reichen von höchst verfeinerten bis zu sehr primitiven und finden sich in hochentwickelten oder in rückständigen Industrien. Diese Methoden der Produktionsorganisation nehmen auf dem Arbeitsmarkt deutliche Gestalt an, in den Komponenten der Arbeitskräftenachfrage und in den Beschäftigungsbedingungen. Anzeichen für diesen Wandel sind der Niedergang der Gewerkschaften in der verarbeitenden Industrie, der Verlust vieler Schutzbestimmungen, die Zunahme unfreiwilliger Teilzeitarbeit und Zeitarbeit oder anderer Formen der geringfügigen Beschäftigung. Ein extremer Hinweis auf diese Abwertung ist in der Zunahme von Sweatshops und industrieller Heimarbeit zu sehen. Die Ausdehnung des abgewerteten produzierenden Sektors betrifft zum Teil die gleichen Industrien, in denen sich früher zum großen Teil gewerkschaftlich durchorganisierte Betriebe und einigermaßen gut bezahlte Arbeitsplätze fanden, die nun durch verschiedene Methoden der Produktion und der Arbeitsorganisation ersetzt werden, wie z.B. Akkord- und industrielle Heimarbeit.

Aber der Wandel bringt auch neue Tätigkeiten im Zusammenhang mit den neuen großen Wachstumstrends hervor. Die Möglichkeiten der Produzenten, Alternativen zum durchorganisierten Fabrikbetrieb zu entwickeln, werden vor allem in Wachstumsbereichen deutlich.

Ein großer Teil des Bereichs, den ich hier den abgewerteten produzierenden Sektor nenne, ist ein Beispiel für Informalisierung. Man muß zwei Sphären der Zirkulation von Gütern und Dienstleistungen, die im informellen Sektor produziert werden, unterscheiden. Eine interne Sphäre befriedigt hauptsächlich die Bedürfnisse ihrer Mitglieder, z.B. kleine Läden im Besitz von Immigranten in der Immigrantengemeinde, die letztere beliefern; die andere zirkuliert durch den gesamten „formellen" Sektor der Ökonomie. In diesem zweiten Fall stellt die Informalisierung eine direkte Strategie der Profitmaximierung dar. Aus dem Zusammen- [I85] wirken mehrerer Trends ergeben sich Anreize für die Informalisierung, und das wird besonders in Großstädten deutlich: a) die gestiegene Nachfrage nach teuren, individuellen, nichtstandardisierten Dienstleistungen und Produkten durch die wachsende einkommensstarke Bevölkerung; b) die gestiegene Nachfrage nach extrem preiswerten Dienstleistungen und Produkten aufseiten der wachsenden einkommensschwachen Bevölkerung; c) die Nachfrage nach nichtstandardisierten Dienstleistungen und Gütern oder speziellen Angeboten durch Firmen, die entweder Endabnehmer oder Zwischenhändler sind, und damit verbunden eine entsprechende Zunahme der Zulieferungen; d) die zunehmende Ungleichheit der Leistungsstärke von Unternehmen angesichts des akuten Flächenmangels, den das rapide Wachstum und die ausgeprägten Agglomerationsmuster der führenden Industrien erzeugen; e) die anhaltende Nachfrage von verschiedenen Unternehmen und Bevölkerungssegmenten, darunter auch führende Industrien und einkommensstarke

Erwerbstätige, nach einer Reihe von Gütern und Dienstleistungen, die normalerweise von Firmen mit niedrigen Profitraten produziert werden, für die das Überleben angesichts der steigenden Mieten und Produktionskosten immer schwieriger wird. D. h., die Transformation der End- und der Zwischenkonsumtion und die wachsende Ungleichheit der Fähigkeit von Unternehmen und Haushalten, sich Raum zu sichern, schaffen Anreize für die Informalisierung in einer breiten Palette von Aktivitäten und Wirtschaftszweigen; die Existenz einer informellen Ökonomie aber erweist sich als Mechanismus der Kostenreduzierung, auch bei solchen Unternehmen und Haushalten, deren Überleben nicht davon abhängig ist, und gewährleistet dort Flexibilität, wo sie notwendig oder vorteilhaft ist.

b) Soziale Reproduktion

Das rapide Wachstum der Industrien, die eine starke Konzentration entweder an hoch- oder schlechtbezahlten Arbeitsplätzen oder an beiden aufweisen, hat sich in der Konsumtionsstruktur deutlich niedergeschlagen, die wiederum einen Rückkopplungseffekt auf die Arbeitsorganisation und den Typ der neu geschaffenen Arbeitsplätze ausübt. Die Zunahme der einkommensstarken Erwerbstätigen in Verbindung mit der Herausbildung neuer kultureller Formen hat zu einer Gentrification der Einkommensstarken [|86] geführt, die letztlich auf der Verfügbarkeit eines immensen Angebots an schlechtbezahlten Arbeitskräften beruht. Die Gentrification der Einkommensstarken ist arbeitsintensiv, im Gegensatz zur Gentrification im typischen Mittelklassen-Vorort, die eher einen kapitalintensiven Prozeß darstellt – größere Grundstücke für das einzelne Haus, Bau von Straßen und Autobahnen, Abhängigkeit vom privaten Fahrzeug oder Pendlerzügen, starker Einsatz von Haushaltsgeräten aller Art sowie große Einkaufszentren mit Selbstbedienungsläden. Die Gentrification der Einkommensstarken ersetzt einen großen Teil dieser Kapitalintensität durch Arbeitskräfte, direkt und indirekt. In ähnlicher Weise beschäftigen einkommensstarke Stadtbewohner in viel größerem Ausmaß Arbeitskräfte für Wartung und Instandhaltung als der Mittelklassehaushalt der Vororte mit seinem geballten Einsatz von Eigenleistung und Geräten.

In den Delikatessenläden und Spezialgeschäften, die an die Stelle der Selbstbedienungssupermärkte und der Kaufhäuser treten, wird nach einer ganz anderen Arbeitsorganisation verfahren als in großen, standardisierten Geschäften. Dieser Unterschied in der Arbeitsorganisation zeigt sich im Verkaufs- wie im Produktionsbereich. Einkommensstarke Gentrification erzeugt eine Nachfrage nach Waren und Dienstleistungen, die häufig keine Massenprodukte sind und nicht in Massenverkaufsstellen abgesetzt werden. Nichtstandardisierte Waren, kleine Auflagen, Spezialitäten, erlesene Speisen werden normalerweise mit arbeitsintensiven Methoden hergestellt und in kleinen Geschäften mit umfassendem Service verkauft. Einen Teil dieser Produktion an billig arbeitende Unternehmen oder auch an Sweatshops oder Haushalte weiterzugeben ist durchaus üblich. Das hat Folgen für das Arbeitskräfteangebot und die Firmen, die an dieser Art von Produktion und Auslieferung beteiligt sind. Anders als bei großen Kaufhäusern und Supermärkten, wo die Produktion im Vordergrund steht und daher große, standardisierte Fabriken außerhalb der Stadt oder der Region die Norm sind, ist die Nähe zu den Geschäften für die Hersteller von Spezialitäten erheblich wichtiger.

Die erhebliche Zunahme der einkommensstarken Arbeitnehmer und deren hohe Ausgaben tragen zu diesen Folgen bei. Wie in allen großen Städten gibt es auch in New York City seit langem eine Kerngruppe von wohlhabenden Einwohnern oder Pendlern. Dieser Kern ist vermutlich durch einen großen Zustrom an reichen [|87] Ausländern verstärkt worden, denn allein hätte er die umfangreiche Gentrification von Wohnraum und Handel in der Stadt nicht auslösen können. Von diesem Kern des Reichtums bzw. der Oberklasse müssen die neuen einkommensstarken Arbeitnehmer als Schicht unterschieden werden. Ihr verfügbares Einkommen reicht meist nicht für große Investitionen aus. Aber es genügt für eine bedeutende Ausweitung der Nachfrage nach teuren Waren und Dienstleistungen, d.h., um eine ausreichend große Nachfrage zu schaffen, die die ökonomische Existenz der Produzenten und Lieferanten solcher Waren und Dienstleistungen sichert. Außerdem ist die Höhe des verfügbaren Einkommens auch eine Funktion des Lebensstiles und demographischer Muster, z.B. der späteren Familiengründung und der größeren Zahl an Haushalten mit zwei Verdienern.

Auch die Zunahme der einkommensschwachen Bevölkerung hat zur Vielfalt kleiner Betriebe und zur Abwendung von standardisierter Massenproduktion und großen Warenhausketten, die billige Waren führen, beigetragen. Ein großer Teil der konsumtiven Bedürfnisse einkommensschwacher Bevölkerungsgruppen wird von produzierenden Betrieben und Einzelhandelsgeschäften bedient, die klein sind, abhängig von mitarbeitenden Familienmitgliedern und oft unterhalb des minimalen Sicherheits- und Gesundheitsstandards arbeiten. Billige, lokal in Sweatshops produzierte Kleidung z.B. kann mit billigen Importen aus Asien konkurrieren. Eine wachsende Bandbreite an Produkten und Dienstleistungen, von billigem Mobiliar, das in Kellerwerkstätten hergestellt wird, bis zu *gypsy cabs* und Tagesbetreuung für Kinder, steht für die wachsende einkommensschwache Bevölkerung zur Verfügung.

Es gibt zahlreiche Beispiele dafür, wie die wachsende Einkommensungleichheit die Konsumtionsstruktur verändert und dies Rückkopplungseffekte auf die Arbeitsorganisation hat: die Einrichtung einer besonderen Taxilinie, die ausschließlich den Finanzdistrikt bedient, und die Zunahme von *gypsy cabs* in einkommensschwachen Nachbarschaften, die von den regulären Taxen nicht angefahren werden; immer mehr speziell angefertigte Holzarbeiten in gentrifizierten Gebieten und billige Sanierung in armen Nachbarschaften; der Zuwachs an Heimarbeitern und Sweatshops, die entweder sehr teure Designerware für Boutiquen oder sehr billige Produkte herstellen. Eines der deutlichsten Beispiele [|88] stammt aus einer neueren Studie über Schließung und Eröffnung von Geschäftsbankfilialen im New Yorker Stadtgebiet. Sie stieß auf eine Welle von Bankfilialenschließungen, die mehreren armen und Minderheitengebieten jeglichen Bankdienst entzog – und das im führenden Finanzzentrum des Landes.

c) Räumliche Organisation

Die Komponenten der Ökonomie, die diese Strukturen hervorbringen, zeigen sich auch in parallelen Diskontinuitäten in der Nachfrage nach Wohnraum, Lebensmitteln, Kleidung, Mobiliar, Restaurants und anderen Elementen der haushaltsbezogenen und persönlichen Konsumtion. Die Stadt muß teure wie preiswerte Einrichtungen bereitstellen, die auf diese beiden Nachfragetypen ausgerichtet sind. In bestimmten Fällen müssen sogar beide am selben Ort verfügbar sein. Lebensmittel und Restaurants müssen für die einkommensstarken und die einkommensschwachen Gruppen zur Lunchzeit bereitstehen, und die Transportsysteme müssen ebenfalls beide Typen von Arbeitskräften zum selben Gebäude oder an denselben Ort schaffen. Wenn die Erwerbsbevölkerung einer Stadt von einer großen Gruppe mit Mittelklassen-Einkommen dominiert wird, kann dieser Bedarf leichter befriedigt werden, denn dann wird vermutlich eine Einrichtung mit mittleren Preisen vorherrschen, oder die Arbeitskräfte können mehr Druck ausüben, um mit den Dienstleistungen versorgt zu werden, die für private oder öffentliche Betreiber weniger profitabel sind.

Aber die Disparität der Kaufkraft, und vermutlich des politischen Einflusses, die wir heute in New York City entstehen sehen, wird wahrscheinlich zu einer einseitigen Reaktion der Ökonomie und des öffentlichen Sektors führen. Die umfangreiche einkommensstarke Erwerbsbevölkerung wird einen unverhältnismäßigen Einfluß auf beide haben und damit die Ausbeutung der einkommensschwachen Arbeitnehmer und der von ihnen genutzten Restaurants, Läden und Transportmittel maximieren. Auf dem Wohnungsmarkt hat es direkte Verdrängung einkommensschwacher Haushalte gegeben, die im Extremfall zur Obdachlosigkeit führt (vgl. die Beiträge von Smith und Marcuse in diesem Band[*]).

Insgesamt ist das Ergebnis eine stark segmentierte Nutzung des städtischen Raumes: Gentrification der Einkommensstarken in einem recht umfangreichen Teil der Stadt, wachsende Armut und [|89] Vernachlässigung durch den öffentlichen Sektor in den Wohngebieten einkommensschwacher Gruppen und eine zunehmende Konzentration von Immigranten. Die soliden Gebiete der Arbeiter- und der unteren Mittelklasse in den äußeren Bereichen der Stadt haben sich in einigen Fällen als stabil erwiesen, in anderen mußten sie das Eindringen von Haushalten mit höherem Einkommen hinnehmen, oder sie verfielen, wenn die Bewohner das Rentenalter erreichten oder starben und keine Kohorte von ähnlich situierten Arbeitern an ihre Stelle trat.

---

[*]   Neil Smith, Gentrification in New York, 182–204 und Peter Marcuse, Wohnen in New York: Segregation und fortgeschrittene Obdachlosigkeit in einer viertgeteilten Stadt, 205–238, in: Hartmut Häußermann und Walter Siebel (Hg.), New York. Strukturen einer Metropole, Frankfurt am Main 1993.

3. ZUSAMMENFASSUNG

Die Herausbildung der Global City ist also durch vier Prozesse gekennzeichnet.

Erstens hat die geographische Verteilung der Fertigung, die den Verfall der alten Industriezentren beschleunigte, eine erhöhte Nachfrage nach zentralen Management- und Planungsfunktionen und entsprechenden spezialisierten Dienstleistungen, den Schlüsselfunktionen des Wachstums in Global Cities, ausgelöst. Das Eindringen großer Konzerne in den Bereich der konsumentenbezogenen Dienstleistungen und die wachsende Komplexität der Regierungsaufgaben kurbeln die Nachfrage nach diesen Diensten weiter an.

Zweitens profitierte das Wachstum der Finanzindustrie, und besonders ihrer Schlüsselsektoren von Strategien und Begleitumständen des Strukturwandels, die anderen Sektoren schadeten, vor allem dem verarbeitenden Gewerbe. Im Endeffekt wurde auch hier wieder das Wachstum spezialisierter Dienstleistungen angeregt, die in großen Städten zu finden sind, während die ökonomische Basis anderer Standorttypen ausgehöhlt wurde.

Drittens verweisen die Bedingungen und Strukturen der beiden genannten Tendenzen auf eine Transformation der wirtschaftlichen Beziehungen zwischen Global Cities, den Staaten, zu denen sie gehören, und der Weltwirtschaft. Vor der gegenwärtigen Phase bestand eine hohe Übereinstimmung zwischen den großen Wachstumssektoren und dem gesamten nationalen Wachstum; heute dagegen stoßen wir auf wachsende Asymmetrie: die Bedingungen, die in den Global Cities für Wachstum sorgen, enthalten als maßgebliche Komponenten den Niedergang anderer Gebiete [l90] in den USA sowie die Erhöhung der Staats- und Konzernverschuldung.

Viertens haben die neuen Wachstumsbedingungen zur Ausbildung einer neuen Schichtungsstruktur innerhalb der Global Cities beigetragen. Die Beschäftigungsstruktur der großen Wachstumsindustrien, charakterisiert durch die räumliche Konzentration der wichtigsten Wachstumssektoren in Global Cities und die Polarisierung der Beschäftigung in diesen Sektoren, hat das Anwachsen einer hochbezahlten und einer schlechtbezahlten Arbeitnehmerschicht bewirkt. Unmittelbar ist das auf die Arbeitsorganisation und die Beschäftigungsstruktur der großen Wachstumssektoren zurückzuführen und mittelbar auf die Arbeitsplätze, die in Dienstleistungen für die neuen gut verdienenden Arbeitnehmer an ihrem Arbeitsplatz und zu Hause nötig sind – aber auch auf die Situation der zunehmenden Zahl billiger Arbeitskräfte.

Die Kombination von Großspekulation und einer Vielzahl kleiner Firmen als Kernelemente des Komplexes aus Finanz- und Unternehmensdienstleistungen wirft die Frage nach der Stabilität dieses Wachstumsmodells auf. Werden die großen Banken wieder eine zentralere Rolle in der Finanzindustrie übernehmen? Werden Konkurrenz und die Vorteile der Größe zu Fusionen und Aufkäufen kleiner Firmen führen? Und schließlich: An welchem Punkt werden sich die Profitquellen, die diese Form des Wirtschaftswachstums erschließt, erschöpft haben?

LITERATUR

CASTELLS, MANUEL (1989). *The Informational City*, LONDON.

NETZWERKARTIGE TOPOGRAPHIEN[*]

Boris Beaude und Nicolas Nova

DIE UNSICHTBAREN STÄDTE LESEN

In seinem berühmten Text *Die unsichtbaren Städte* (1977) beschreibt Italo Calvino nacheinander 55 Städte, die der Entdecker Marco Polo dem mongolischen Herrscher Kublai Khan im Zuge seiner Reiseberichte schildert. Diese imaginären Städte veranschaulichen die Vielfalt und Unterschiedlichkeit dieser Orte, die hier ein ebenso ungewöhnliches wie rätselhaftes Sammelsurium bilden. Durch dieses erzählerische Vorgehen geben Italo Calvinos Beschreibungen dem Leser ein Gefühl von Exotik, aber auch die Möglichkeit, die Komplexität dieser fiktiven Städte zu erleben. Jede dieser Städte veranschaulicht dabei einen Aspekt des städtischen Raumes, der über die schlichte Aneinanderreihung von Gebäuden hinausgeht.

Wenn man Italo Calvino folgt, ist es immer wichtig, die Vielzahl der Lesarten ein und desselben städtischen Raumes zu berücksichtigen, einen Bezug zwischen den divergierenden individuellen Praktiken und der Existenz der Stadt als Ganzes herzustellen, die nicht-hierarchischen Beziehungen zwischen dem Ideellen und dem Materiellen hervorzuheben und schließlich auch die entscheidende Bedeutung der Sichtbarkeit der Stadt für sich selbst zu unterstreichen. Die Fiktion der unsichtbaren Städte ist in dieser Hinsicht wahrscheinlich sogar realistischer als die zahlreichen Darstellungen städtischer Räume, die zumeist von nichts anderem handeln als von Bauten, Verkehrsinfrastrukturen oder Stadtentwicklungsgebieten. Bestenfalls stellen diese Repräsentationen Mobilität durch stauanfällige Straßen oder Pendelverkehr dar. Deshalb war Italo Calvino auf seine Art einer der bedeutsamsten Vertreter von Urbanität im Hinblick auf ihr grundlegendstes Merkmal: ihre Komplexität.

[l58] 1972, als das Buch im Original erschien, war diese Komplexität schwer anders zu erfassen und auszudrücken als in literarischer Form. Es wurden ebenso kostspielige wie langwierige Studien mit dem Ziel durchgeführt, die Erwartungen, Darstellungen und Sichtweisen in Bezug auf eine Fassade oder auch symbolträchtige Orte zu analysieren. Seit rund zehn Jahren bietet der Einsatz digitaler Übermittlungstechnologien und die zunehmende Anzahl digitaler Spuren[1], die diese generieren, jedoch eine sehr gute Gelegenheit, Praktiken sichtbar zu machen, die an-

---

[*]   Zuerst erschienen unter dem Titel „Topographies réticulaires", in *Réseaux*, 2016, S. 53–83, dieser Auszug S. 57–78. Aus dem Französischen übersetzt von Nicole Stange-Egert, durchgesehen von den Herausgebern.

1   Mit diesem Begriff beziehen wir uns auf absichtlich erzeugte Daten und nicht durch Verwendung diverser technischer Geräte wie Mobilfunktion, Geolokalisations- oder Fotografie-Dienste, Tweets, usw.

sonsten unsichtbar sind. Durch die Rekurrenz und Aggregieren veranschaulichen solche Daten, wie „Repliken" (Boullier, 2015), die Stadt im Werden in Form individueller Spuren, die sich täglich erneuern. Die Metadaten der auf der Website Flickr veröffentlichten Fotos sind das perfekte Beispiel für dieses Phänomen. Indem sie die Standorte geteilter Fotos von einer Stadt anzeigen, geben sie nicht nur Auskunft über den Standort selbst, sondern auch über ein lokalisiertes Individuum, das die Stadt hier aus seiner Sicht zeigt.

Digitale Spuren bieten tatsächlich enorme Vorteile für die Sozialwissenschaften. Zunächst einmal sind sie das direkte Produkt bestimmter Praktiken, über die sie unabhängig von der Beobachtung durch den Forscher Auskunft geben. Sie liefern auf diese Weise hervorragende Primärdaten über eine Vielzahl verschiedener Praktiken (wie Fotografieren, Telefonieren, Fortbewegung, Information oder Bewertung eines Orts usw.). Da solche Spuren das Potenzial haben, genau den unsichtbaren Teil der Stadt zu veranschaulichen, der Calvino so wichtig war, bedürfen sie jedoch auch der Klärung. Dabei geht es nicht darum, an den Individuen, von denen sie stammen, Verrat zu begehen, – gemäß Gaston Bachelard müssen wir „nachdenken, um zu messen und nicht messen, um nachzudenken" (Bachelard, 1934, S. 241).

Solche Spuren können die Komplexität städtischer Räume veranschaulichen, vor allem im Hinblick auf ihre individuelle und pragmatische Komponente – die Art, wie Orte bewohnt werden, die Mobilität, die Identifikation, die Interaktion mit anderen Bewohnern und anderen „Wohnarten" (Paquot, Lussault und Younès, 2007) – vorausgesetzt, man nutzt auch die Mittel zu ihrer Beurteilung, indem man sich sowohl für ihren Entstehungskontext als auch für das interessiert, was sie zeigen. Weil digitale Spuren zudem besonders unterschiedliche Praktiken aufzeigen, können wir ihre Fülle und Komplexität auch erst dann begreifen, wenn wir sie verknüpfen.

[l…]**

[l73] VON DEN SPUREN ZU DEN REPRÄSENTATIONEN – HERAUSFORDERUNGEN DER TRANSDUKTION

Die Zusammenhänge zwischen Raum und digitalen Spuren erschließen sich allerdings nicht selbstverständlich (Abbildung 9). Sie zu verstehen, erfordert zunächst zumindest eine vorläufige Unterscheidung zwischen [l74] Raum (Abbildung 9, b) und Räumlichkeit (Abbildung 9, a), also zwischen dem Raum der Handlung einerseits und der räumlichen Handlung andererseits (Lussault, 2007). So gesehen entwickeln Individuen (Abbildung 9, 1) miteinander den Raum, der ihnen allen gemeinsam die Ausgangspunkte für ihr Handeln (Abbildung 9, 2) liefert, und das entsprechend einer Dynamik, die sich stetig erneuert. Die Räumlichkeit erzeugt auf diese Weise räumliche Spuren (Abbildung 9, 4), die an der Entwicklung formaler Repräsentationen beteiligt sind (Abbildung 9, 5), welche wiederum mittels individueller Repräsentationen als Ausgangspunkte für das Handeln dienen (Abbildung 9, 6). Sobald sie verarbeitet und formalisiert sind, werden die digitalen Spuren Teil einer großen Gesamtheit von Dispositiven, die eine Stadt für sich selbst sichtbar

** die Fußnoten 2–7 befinden sich in den ausgelassenen Textpassagen

machen. Deshalb ist letztendlich die Entstehung städtischer Repräsentationen, die sich auf digitale Spuren stützen, eine Herausforderung für die gesamte Urbanität, da diese Spuren mit der Zeit Teil der Vorstellungswelten werden, die die Praktiken stark beeinflussen.

Ab diesem Punkt muss unterschieden werden zwischen der Art und Weise, wie digitale Spuren formal dargestellt werden, also ihrer Sichtbarmachung, und dem Phänomen der räumlichen *Transduktion* (Dodge und Kitchin, 2005), die sich daraus in Fortführung der Arbeiten von Simondon (1989) und noch mehr Mackenzie (2002) über die Technik ergibt. Die *Transduktion* ermöglicht hierbei die Unterscheidung zwischen dem Prozess der Darstellung und dem ontogenetischen Prozess, der über eine Rückkopplungsschleife die Praktiken und digitalen Spuren eng miteinander verbindet (Abbildung 9, c). Dementsprechend können sich Darstellungen des städtischen Raumes, die digitale Spuren nutzen, nicht allein auf die simple Darstellung städtischer Praktiken beschränken. Sie sind besondere Konstruktionen, die unterstreichen, wie sehr sich Dispositive und Dispositionen gemeinsam herausbilden (Merzeau, 2009). Daraus ergibt sich eine große Gelegenheit, die Stadtentwicklung mit einer neuen und vermutlich größeren Trennschärfe zu deuten, so dass es wichtig ist, genau zu identifizieren, welche Vorzüge und Nachteile die Nutzung technischer Hilfsmittel mit sich bringt (Latour und Hermant, 1998).

Die Repräsentation beschränkt sich nämlich nicht auf eine Vereinfachung, sondern geht von einer Reihe von Dispositiven des Filterns, der Vereinheitlichung, der Akzentuierung und Differenzierung aus, die in der Regel den für eine Fachrichtung geltenden Konventionen folgt. Auch der Vorgang der Reduktion, der bei der Repräsentation stattfindet, vereinfacht nicht nur, sondern „fügt auch Eigenschaften hinzu" (Lynch, 1960). Schließlich, wie das Wiederaufkommen von Wahrnehmungstheorien gezeigt hat, lässt sich die Wahrnehmung nicht auf einen passiven, fotografischen Vorgang beschränken. Sie ist im Gegenteil eher eine Erfahrung der Dinge statt Rezeption von Erfahrungen (Gibson 1986, S. 239). So gesehen, ist die Wahrnehmung einer [I75] Stadt beim Lesen einer Karte auch eine städtische Erfahrung. Deshalb fließt sie auch, neben anderen räumlichen Erfahrungen, in die Gesamtheit unserer Repräsentationen ein.

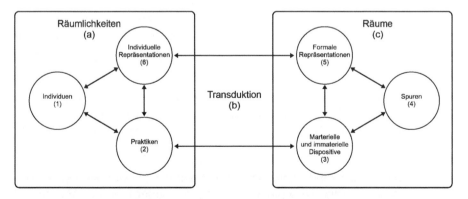

Abbildung 9. Räumliche Transduktion (Boris Beaude und Nicolas Nova, 2015)

Aufgrund dessen erfordert die Untersuchung der Zusammenhänge zwischen digitalen Spuren und Urbanität auch die präzise Untersuchung des Entstehungskontextes der Spuren sowie der Modalitäten, mit denen diese Spuren in formalisierte Darstellungen des städtischen Raums übersetzt werden, bei denen immer unterschiedlichere Akteure einbezogen werden. Insbesondere ist es notwendig, die Bedeutung der beteiligten technischen Dispositive (Abbildung 9, 3) ernst zu nehmen, ebenso wie die Individuen, die sie bei ihren Praktiken nutzen. Die wachsende Beteiligung von Algorithmen an dieser Dynamik unterstreicht auch ihre Bedeutung und infolgedessen auch die ethische und politische Dimension bei ihrer Ausarbeitung, Kontrolle und Klärung, wobei Letztere durch die Transduktion (Abbildung 9, c) eine der Komponenten der Urbanität sind.

Die Bedeutung der Algorithmen wurde in den letzten Jahren besonders hervorgehoben, zum Beispiel durch Lawrence Lessig, der in *Code and other laws of cyberspace* die Bedeutung des Codes unterstrich und dabei die vier Kräfte betonte, die Daten produzierende Systeme regulieren: Markt, Gesetz, soziale Normen und Architektur, was in diesem Fall der Code ist (Lessig, 1999). Dieses Prinzip auf den Raum übertragen haben Rob Kitchin und Martin Dodge, die mit dem Konzept Code/Space die wachsende Abhängigkeit der Räume von Codes betont haben, auch wenn sich dieser Ansatz nicht auf [|76] Repräsentationen des Raumes, sondern eher auf funktionale Dispositive innerhalb der Stadt (Verkehrsmanagement, Flughäfen usw.) bezieht (Dodge und Kitchin, 2005; Kitchin und Dodge, 2011). Diese Dynamik hängt zudem mit einem Prozess der Ausweitung der Computertechnik auf den gesamten städtischen Raum zusammen (Galloway, 2004; Greenfield 2006), die in einer wachsenden Vielzahl von Spuren und deren Nutzung zum Ausdruck kommt.

Eine exakte Analyse digitaler Spuren ist daher erforderlich, um die Eignung solcher Spuren für die Erstellung adäquater Darstellungen zu verbessern, die in der Lage wären, den Gegensatz zwischen „Topografie" und „Topologie" zu überwinden. Als Ausdruck elementarer Handlungen ermöglicht es die räumliche Transduktion solcher Spuren nämlich, einzigartige Räumlichkeiten darzustellen – als einfache Konfiguration, als Zusammenhänge oder als Territorien, ohne darüber Vorgänge zu vernachlässigen, durch die solche Konstruktionen aussagekräftige Topografien hervorbringen können, obwohl sie künstlich erstellt sind.

Analog zu Analysen, wie sie in den sozialen Medien stattfinden (Boyd und Ellison, 2007; Hargittai, 2007), ist es wichtig, die Nutzer solcher Dispositive zu charakterisieren, um besser einzugrenzen, was sie hier darstellen. Dieser Punkt ist besonders entscheidend, hat doch die Untersuchung der Nutzung von Dispositiven zur Erstellung räumlicher Informationen gezeigt, wie wichtig der Kontext ist – ob es sich dabei um Problematiken der *volunteered geographic information* (Elwood 2008; Flanagin et Metzger, 2008; Goodchild, 2007) oder um *naïve geography* (Egenhofer und Mark, 1995), also um die wachsende Produktion geografischer Daten durch Individuen, die im Grunde nicht die entsprechenden Kompetenzen mitbringen.

Der *Kontext*, die *Produktion*, die *Nutzung* und die *Konkretisierung*, die vier Analyseschritte visueller Dispositive, die Ola Söderström in seiner Abhandlung vorschlägt, in der er über die Bildgebung in der Stadtentwicklung aufklärt (Söderström, 2000), haben dann den Vorteil, bei allen Produktionen, die digitale Spuren verwerten, mit entsprechendem Augenmaß eingesetzt werden zu können. Übrigens kann man sich durchaus vorstellen, dass die performative Neigung der Repräsentationen (Lussault, 1998, 2007) dann umso größer und somit durchdringender ist.

FAZIT

Vom Standpunkt eines sozialwissenschaftlichen Ansatzes des Raums (*sciences sociales de l'espace*) aus betrachtet, bieten digitale Spuren eine sehr gute Gelegenheit, die uns zur Verfügung stehenden konventionellen Mittel zu erneuern und zu ergänzen, um Urbanität darzustellen, [l77] und zwar nicht nur global für einen Ballungsraum, sondern vor allem lokal, indem sie die ungleiche Dynamik und Attraktivität verschiedener Stadtteile aufzeigen. Weil diese Daten auch Aufschluss über Praktiken geben, zeigen sie das Städtische aus einer ungewohnten Perspektive, nämlich dicht am alltäglichen Handeln und der Stadt im Werden (*ville en train de se faire*). Man könnte daher die Hypothese aufstellen, dass diese digitalen Spuren ein bemerkenswertes Potenzial in relativ naher Zukunft bieten und dass sie fortan zur besseren Interpretierbarkeit großer Ballungsräume geeignet sind, indem sie Urbanität besser charakterisieren als konventionelle Indikatoren wie Wohndichte oder Pendelverkehr.

Es erscheint daher absolut entscheidend, das Potenzial der digitalen Spuren auszuschöpfen, um Räumlichkeiten besser in ihrer Intensität und Dynamik zu erfassen. Dies erfordert jedoch eine grundlegende Erneuerung des sozialwissenschaftlichen Ansatzes des Raums, der eine systematischere Identifikation der Quellen solcher Spuren sowie eine präzisere Qualifikation der von ihr dargestellten Welt voraussetzt. Im spezifischen Kontext der verorteten digitalen Spuren erfordert diese Erneuerung zum Teil ein Vorgehen in Etappen.

– Identifizieren der digitalen Spuren, die zu einer Interpretation der Räumlichkeiten beitragen können.
– Identifizieren der Grenzen dieser jeweiligen Spuren (Zugangs-, Verarbeitungs- und Interpretationsprobleme)
– Schaffung angemessener Indikatoren für jede dieser Spuren.
– Schaffung synthetischer Indikatoren der Räumlichkeiten auf der Basis solcher nicht-konventioneller Daten.
– Abgleich dieser Indikatoren mit anderen, konventionelleren Indikatoren (in Bezug auf Infrastrukturen, Wirtschaftsaggregate, Materialströme und Wohnungskomponente des Wohnraums), um ihren Beitrag und ihre Komplementarität zu bestimmen.
– Hinterfragen von Repräsentationen des Städtischen, die sich aus der Nutzung digitaler Spuren ergeben.
– Charakterisierung der Komplexität städtischer Räume, indem man ihre ungleiche Dichte und Diversität lokal (Raum) und punktuell (Zeit) hervorhebt und sich nicht auf eine diskrete Lesart beschränkt, sondern im Gegenteil Gradienten betont.

Die Antwort auf diese Frage ist eine Gelegenheit für die Sozialwissenschaften, an dieser vorwiegend in den Informationswissenschaften, im Design, in der Kunst und der Informatik initiierten [I78] Dynamik teilzuhaben. Insbesondere sorgt diese Nutzung digitaler Spuren für eine Erneuerung der Erforschung von Spannungen zwischen topologischen und topografischen Räumlichkeiten, aber jenen auch zwischen topologischen und topografischen Repräsentationen. Indem sie eine bislang nicht übliche Zerlegung von Daten bezüglich sowohl räumlicher als auch zeitlicher individueller Praktiken anbieten, lösen sich die digitalen Spuren von inadäquaten topografischen Strukturen, zum Beispiel von administrativen Einteilungen, die von staatlichen Statistiken übernommen wurden, und geben Räumlichkeiten genauer in ihrer grundlegenden relationalen Komponente wieder.

Außerdem profitieren digitale Spuren aktuell vom Realitätseffekt der Bilder, die den Raum abbilden. Dadurch sind wir aufgefordert, ihre Verarbeitung und Darstellung mit großer Vorsicht zu betrachten. Sonst droht die Überfülle dieser Spuren und die Vervielfältigung der daraus abgeleiteten Visualisierungen unsere städtischen Darstellungen zu verfälschen und die Stadt auf unerwartete Weise zu verändern. So elementar digitale Spuren auch sein können, ihre Herstellung, Verarbeitung und Repräsentation erzeugt unweigerlich auch die Illusion von Territorium, denn jede Karte, auch wenn sie sich auf die Abbildung eines Netzwerks beschränkt, unterliegt immer der topografischen Illusion des Mediums, auf dem sie gespeichert ist und dessen sichtbare Kontinuität zwischen Maßstab unseres Blicks und dem der Darstellung unterstreicht, wie sehr Topografien doch letztendlich nur spezifische Topologien sind.

Zwar verfügen topografische Konzeptionen des Raumes auch über eine unbestreitbare heuristische Kraft, indem sie Statik und Dynamik, Angrenzung (*contiguïté*) und Vernetzung (*connexité*) oder Position und Situation gegenüberstellen, doch diese intellektuelle Akrobatik geschieht doch immer auf die Gefahr hin, eine Illusion der Stabilität aufrecht zu erhalten und die Kraft der im Wesentlichen netzartigen und doch so mächtigen Räumlichkeiten zu vernachlässigen. Digitale Spuren ermöglichen es gerade durch ihr „Volumen", ihre „Varietät" und ihre „Geschwindigkeit"[8], die territoriale Illusion besser als Ausdruck von „Repliken" zu erfassen, deren Regelmäßigkeit die Territorien und Zentralitäten als Ausdrucksformen der Vielgestaltigkeit individueller Räumlichkeiten aufzeigt.

8   „*Volume*", „*variety*" und „*velocity*" wurden 2001 von dem Analysten Doug Laney verwendet, um diese Wandlung des Produktionskontexts von Daten zu beschreiben. Diese Eigenschaften gelten derzeit zu den Grundlagen dessen, was gemeinhin als *big data* bezeichnet wird.

LITERATUR

BACHELARD G. (1934), [1967]. *La formation de l'esprit scientifique*, Paris, J. Vrin.

BAYIR M. A., DEMIRBAS M., EAGLE N. (2009), „Discovering Spatiotemporal Mobility Profiles of Cellphone Users", in *Proceedings of World of Wireless, Mobile and Multimedia Networks & Workshops, 2009 IEEE International Symposium* (WoWMoM 2009), S. 1–9.

BEAUDE B. (2015a), „Les virtualités de la synchronisation", *Géo-Regards*, 7, S. 121–141.

BEAUDE B. (2015b), „From Digital Footprints to Urbanity. Lost in Transduction", in J. LÉVY (Hrsg.), *A Cartographic Turn*, Routledge, S. 273–297.

BOULLIER D. (2015), „Vie et mort des sciences sociales avec le big data", *Socio*, 4, S. 19–37.

BOYD D. M., ELLISON N. (2007), „Social Network Sites: Definition, History, and Scholarship", *Journal of Computer-Mediated Communication*, 13.1, S. 210–230.

CALVINO I. (1977), *Die unsichtbaren Städte*, München, Carl Hanser.

DODGE M., KITCHIN R. (2005), „Code and the Transduction of Space", *Annals of the Association of American Geographers*, 95.1, S. 162–180.

EGENHOFER M., MARK D. (1995), „Spatial Information Theory. A Theoretical Basis for GIS", in A. FRANK, W. KUHN (Hrsg.), *Lecture Notes in Computer Science*, Springer Berlin / Heidelberg, S. 1–15.

ELWOOD S. (2008), „Volunteered Geographic Information: Future Research Directions Motivated by Critical, Participatory, and Feminist GIS", *GeoJournal*, 72.3–4, S. 173–183.

FLANAGIN A., METZGER M. J. (2008), „The Credibility of Volunteered Geographic Information", *GeoJournal*, 72.3–4, S. 137–148.

GALLOWAY A. (2004), „Intimations of Everyday Life: Ubiquitous Computing and the City", *Cultural Studies*, 18.2–3, S. 384–408.

GIBSON J. (1986 [1979]), *The Ecological Approach to Visual Perception*, Hillsdale, NJ, Lawrence Erlbaum Associates.

GOODCHILD M. F. (2007), „Citizens as Sensors: The World of Volunteered Geography", *GeoJournal*, 69.4, S. 211–221.

GREENFIELD A. (2006), *Everyware: The Dawning Age of Ubiquitous Computing*, Berkeley, CA, New Riders.

HARGITTAI E. (2007), „Whose Space? Differences Among Users and Non-Users of Social Network Sites", *Journal of Computer-Mediated Communication*, 13.1, S. 276–297.

KITCHIN R., DODGE M. (2011), *Code/Space: Software and Everyday Life*, Cambridge, MIT Press.

LANEY D. (2001), „3-D Data Management: Controlling Data Volume, Velocity and Variety", META Group Research Note, File 949.

LATOUR B., HERMANT E. (1998), *Paris ville invisible*, Paris, La Découverte.

LESSIG L. (1999), *Code and other Laws of Cyberspace*, New York, Basic Books.

LUSSAULT M. (1998), „Images [de la ville] et politique territoriale", *Revue de géographie de Lyon*, 73.1, S. 45–53.

LUSSAULT M. (2007), *L'homme spatial*, Paris, Seuil.

LYNCH K. (1960), *The Image of the City*, Cambridge, MIT press.

MACKENZIE A. (2002), *Transductions*, Londres, Bloomsbury.

MERZEAU L. (2009), „Du signe à la trace: l'information sur mesure", *Hermes*, 53, S. 23–29.

PAQUOT T., LUSSAULT M., YOUNES C. (2007), *Habiter, le propre de l'humain*, Paris, La Découverte.

SIMONDON G. (1989 [1958]), *Du mode d'existence des objets techniques*, Paris, Aubier.

SÖDERSTRÖM O. (2000), *Des images pour agir: le visuel en urbanisme*, Paris, Payot.

REPRÄSENTATIONEN DER JAPANISCHEN URBANITÄT*

Augustin Berque

Das französische Wort *urbanité* (=„städtische Gewandtheit/Höflichkeit") bezeichnet für gewöhnlich eine bestimmte Verhaltensqualität. Diese Bedeutung leitet sich etymologisch von der Stadt aller Städte ab, der römischen *urbs*, doch die Konnotation des Städtischen ist heute im Französischen in den Hintergrund getreten. Hier werde ich den Begriff der Urbanität jedoch nicht nur verwenden, um ein bestimmtes, stadttypisches Verhalten zu bezeichnen, sondern um im allgemeineren Sinne auszudrücken, was aus japanischer Sicht das Wesen der Stadt mit all ihren Attributen ausmacht, d.h. ab wann man von „Stadt" spricht, sowohl im Hinblick auf das Verhalten der Menschen als auch auf den materiellen Rahmen, in dem ihr Verhalten stattfindet.

So definiert, erscheint Urbanität sofort als zu vielgestaltig, als dass sie sich für eine kurze Analyse eignen würde. Ich werde sie daher unter einem bestimmten Blickwinkel betrachten. Es gilt herauszufinden, inwieweit in japanischen Städten der für den japanischen Kulturraum typische Bezug zur Natur und zum Raum Ausdruck gefunden hat, da diesem Bezug eine ganz bestimmte Bedeutung zugrunde liegt. Ich nenne diese Bedeutung *médiance* (Berque 1986, 1990) und verorte sie zwischen dem Ökologischen und dem Symbolischen, dem Physischen und dem Phänomenalen.

Unter diesem Aspekt geht es eher darum zu definieren, was bestimmte Kategorien von Repräsentationen der Urbanität (bildlich, literarisch oder andere) verbindet, statt sie innerhalb ihres je eigenen Rahmens zu analysieren. Diese Präsentation wird also unweigerlich etwas eklektisch ausfallen. Ausgehend von den Ursprüngen der Stadt in Japan, wird sie vorgeben, aus der Geschichte nur das zu berücksichtigen, was die Extremform japanischer Urbanität erklären kann – die heutigen *sakariba* in Tokio als Wahrzeichen der Postmoderne.

DER BEZUG ZUR NATUR

Es war sicher entscheidend, dass es in Japan noch keine Städte gab, als ihm im 7. Jahrhundert das Modell der Hauptstadt des seinerzeit zivilisiertesten Landes China aufgepfropft wurde. Es war eine vollständig rurale Gesellschaft (abgesehen von wenigen Jägern, Fischern und Sammlern), die nur temporäre [|2] Märkte kannte, der damals das Paradigma der kultiviertesten Urbanität übergestülpt wurde.

---

* Zuerst erschienen unter dem Titel „Représentations de l'urbanité japonaise", Géographies et cultures, Nr. 1, 1992, S. 72–80. Aus dem Französischen übersetzt von Nicole Stange-Egert, durchgesehen von den Herausgebern.

Dieses ursprüngliche Überstülpen ist mitunter der Grund dafür, dass sich die Stadt in Japan nie ganz von der Natur getrennt hat.

Dies zeigt beispielsweise der Begriff *miyako*, den man als Entsprechung von *urbs* betrachten kann. Die kaiserliche Hauptstadt (Heian-kyō nach 794) war lange Zeit die einzige Stadt Japans, abgesehen von Verwaltungssitzen, die oft nur unbedeutende Kopien der Hauptstadt waren. Statt jedoch auf diese aus China übernommene Einheit den chinesischen Begriff *ducheng* anzuwenden, wurde im Sprachgebrauch das altjapanische *miyako* beibehalten. Dieses Wort an sich hatte keinen Bezug zum Urbanen: Es war der Ort (*ko*) des *miya*, des heiligen (*mi*) Hauses (*ya*) des Priesterkönigs. Das Wort *Miyako* ist heute veraltet, doch *miya* bezeichnet noch immer einen Shintō-Tempel (und per Metonymie einen kaiserlichen Fürsten). Der Begriff konnotiert die Natur doppelt: ökologisch durch den heiligen Wald (*miya no mori*), der das *miya* umgibt, sowie symbolisch, da die animistische Religion des Shintō ihre Referenzen (Berg, Meer) im ursprünglichen Raum der Natur ansiedelt. So hat sich in Japan die Idee von der Stadt in Ausrichtung auf die Natur durchgesetzt.

Diese Grundausrichtung kommt ebenfalls in dem Begriff *miyabi* zum Ausdruck, der einige Jahrhunderte lang vornehme Manieren und erlesenen Geschmack bezeichnete. Während sich im Französischen Wörter wie *politesse* (= Anstand), *civilité* (= Höflichkeit) und *urbanité* (= städtische Gewandtheit) vor allem auf das Verhältnis der Menschen untereinander im bebauten Raum der Stadt beziehen[**], bezieht sich *miyabi* auf das spürbare und ästhetische Verhältnis des Menschen zur Natur. Das *miyabi* – von dem uns das *Genji monogatari*[1] beispielsweise eine detaillierte Repräsentation hinterlassen hat – manifestierte sich vor allem in der Kunst, das Empfinden der Natur in Poesie, Kleidung und Gärten auszudrücken. Zikaden, den Mond oder Ahornbäume so zu schätzen, wie es sich ziemte: Danach beurteilte man städtische Manieren.

Nach einer Zeit der Wirren, in der das Naturempfinden fernab der Stadt beispielsweise durch den Wanderpoeten Saigyô (1118–1190) oder den Eremiten Kamo no Chōmei (1155–1216) geprägt wurde, kamen während der Muromachi- und Momoyama-Epochen (14.–16. Jh.) diese antistädtischen ästhetischen Modelle in der Stadt wieder auf und fanden hier einen vollendeten Ausdruck in Form der Teezere-

[**] Es ist nicht ganz leicht, diese französischen Begriffe im Deutschen gegeneinander abzugrenzen. „politesse" ist wohl die „niedrigste" Kategorie, die noch am ehesten „grundlegenden Anstand" im Sinne von „bitte" und „danke" sagen bezeichnet; „civilité" bezeichnet die „Höflichkeit im Sinne der Zivilisiertheit bzw. des Staatsbürgertums", wobei das Konzept des Staatsbürgers in Frankreich wegen des Bezugs zur Französischen Revolution einen höheren Stellenwert haben dürfte als im Deutschen; und „urbanité" bezeichnet die Höflichkeit im Sinne gewandter, geschliffener, „städtischer" Manieren in Abgrenzung zu den derberen, provinzielleren Manieren der Landbevölkerung. Man könnte daraus jetzt ein historisches „Ranking" konstruieren (weil „politesse" auf „polis" zurückgeht, „civilité" auf „civilitas" und „urbanité" auf „urbs"), aber das findet man in den heutigen Bedeutungen der Wörter im Französischen nicht wirklich abgebildet. (Anmerkung der Übersetzerin)

1   Roman aus dem 11. Jahrhundert, von einer Hofdame geschrieben, Murasaki Shikibu. Ins Französische übersetzt von René Sieffert unter dem Titel *Le Dit de Genji*. [Dt. „Die Geschichte vom Prinzen Genji", vollständige Ausgabe aus dem Original übersetzt von Oscar Benl, 2 Bände. Manesse, Zürich 2014 (A. d. Ü.)]

monie (*sadō*), des Teepavillons (*chashitsu*) sowie des Gärtchens, das dorthin führt (*roji*). Die Formen des *sadō*, eines Musterbeispiels städtischer Manieren, dem sich Händler wie Krieger unterzogen, finden dabei im Rahmen einer Naturmetapher statt: Mit seiner Enge sowie in seiner Auswahl der Gestaltungsmaterialien ist der *chashitsu* ein Abbild der Schutzhütte in den Bergen und ein Symbol für die Vergänglichkeit des Lebens in dieser Welt; zudem erinnert das *roji* mit seinen Steinen (den „japanischen Tritten") an den steinigen und beschwerlichen Bergpfad, der den schwierigen Weg hin zur reinen Welt der Buddhaschaft symbolisiert.

Diese Ästhetik hat die Entwicklung des traditionellen japanischen Hauses tiefgreifend beeinflusst (Pezeu-Massabuau 1981), und in den Pavillons mit [l3] Gärtchen, in denen heute ein Großteil der Tokioter Bevölkerung lebt, findet man sie vielfach widergespiegelt. Von einem Abbild zum nächsten ist es also eine idealisierte Repräsentation des Natürlichen, die das Wohnmodell der größten Stadt der Welt inspiriert hat. Die daraus resultierende unbegrenzte Ausbreitung wird zwar durch Modernisierungsprozesse verstärkt, ist jedoch auch nicht weniger Ausdruck einer grundlegenden Ununterscheidbarkeit zwischen Stadt und Umgebung. Ebenso wie das antike *miyako* von seinem chinesischen Vorbild nicht die Stadtmauern übernommen hatte, musste auch Edo (Tokio), von 1603 bis 1868 Hauptstadt des Tokugawa-Shogunats, die ersten europäischen Reisenden mit seiner morphologischen Kontinuität gegenüber dem Land beeindrucken (Siary 1988). Dasselbe Merkmal prägt noch immer das Gebiet, das im 20. Jahrhundert die Megalopole Tōkaidō geworden ist.

Sowohl in den städtebaulichen Formen als auch im körperlichen Verhalten hat sich die Urbanität in Japan demnach anders als in der für uns als grundlegend konzipierten Trennlinie zwischen Stadt und Nicht-Stadt (d.h. Stadt *vs.* Natur oder Land) etabliert.

DER BEZUG ZUM RAUM

Diese geringe Integration der Stadt als solcher entbehrt auch nicht einer Tendenz, die heute in der folgenden Redensart zum Ausdruck kommt: „Japan hat zwar Architektur, aber keine Stadtplanung". Natürlich ist diese Formel grob vereinfachend. Sie vernachlässigt historische Fakten wie die Welle der Gründungen von *jōkamachi* im 16.–17. Jahrhundert, jener Städte unterhalb von Burgen mit rasterartigen Grundrissen – ein Phänomen, das in dieser Ausprägung vielleicht weltweit einzigartig ist. Auch wäre es absurd zu behaupten, die Stadtentwicklung in Japan sei nie von irgendeiner Gesamtplanung geleitet gewesen. Ich würde hier gern die Idee entwickeln, dass solche Planungen durchaus stattfanden oder stattfinden, jedoch auf anderem Gebiet und mit anderen Bezugspunkten, als sie aus unserer Sicht für die Kontrolle der Städte relevant sind.

Gehen wir von zwei Landschaften aus, einerseits Marne-la-Vallée, andererseits Tsukuba, beides neue Städte. Die eine präsentiert sich als in sich abgeschlossene Einheit, die andere bildet ein vages Konglomerat, dessen Haupt(verkehrs)achsen eher durch Vororte führen, als die Stadt zu strukturieren. Im Hinblick auf die zeitgenössische Stadtplanung macht dieser Gegensatz einen Unterschied deutlich, der bereits in der Frühzeit der Geschichte sichtbar wurde. Romulus begründet den Raum der römischen Urbanität, indem er eine Grenze zieht. Ebenso ist die chinesische Stadt von einer Mauer umgeben. Die *miyako* dagegen bildet lediglich einen Pol innerhalb eines Raumes, der einheitlich dem Staat untersteht. Stadt und Land sind demselben Prinzip des orthogonalen Rasters unterworfen, dessen Haupt(verkehrs)achsen ineinander übergehen. Der einzige Unterschied ist die Detailliertheit des Rasters, die beim städtischen *jōbō* natürlich feiner ist als beim ländlichen *jōri*.

Dieses Raumkonzept geht auf die Zuteilungsnormen und orthogonalen Raster des Brunnenfeldsystems (*jingtian fa*) zurück, das in China zur Zeit der Streitenden Reiche (5.–3. Jh. v. Chr.) ausgearbeitet wurde. Japan hat es in einem in China ungekannten Ausmaß systematisiert: mithilfe einer ganzen Hierarchie von Bezugsgrößen, die im Laufe der Jahrhunderte eingeführt wurden, hat es hier, u. a. durch das Modul des *tatami*, bis hin zur architektonischen Gestaltung einzelner Räume und der entsprechenden Körperhaltungen alles normiert. Von den Formen im Raum (Reisfeldern, Architektur usw.) bis hin zu den Formen in der Zeit (Gebräuche, Riten usw.), strebte [|4] die gesamte japanische Ökumene so danach, sich einem einheitlichen staatlich-geometrischen Paradigma anzupassen, in dem die Unterscheidung Stadt/Land als ganz sekundär erscheint und in dem sich die „Stadt" als solche nicht als eigenständige Einheit herauslöst.

Mit anderen Worten hat die Kontinuität vom Makrokosmos (der Ökumene) zum Mikrokosmos (dem Wohnraum) den Mesokosmos der Stadt abgewertet. Dieser hat im Gegensatz dazu in unserer Geschichte eine vorrangige Rolle gespielt, von der griechischen Stadt über die mittelalterlichen Gemeinden bis hin zum Diskurs der Stadtplaner von Marne-la-Vallée (Ostrowetsky 1983). Es ist bezeichnend, dass das Japan der Zeit der Bürgerkriege (15.–16. Jh.) durchaus einige autonome und von Wällen umgebene Städte kannte, die entweder religiösen oder merkantilen Ursprungs waren, doch die Wiederherstellung der Zentralmacht hat sie bald wieder abgeschafft.

Der gesamte Raum, der nach einem Modell gestaltet ist, das man als kaiserliches Paradigma bezeichnen könnte, erscheint paradoxerweise in vieler Hinsicht als Zusatzmerkmal der japanischen Räumlichkeit. Diese zeigt im Gegenteil eine tiefergreifende und allgemeinere Tendenz, Orte nach proxemischen oder topologischen Verhältnissen zu ordnen, bei denen geometrische Elemente letztendlich nur mehr oder weniger große Fragmente zu bilden scheinen. Nimmt man den antiken Staat und die Kolonisierung Hokkaidōs unter Meiji aus, so war die Geschichte der Städte Japans eher von Proxemik als von Geometrie bestimmt. Selbst als die orthogonalen Modelle angewandt wurden, wie dies bei den *jōkamachi* und insbesondere in der größten von ihnen, Edo, der Fall war, erfolgte dies nur in bruchstückhafter Form und ansonsten nach lokalen Referenzpunkten, nicht nach den Himmelsrichtungen. In Edo zum Beispiel waren diese Referenzpunkte der Berg Fuji, der Berg Tsukuba, der Wehrturm der Shogun-Festung usw. Sie variierten je nach dem Ort, von dem aus sie sichtbar waren. Deshalb erhielt die Unterstadt (*shita-machi*) eine Mosaikstruktur aus Gittern mit unterschiedlicher Ausrichtung, die Struktur der Oberstadt (*yamanote*) dagegen richtete sich nach dem örtlichen Relief.

Diese proxemische Tendenz, die im völligen Gegensatz zur Allgemeingültig-
keit des kaiserlichen Paradigmas steht, hat die Entwicklung der japanischen Großstädte nicht nur unter den Tokugawa, sondern auch nach der Restauration von Meiji
geleitet. Sie ist vor allem in der heutigen Zeit spürbar, in der sich Japan in der Lage
fühlt, sie gegenüber westlichen Modellen zu rechtfertigen, die es ein Jahrhundert
lang auf diesem Gebiet vergeblich zu imitieren versucht hat. Seit Meiji sind, mit
Ausnahme von Hokkaidō, alle Versuche der Einführung eines Urbanismus „nach
westlichem Vorbild" in den japanischen Großstädten in der Tat begrenzt geblieben,
oder sogar abgebrochen worden. So gesehen könnte man zu dem Schluss kommen,
die Geschichte der modernen Stadtplanung in Japan wäre im Prinzip nur eine Ab-
folge von Niederlagen. Unter anderen Aspekten jedoch – das ist vor allem eine
Frage nach dem *Sinn* – hat sich seit rund 20 Jahren herauskristallisiert, dass die japanischen Städte von heute ein Erfolg sind. In Tokio sind zum Beispiel die Probleme der meisten internationalen Megalopolen unbekannt. Nicht nur, dass die
Dinge dort funktionieren und die Menschen sicher sind, es handelt sich auch um
eine Stadt, in der man die Urbanität oft unbestreitbar genießt.

Wie lässt sich das erklären? Hierzu musste man sich von den Paradigmen der
westlichen Stadtplanung, die andere Kriterien anlegt, lösen. Es galt, eine eigene
Ordnung – sei sie auch noch so „versteckt" (Ashihara 1986) – in dem zu finden, was
man bisher übereinstimmend als Unordnung betrachtet hatte. Dieser Thematik wid-
meten sich eine Reihe von Fachpublikationen, im Wesentlichen verfasst von Architekten (Inoue 1969, Maki 1980, Jinnai 1985, Shinohara 1987 usw.), die mit jeweils
verschiedenen Ansätzen zu zeigen versuchen, dass sich der Raum in der japanischen Stadt tendenziell flexibel [l5] einer Kombination verschiedener Polaritäten
anpasst, statt sich strikt an klar definierte Trennungen und Kategorien zu halten.
Und man muss Tokios Flexibilität der Pariser Erstarrung gegenüberstellen …

In diesem Diskurs steckt natürlich auch ein Teil Selbstrechtfertigung, der viele
tatsächliche Probleme der japanischen Stadt verharmlost, insbesondere ihre relativ
schlechte Ausstattung und ihre Diskriminierungen (Bourdier und Pelletier 1987);
dennoch steht fest, dass dieser Diskurs, und in erheblich stärkerem Maße noch die
materielle Umsetzung der japanischen Urbanität, nicht nur die Japaner überzeugt.
Diese Urbanität geht gleichzeitig im Westen als Modell durch, das schon vor langer
Zeit vorweggenommen hat, was wir „Postmoderne" nennen. Vom Architekten bis
zum Soziologen (Maffesoli 1990) sehen daher viele heute in Japan das, was vielleicht die Stadt der Zukunft sein könnte.

Sicher unterliegt man hier kaum weniger Illusionen als im umgekehrten Fall,
als seinerzeit die japanischen Stadtverwalter von den europäischen Städten faszi-
niert waren und sich überlegten, Tokio nach dem Vorbild von Paris oder Berlin zu
gestalten (Ishizuka und Ishida 1988); denn Urbanität lässt sich nicht verpflanzen, es
sei denn in einzelnen Bruchstücken. Das zeigt sich am Beispiel der Originalität der
sakariba, jener Zentren der japanischen Urbanität.

DAS WESEN DER JAPANISCHEN URBANITÄT

Sakariba bedeutet wörtlich „Ort (*ba*) der Entfaltung (*sakari*)". Der Begriff wird als Bezeichnung für die lebendigen und modernen Vergnügungsviertel verwendet, in denen kommerzielle und Freizeitangebote dominieren und die man vor allem besucht, um zu sehen oder gesehen zu werden, weil hier das Leben spielt. Die *sakariba* definieren sich also in erster Linie durch ihren Zulauf. Es gibt auch zeitlich befristete Versionen – zum Beispiel die Weltausstellungen, so wie die in Osaka 1970 oder die in Tsukuba 1985. Andere blicken auf eine recht lange Geschichte zurück – Ginza (in Tokio) entstand zum Beispiel in den 1920er-Jahren. Ihnen allen ist jedoch gemeinsam, dass sie dem Zeitgeschmack unterworfen und damit gefährdet sind, aus der Mode zu kommen und durch andere *sakariba* ersetzt zu werden. Diese Vergänglichkeit ist besonders ausgeprägt in Tokio, in dem riesigen Geflecht, aus dem im Laufe der Generationen immer wieder neue *sakariba* hervorsprießen. Die alten können übrigens auch im Zuge einer neuen Mode wiederbelebt werden. So hat Asakasusa, das durch Ginza abgelöst wurde, in den 1980er-Jahren dank der Retro-Mode einen gewissen Wiederaufschwung erlebt.

Es ist schwer zu erklären, inwiefern die *sakariba* spezifisch japanisch sind, auch wenn es nur allzu offensichtlich ist, dass sie es sind. Die Schwierigkeit liegt in dieser Offensichtlichkeit selbst begründet. Die *sakariba* können aufgrund der Tatsache, dass sie Japaner anlocken, als paroxystischer Ausdruck ihrer Vorlieben betrachtet werden. Dann besteht aber die Gefahr, in eine tautologische Interpretation des Phänomens hineinzurutschen: Die *sakariba* seien typisch japanisch, weil sie die Vorlieben der Japaner aufzeigten. Diese Form der Interpretation herrscht zum Beispiel in der Publikation von Zaino Hiroshi, *Kaiwai* vor (das Wort *kaiwai*, das man allgemein mit „Viertel" oder „Nachbarschaft" übersetzen könnte, wird hier im gleichen Sinne gebraucht wie *sakariba*). Unter der Annahme, dass die *kaiwai* per Analogie die Charaktere der japanischen Kultur aufzeigen würden, geht der Autor tatsächlich nach all diesen Charakteren auf die Suche und führt sie in einer Liste auf, die nicht weniger als 27 Merkmale umfasst (S. 29). Über einen anderen Ansatz zeigt Yoshimi Shunya, dass die *sakariba* die dominierenden Vorlieben einer Zeit festhalten, dass die *sakariba* also einer Historizität unterlägen. Ginza entstand [|6] zum Beispiel nach dem großen Erdbeben von 1923, parallel zum Aufkommen einer Urbanität, die sich von der Tradition löst: Es wurde zum Tummelplatz der *mobo* (von *modern boys*) und *moga* (*modern girls*), die hier unterwegs waren und die neuen Trends prägten. Die Shinjuku-Welle in den sechziger Jahren ist untrennbar mit den Moden, Sehnsüchten und Revolten jener Massen von jungen Provinziellen verbunden, die zur Zeit des großen Wachstums in die Hauptstadt zogen. Und heute offenbart die Welle von Roppongi, Aoyama oder Shibuya noch einen weiteren Typus der Urbanität: den einer Gesellschaft, die auf dem Zenit des Überflusses angekommen ist. So ist die Geschichte der *sakariba* sowohl eine Vorwegnahme als auch – teilweise stark überzeichnet – ein stark verdichteter historischer Abriss der japanischen Mentalitäten.

Im Übrigen ist klar, dass die *sakariba*, auch wenn sie zutiefst japanisch sind, Japan nicht vollständig widerspiegeln. Sie spielen hier vielmehr eine Sonderrolle, worauf schon ihr Name hindeutet: Hier entfalten sich (*sakaru*) Dinge, die es anderswo nicht können; entweder weil die Gesellschaft sie anderswo verbietet oder beschränkt oder weil sie noch nicht bereit ist, ihnen Raum zu geben. Die *sakariba* haben damit eine ambivalente Rolle: Sie sind zugleich Indikatoren und Ventile sozial verdrängter Bedürfnisse, und sie sind Kondensatoren des Idealen, aus dem heraus soziale Projekte entstehen. In gewisser Weise geben sie dem freien Lauf, was zu einer gegebenen Zeit eben noch nicht das „normale" Japan ausmacht. Für das normale Japan sind sie sowohl ein Anderswo als auch ein Jenseitiges.

Diese Funktion einer Gegenwelt war besonders offensichtlich unter den Tokugawa, deren polizeiliche Ordnung nicht nur das fleischliche Vergnügen in bestimmte Viertel verbannte, die von einem Graben umgeben waren – so wie Yoshiwara in Edō, sondern die ganz allgemein dazu neigte, alles an den Stadtrand zu verbannen, was die herrschende Ordnung bedrohen konnte; also genau das, was es an kreativen Impulsen in der Kultur jener Zeit gab, zum Beispiel das *kabuki*-Theater. Vergnügungen wurden zwar zugestanden, aber nur in dem Maße, wo sie räumlich eindeutig vom normalen Lebensalltag getrennt waren (Karaki 1976; Yoshimi 1987; Jinnai 1989). Die *sakariba* bildeten also die Kehrseite der Stadt (Kurimoto 1981). Sie waren ein Raum-Zeit-Gebilde einer anderen Dimension.

Diese Dimension war noch im Asakusa der Meiji-Epoche spürbar. Yoshimi zeigt deutlich die Umkehr der Perspektive, die, als Ginza es in der öffentlichen Gunst ablöste, nun die Zukunft zum Bezugspunkt der Mode erklärte. Er zeigt auch die Homologie, die dem modernen Ideal eines Ginza aus der Zeit zwischen den beiden Weltkriegen das postmoderne Ideal von Shibuya oder Aoyama der 1980er-Jahre gegenüberstellt. Dem *modan* (von *modern*) der Ersteren entspricht das *naui* (von *now*) Letzterer. Im einen wie im anderen Fall erhält das *sakariba* eine eindeutig positive Dimension. Es ist nicht länger die Kehrseite der Stadt, sondern ihre extreme Vorderseite, die Vorbühne, auf der gezeigt wird, was morgen vielleicht das ganz normale Leben ist.

Ein wesentlicher Unterschied trennt allerdings das *modan* vom *naui*. Ungeachtet ihrer Originalität war für eine *sakariba* wie Ginza die treibende Kraft die Imitation des Westens. Die Zukunft schien in Amerika oder Europa vorausbestimmt zu werden. In Shibuya oder Aoyama findet die Zukunft vor Ort statt, mit allen Zweifeln und Möglichkeiten, die das mit sich bringt. Man spielt hier übrigens sogar damit, weil die Gesellschaft dies anderswo unterdrückt oder beschränkt. Und so sind die *sakariba* von Tokio zum Mekka der postmodernen Architektur geworden und locken Entwickler aus aller Welt an, die davon träumen, hier ihr Genie in Szene zu setzen. In Aoyama beispielsweise hat Philippe Starck sein Bürogebäude Nani-Nani (japanisch für „Hä? Was?") verwirklicht, von dem man durchaus annehmen kann, dass es am Boulevard Haussmann abgelehnt worden wäre. Unter diesem und noch einigen [17] anderen Aspekten wird die Urbanität der *sakariba* in der Weltstadt, die Tokio heute geworden ist, im planetaren Maßstab repräsentiert.

SCHLUSSFOLGERUNG

Inwiefern gehen die heutigen *sakariba*, in denen sich die Postmoderne austobt, auf vorhergehende Tendenzen der japanischen Urbanität zurück? Auf den ersten Blick erscheint es müßig, eine Verwandtschaft zwischen beispielsweise Starcks Nani-Nani und dem antiken *miya* zu finden; abgesehen vielleicht von den grünlichen Rundungen des Nani-Nani, die an das Laub eines heiligen Waldes erinnern … Natürlich muss man über solche Bilder hinausblicken, ohne sie jedoch komplett zu verwerfen, weil sie zu der Atmosphäre beitragen, die Urbanität prägen.

Vom ursprünglichen Bezug der japanischen Stadt zur Natur haben die *sakariba* wie Shibuya sicherlich ihre Spontanität, ihren Trubel, ihre Vergänglichkeit übernommen. Allerdings sind dies hier Merkmale der (wenngleich japanischen) Natur, die eine Stadt nur auf dem Umweg über Metaphern zum Ausdruck bringen kann, deren kulturelle Mechanismen man definieren muss. Unter diesem Aspekt erscheint bezeichnend, dass das Wort *sakari* sowohl Blumen als auch Frauen in ihrer Blütezeit beschreibt. Der Begriff *sakariba* erinnert also an den Wandel der Jahreszeiten und des Lebensalters, ein Phänomen, das der Mensch nicht willentlich bestimmen kann. Bezeichnend ist außerdem, dass *sakariba* auch fernab der Zentrumsviertel entstehen können, zum Beispiel in Kichijōji (Tokio). In der unbegrenzten Fläche der Megalopole kann Urbanität da emporsprießen und sich verdichten, wo wir sie nur als Vorort wahrnehmen. Dieses von Flexibilität und Zufälligkeit geprägte Phänomen drückt in verschiedener Hinsicht die topologische oder proxemische Tendenz japanischer Räumlichkeit aus, und zusätzlich die grundlegende Nichtunterscheidung zwischen Stadt und Land. Hier wird Urbanität nicht begrenzt, sie bildet Pole.

Vergessen wir jedoch nicht, dass die Geschichte der japanischen Städte auch umfassend von einer entgegengesetzten Strömung geprägt wurde: der demiurgischen Tendenz dessen, was ich das kaiserliche Paradigma nenne. Der japanische Staat, das macht Tsukuba deutlich, hat heute nur wenig Kontrolle über die Entstehungsprozesse einer Stadt, und erst recht nicht die Fähigkeit, Urbanität zu steuern. Diese Fähigkeit stellen im Gegenzug große Verkehrs- und Handelsunternehmen eindrucksvoll unter Beweis. Die aktuelle Welle von Shibuya ist daher größtenteils dem Erfolg des Seibu-Konzerns zu verdanken, der hier durch das Unternehmen Parco vertreten ist. Durch die Wahl seiner Standorte, die Organisation seiner Geschäftszweige und die gezielte Ansprache seiner Kunden hat er ein Viertel buchstäblich in Szene gesetzt, das bis dahin kaum frequentiert wurde und innerhalb weniger Jahre zur *sakariba* wurde (Yoshimi 1987; Taki 1994). Kultur (Theater, Konzerte usw.) und Kommerz sind absichtlich miteinander kombiniert. Diese Wechselbeziehung hat zwar schon immer die *sakariba* ausgezeichnet, doch mit Parco in Shibuya offenbart sie nun eine planerische Absicht, die zu einer Zeit, als diese Viertel noch die Kehrseite der Stadt bildeten, keine Rolle spielte. Heute scheint die wahre Macht, nämlich die der Unternehmen, direkt zu steuern, was früher in ihren Randbereichen angesiedelt war.

Dieses geschickte Konzept unterliegt jedoch selbst einer instabilen Größe: den Trends der Gesellschaft, die im Zuge neuer Moden immer danach streben, sich neue Erfüllungsorte zu suchen. Die Flexibilität dieser gegenseitigen Anpassung zeugt offensichtlich, so postmodern sie auch sein mag, von einem traditionellen Charakter der japanischen Urbanität.

[l8] BIBLIOGRAFIE

A + Architecture urbanisme design, Sonderausgabe zum Thema Japan von J. L. CAPRON, 1989, 3.

Architecture d'aujourd'hui, le Nani-Nani de Starck, 1990, 270, 78–80.

ASHIHARA YOSHINOBU, 1986, *Kakureta chitsujo*. Tôkyô: Chuôkôronsha. (Übers.: *The Hidden Order*. Tôkyô: Kôdansha International, 1989).

BERQUE AUGUSTIN, 1982, *Vivre l'espace au Japon*. Paris, PUF.

BERQUE AUGUSTIN, 1986, *Le Sauvage et l'artifice: les Japonais devant la nature*. Paris, Gallimard.

BERQUE AUGUSTIN, 1990, *Médiance: de milieux en paysages*. Montpellier, Reclus.

BERQUE AUGUSTIN, 1993, *Du Geste à la cité. Formes urbaines et lien social au Japon,* Paris, Gallimard.

BOURDIER MARC & PELLETTIER PHILIPPE, 1987, Ville, esthétisme et néo-culturalisme, in A. BERQUE (Hrsg.) *La Qualité de la ville: urbanité française, urbanité nippone*. Tôkyô, Maison franco-japonaise, S. 311–317.

INOUE MITSUO, 1969, *Nihon kenchiku no kûkan*. Tôkyô, Kajima Shuppankai (Übers.: *Space in Japanese Architecture*. New York: Weatherhill, 1985).

ISHIZUKA HIROMICHI & ISHIDA YORIFUSA (1988) *Tôkyô: urban growth and planning 1868–1988*. Tôkyô: Center for Urban Studies, Tôkyô Metropolitan University.

JINNAI HIDENOBU, 1985, *Tôkyô no kûkan jinruigaku*. Tôkyô, Chikuma Shobô.

JINNAI HIDENOBU, 1989, *Edo-Tôkyô no mikata shirabekata*. Tôkyô, Kajima Shuppankai.

KARAKI JUNZÔ, 1976, *Nihonjin no kokoro no rekishi*. Tôkyô, Chikuma Shobô, 2 Bde.

KURIMOTO SHINICHIRÔ, 1981, *Hikari no toshi, yami no toshi*. Tôkyô, Seidosha.

LINHART SEPP, 1986, *Sakariba*: Zone of „Evaporation" Between Work and Home? in J. HENDRY & J. WEBBER (Hrsg.) *Interpreting Japanese Society*. Oxford, JASO, S. 198–210.

MAFFESOLI MICHEL, 1990, *Au creux des apparences*. Paris, Plon.

MAKI FUMIHIKO, 1980, *Miegakure suru toshi*. Tôkyô, Kajima Shuppankai.

NISHIKAWA KÔJI, 1973, *Toshi no shisô*. Tôkyô, NHK.

OSTROWETSKY SYLVIA, 1983, *L'imaginaire bâtisseur*. Paris, Méridiens Klincksieck.

PEZEU-MASSABUAU JACQUES, 1981, *La Maison japonaise*. Paris, Publications orientalistes de France.

SHINOHARA KAZUO, 1987, D'anarchie en bruit aléatoire, in A. BERQUE (Hrsg.) *La Qualité de la Ville: urbanité française, urbanité nippone*. Tôkyô: Maison franco-japonaise, S. 103–111.

SIARY GÉRARD, 1988, *Les Voyageurs européens au Japon de 1853 à 1905*, unveröffentlichte Doktorarbeit, Université de Paris IV.

TAKI KÔJI (1994), Rhétorique de la rue, in A. BERQUE (Hrsg.) *La maîtrise de la ville: urbanité française, urbanité nippone, II*. Paris, Editions de l'EHESS.

YOSHIMI SHUNYA, 1987, *Toshi no doramatourgî: Tôkyô sakariba no shakaishi*. Tôkyô, Kôbundô.

ZAINO HIROSHI, 1978, *Kaiwai: Nihon no toshin kûkan*. Tôkyô, Kajima Shuppankai.

IV. ZU EINER THEORIE DES URBANEN

URBANITÄTSMODELL[*]

Jacques Lévy

Intentionale, formalisierte Repräsentation auf individueller, kollektiver oder gesellschaftlicher Ebene von wünschenswerten Zuständen, Erinnerungen und Zukunft für die Stadt, den urbanen Raum und die Urbanität.

Das Wort „Modell", um das es geht, ist hier axiologisch und performativ zu verstehen. Es entspricht nicht einer Theorie, sondern einer konkreten Repräsentation vonseiten „gewöhnlicher" Individuen und Kollektiven der Gesellschaft oder vonseiten der Gesellschaft in ihrer Gesamtheit. In dieser Hinsicht wird es zum Gegenstand der Forschung und Erkenntnis. Die Arbeit des Forschers besteht in diesem Fall darin, Stadtmodelle zu erläutern, die von den Mitgliedern einer Gesellschaft formuliert werden.

Dass in einer Gesellschaft, ob urban oder nicht, Bilder von einer erwünschten urbanen Zukunft kursieren, ist nicht neu. Seit es die Stadt gibt, vielleicht sogar vorher, hat sie auch als Entwurf existiert, sowohl als konkretes Handlungsprogramm als auch als Utopie (und oft als Mischung aus beidem), wie es die Texte der alten Griechen, allen voran Plato, immer wieder bezeugen. Außerdem hat die Definition und spätere Schaffung und Herausbildung des Fachgebiets Stadtplanung im Gefolge von Ildefons Cerdà im Europa der zweiten Hälfte des 19. Jahrhunderts ein professionelles Umfeld entstehen lassen, dessen legitime Kompetenz mitunter auf die Fähigkeit zurückging, solche Repräsentationen vorzustellen und zu entwickeln. Die Debatte entspann sich in der Tat zwischen verschiedenen Theoretikern, die sich mit unterschiedlichen Abstufungen und Varianten (wobei die von Ebenezer Howard mit der Gartenstadt sicher am eindeutigsten war) entweder aufseiten der von Camillo Sitte vertretenen „Historisten" verorten ließen oder auf der der „Progressisten", die bald durch Le Corbusier und die Charta von Athen (1933) symbolisiert wurden. Die Bewegung der Moderne entspricht dem Höhepunkt einer Kommunikationsstrategie, mit der sich die Stadtplaner direkt auf politischer Ebene einbrachten und dort mit anderen „Ingenieuren" und Entscheidungsträgern in Dialog traten.

Neue Denker der Urbanität. Neu ist seit Ende des 20. Jahrhunderts, dass die Debatte allmählich aus dem Kreis der Stadtexperten (im weitesten Sinne) herausgetreten ist. Ein Urbanitätsmodell, wie es hier definiert wird, ist eine soziale Repräsentation, die nicht nur in expliziten politischen Debatten, sondern auch in den Handlungsschemata derjenigen stark präsent ist, welche die Stadt formen, nämlich denen

[*] Zuerst erschienen unter dem Titel „Modèle d'urbanité" in: Jacques Lévy & Michel Lussault (Hrsg), 2013, *Dictionnaire de la géographie et de l'espace des sociétés*, Paris, Belin, S.1055–1060 (1. Aufl. 2003). Aus dem Französischen übersetzt von Nicole Stange-Egert, durchgesehen von den Herausgebern.

der Bürger. Es ist die Folge aus zwei teilweise getrennt ablaufenden Demokratisierungsprozessen: die Einbeziehung aller Einwohner in die öffentliche Entscheidungsfindung, aber auch das Auftauchen zahlreicher urbaner Akteure, die die Debatte über die Stadt aus dem akademischen Kreis herausnimmt. [|1056] Ein Urbanitätsmodell ist eine Repräsentation, die als Bestandteil eines Handelns verstanden werden kann, und das ändert die Problemstellung signifikant. Zwar sind in gewisser Weise die Gegensätze zwischen dem funktionalistischen Hygienismus und eine dem Kulturerbe verhafteten Konservatismus nicht verschwunden, so haben sich doch einerseits die Trennlinien verschoben und sich andererseits vor allem die Art und die Fragestellungen der Debatte verändert. Die breite Öffentlichkeit ist nicht länger nur ein mehr oder minder interessierter Zuschauer der Diskussionen unter Fachleuten, sondern bringt sich selbst ein und entscheidet. Die USA sind in dieser Hinsicht Vorreiter: Die wichtigen Richtungsänderungen in der strukturellen Gestaltung des urbanen Raumes, insbesondere erste Formen des *urban sprawl* (Zersiedelung) durch die Straßenbahn und der *urban flight* (die Stadtflucht) durch das Auto, waren eher das Ergebnis von Entscheidungen eines Teils der Einwohner als das eines Kurswechsels der politischen Doktrin der Regierung.

In der gegenwärtigen Welt gibt es allerdings im Grunde genommen nur zwei relevante Stadtmodelle, die man einerseits als *Amsterdam-Modell* und andererseits als *Johannesburg-Modell* bezeichnen kann. Es handelt sich um Urbanitätsmodelle in dem Sinne, dass sie nicht auf einer eigentümlichen urbanen Morphologie beruhen, sondern auf der Grundlage dessen, was eine Stadt zur Stadt macht, also auf den Möglichkeiten, die urbane Option zu gestalten. In dem einen Fall wird die Konfrontation mit dem Andersartigen, die Teil des Prinzips der Urbanität ist, abgelehnt, im anderen wird sie umgesetzt, was für jede der beiden Optionen erhebliche Folgen hat. Die untenstehende Tabelle fasst den Gegensatz zusammen.

Die beiden großen Urbanitätsmodelle

	„Amsterdam"	„Johannesburg"
Dichte	+	-
Kompaktheit	+	-
Erreichbarkeit städtischer Orte untereinander	+	-
Vorhandensein öffentlicher Räume	+	-
Umfang von Fußgängermobilität	+	-
Kopräsenz Wohnort/Arbeitsplatz	+	-
Diversität der Aktivitäten	+	-
Soziologische Durchmischung	+	-
Starke intraurbane Polarität	+	-
Handelsproduktivität pro Einwohner	+	-
Umweltschutz	+	-
Positive Selbstevaluation der urbanen Orte insgesamt	+	-
Selbstsichtbarkeit und Selbstidentifikation der urbanen Gesellschaft	+	-
Politische Gesellschaft auf urbaner Ebene	+	-

Diese Tabelle zeigt die sehr deutliche, empirisch für fast alle existierenden Städte nachprüfbare Korrelation zwischen den Indikatoren derselben Spalte. So geht das Verhältnis zwischen sozialer Diversität des Wohnens und Diversität der Aktivitäten und Funktionen, das theoretisch auch nicht bestehen könnte, fast immer miteinander einher. Dasselbe gilt für die Dichte und die Diversität, die nicht unbedingt voneinander abhängen, da man sich auch vorstellen könnte, durch das Festsetzen größerer Maßstabsebenen zur Verminderung des Effekts der Dichtesenkung zu einem ähnlichen Diversitätsgrad zu gelangen wie in Städten mit großer Dichte. Dem ist aber nicht so: In Städten mit geringer Dichte findet man auch die höchsten und homogensten Konzentrationen eines [|1057] Bevölkerungs- oder Aktivitätstyps.

Beim Amsterdam-Modell neigt die Stadt dazu, den Vorteil der Konzentration als Kopräsenz und Interaktion der größtmöglichen Anzahl von gesellschaftlichen Aktanten zu maximieren. Nur das Individuum besitzt durch seine Wohnung eine Intimität, also ein Recht auf Rückzug und Abstand. Im Gegensatz dazu strukturiert beim Johannesburg-Modell die Abgrenzung in jeglicher Form den urbanen Raum, der in vieler Hinsicht nur ein Mosaik aus funktionell und soziologisch (inklusive ethnisch) homogenen und teilweise in sich geschlossenen Vierteln ist. Man erkennt, weshalb Johannesburg mit seinen deutlichen Spuren der Apartheid auf stark überzeichnete Weise (die Utopie der weißen Südafrikaner mit ihrem rassistischen Voluntarismus spielt dabei natürlich eine Rolle) eine ganze Familie von Städten symbolisiert, darunter die meisten Ballungsgebiete im Zentrum und im Westen Nordamerikas. Trotz der eindeutigen Sonderstellung des Apartheid-Regimes lässt sich die Ähnlichkeit zwischen Johannesburg und diesen Städten nicht leugnen. Mit seiner Belagerungsmentalität ähnelt das weiße Viertel Sandton in Johannesburg den *gated communities* der USA oder den *condominios fechados* in Brasilien. Umgekehrt bringt das „Amsterdam-Modell" mit seiner starken Identität, seinem Bürgertum, das über Jahrhunderte ein Projekt der urbanen Gesellschaft getragen hat, das freie Marktwirtschaft und soziopolitische Kontinuität verband, mit der Kohärenz und Kontinuität seiner urbanen Politiken, besonders deutlich zum Ausdruck, welche Besonderheiten die europäische Stadt auszeichnen.

Es besteht also eine differenzierte Verbreitung beider Modelle, und das auf drei verschiedenen Skalen, wie die zweite Tabelle zeigt: nach Kontinent, nach Größe des urbanen Gebiets, und nach den Urbanitätsgradienten innerhalb eines urbanen Raumes.

Geografische Differenzierung der Verbreitung der Modelle

Urbanitätsmodell / Dominierende Wahl	„Amsterdam" Die versammelte/ konzentrierte Stadt	„Amsterdam" und/ oder „Johannesburg"	„Johannesburg" Das fragmentierte Urbane
... nach Kontinent	Europa, Ostasien, Süd- und Südostasien	Lateinamerika, Arabische Welt	Nordamerika, Subsahara-Afrika
... nach Größe des urbanen Gebiets	Metropolen	Mittelgroße Städte	Kleinstädte
... nach Urbanitätsgradient	Zentren	Vororte, Suburbs	Peri-, hypo-, und infra-urban

Die beiden Urbanitätsmodelle können symmetrisch als verschiedene Zivilisations-
modelle betrachtet werden, die man unmöglich hierarchisch einander gegenüberstellen kann. Man kann diese scheinbare Unterschiedslosigkeit auf zwei Arten interpretieren. Entweder bedeutet dies, dass die Urbanität einen geringen Einfluss auf
die Leistungen einer Gesamtgesellschaft ausübt, oder (und diese Hypothese sollte
eher aufrechterhalten werden) die Ungleichheiten der urbanen „Kapital"-Produk-
tion können (oder auch nicht) durch die Produktion anderer „Sozialkapitalien" ausgeglichen werden. Das ändert aber nichts daran, dass diese Modelle unter dem reinen Gesichtspunkt der Urbanität leicht hierarchisierbar sind. Das liegt daran, dass
das eine Modell die urbane Option stärker akzeptiert als das andere, und dass es
logischerweise effizienter ist als das andere, auch unter dem Gesichtspunkt rein
ökonomischer Kriterien. Das haben François Moriconi-Ébrard und Laurent Dave-
zies anhand von unabhängigen Studien nachgewiesen, die die Hypothesen von Jane
Jacobs bestätigten, indem sie zeigen, dass *ceteris paribus* die urbane Überprodukti-
vität umso höher liegt, wenn sich die Stadt dem Ideal der kompakten, dichten und
diversen Stadt annähert, die für das Amsterdam-Modell typisch ist.

Das Amsterdam-Modell unterscheidet sich vom Johannesburg-Modell grundlegend darin, dass die Stadt hier ihre volle Aufgabe beim Übergang von der Gemeinschaft (*communauté*) zur Gesellschaft (*Gesellschaft der Individuen*) erfüllt.
Das permanente Streben nach Abgrenzung setzt eine negative Erwartung gegenüber dem Kollektiv voraus, während die Dichte und Diversität sowohl die Entwicklung des Individuums (dank der Ersparnis beim Wohnen und bei alltäglichen
Dienstleistungen) als auch der Gesellschaft begünstigt.

[|1058] Diesbezüglich haben Richard Sennett und Lyn Lofland sehr gut den
grundlegenden Zusammenhang zwischen urbanem öffentlichen Raum und Schutz
der Anonymität gesehen, dem die dörfliche soziale Kontrolle und der Neokommu-
nitarismus der nordamerikanischen Städte gegenübersteht. Hier zeigt sich also eine
der grundlegenden Herausforderungen zeitgenössischen urbanen Wirkens: Räumen
zu ihrer wahren Kraft zu verhelfen, die, da sie niemandem gehören, nur dann wirklich existieren können, wenn sie Gemeinschaftsgüter sind.

Das hervorstechende Merkmal, das die Art des Gegensatzes zwischen den beiden Modellen kennzeichnet, ist die Tatsache, dass im Kern der Produktion des Urbanen sehr starke stadtfeindliche Kräfte am Werk sind. Die Geschichte der Stadt ist
seit ihren Anfängen von Akteuren geprägt, die die Nähe zum Andersartigen ableh-
nen, was in sowohl hierarchisch gegliederten als auch fragmentierten Gesellschaften kaum verwunderlich ist. Außerdem mochte das Aufkommen des Individuums
manchen als antithetisch zur kompakten Stadt erscheinen, deren unausweichliche
„Reibungen" sie als Angriff auf ihre beginnende Privatheit empfanden. Andererseits geht der Hass auf die Stadt auf die intellektuelle Landschaft der Aufklärung
zurück, die stark aufgespalten war zwischen „gesellschaftlichen Progressisten"
(zum Beispiel vertreten durch Immanuel Kant) und „kommunitaristischen Utopis-
ten" (zu denen eher Jean-Jacques Rousseau gehörte), die bereits im Alten Testa-
ment vorhandene Gegensatzpaare aufgriffen. Für Letztere ist die Stadt ein Ort des
Verfalls der Sitten, wo der Schein mehr gelte als die „echten" Werte, die auf die
Natur zurückgehen. Die amerikanischen Puritaner gehören dieser letzten Strömung

an. Schließlich entstammen die negativen Haltungen gegenüber der Stadt einerseits dem vorherrschenden ländlichen Stil, aus dem sich die Städte entwickelt haben. Es gab in der Geschichte allerdings auch pro-urbane Ideologien, vor allem jene, die das Urbane mit dem Fortschritt sowohl technischer als auch anthropologischer Natur in Verbindung brachten. Eine der Besonderheiten der Geschichte der Urbanität ist jedoch, dass die Menschheit Städte in gewisser Weise widerstrebend gebaut hat.

Man kann zwar das Amsterdam-Modell als „europäisch" vorstellen, und tatsächlich nähert sich ihm Europa stärker an als Nordamerika, aber man darf daraus nicht voreilig schließen, dieses Modell sei nur das Ergebnis einer eindeutigen und konstanten strategischen Ausrichtung urbaner Gesellschaften in Europa. Urbane Räume in Europa sind weitgehend aufgrund von technischen und finanziellen Einschränkungen durch befestigte Stadtgebiete entstanden. Das dynamische Zusammenleben ungleicher sozialer Gruppen war teilweise das Ergebnis eines existenziell, aber auch umständehalber bedingten Zusammenschlusses von Bürgertum und unteren urbanen Schichten gegen gemeinsame Gegner. Die „hanseatische" Stadt mit ihrer politischen Autonomie gegenüber Fürsten und Kaisern, die auf ihren inneren sozialen Zusammenhalt so sehr bedacht war, dass man sie in vieler Hinsicht als Urform der Sozialdemokratie betrachten kann, besteht aus erzwungenen Konfigurationen und wackligen Kompromissen. Sie ist nicht aus der Anwendung eines vorbestehenden Modells heraus entstanden. Die Standortbestimmung des Amsterdam-Modells lässt uns verstehen, wie uns die Geschichte der Stadt in Europa eine Erfahrung liefert, die uns als Hintergrund und Stoff für heutige Debatten dient. Man darf sich also nicht wundern, wenn die Produktion des Urbanen – selbst wenn das erzielte Ergebnis Ähnlichkeiten mit dem Amsterdam-Modell aufweist – auch ohne eindeutige Bezugnahme darauf erfolgen kann.

Dem Amsterdam-Modell am ähnlichsten sind die Städte Nordeuropas im weitesten Sinne (Schweiz, Österreich, Deutschland, Beneluxstaaten, Skandinavien), in denen ein Kompromiss zwischen den beiden Modellen gefunden wurde. Dabei wurde für die Teile der Stadt, die vor dem 20. Jahrhunderts erbaut wurden, deren Organisationsmodus verteidigt, während neue Urbanisierungsgebiete stärker vom gegenteiligen Modell beeinflusst sind. Allerdings geschieht dies eher im Interesse tangentialer Ideologien, zum Beispiel ökologisch motivierter Ansätze zur Energieersparnis und zum Kampf gegen Umweltverschmutzung, als dass Maßnahmen zugunsten einer dichten und diversen Urbanität, öffentlicher Räume und Fußgängerflächen ergriffen werden, obwohl die Städteplaner in Los Angeles scheinbar im Interesse der gleichen Ideologien eine geringe Dichte (mit privaten Gärten und bepflanzten Verkehrsflächen) und „sauberen" Autos gefördert haben. Frankreich, das zwischen 1950 und 1975 sehr stark zum „amerikanischen Modell" tendierte und in den nachfolgenden 20 Jahren unentschlossen war, erlebt heute ein recht deutliches Umschwenken in Richtung des Amsterdam-Modells, was bestätigt, dass eine Öffnung möglich ist und es auf diesem Gebiet weder in die eine noch in die andere Richtung Anlass zum Fatalismus gibt.

Kein „Nord-Süd"-Gegensatz. Die heutige Welt zeigt uns eine sehr klare geografische Verteilung dieser beiden Modelle, die jedoch selten herausgestellt wird (s.

Tab. 2). Vereinfacht könnte man sagen, dass die asiatischen Städte den europäischen ähneln, während sich die Städte Afrikas [|1059] denen Nordamerikas annähern. Es gibt natürlich zahlreiche Varianten, teilweise barocke Kombinationen und oft verblüffende Entwicklungen. Nur selten sind alle Merkmale des einen oder anderen Modells vollständig vorhanden. Auch die konkreten Räume Amsterdams und Johannesburgs selbst entfernen sich von ihrer idealtypischen Beschreibung. Man findet zahlreiche Varianten, so wie die der brasilianischen Metropolen, in denen sich aufgrund der Tatsache, dass die Mehrzahl der wohlhabenden Haushalte in Kollektivbauten wohnt, eine dichte und diverse Konfiguration ergibt, bei der sich Wohnen und andere Funktionen mischen und die von einer überwältigenden Dominanz von Flächen für den Autoverkehr begleitet wird. Umgekehrt verbinden Oslo und andere skandinavische Städte dieser Größe Fußgängerzonen (ergänzt durch Flächen für den Radverkehr) mit einer starken Präsenz von Einfamilienhäusern, während das weit verzweigte Schweizer Eisenbahnnetz paradoxerweise die Zersiedelung begünstigt. Es ist immerhin amüsant festzustellen, in welchem Ausmaß Städte, die eigentlich keine ausdrücklichen Kopien des einen oder anderen Modells sind, doch einige ihrer grundlegenden Merkmale vereinen.

Insgesamt beschäftigt die Entscheidung zwischen den beiden Modellen oder zwischen den Bedingungen ihrer Gegensätzlichkeit, ihres Zusammenlebens, ihrer Synthese oder ihrer Überwindung die städteplanerischen Debatten im Westen mehr oder weniger. Aber sind diese Diskussionen „unter Reichen" auch auf andere Regionen übertragbar?

Anscheinend nicht. Im „Norden" und im „Süden" setzt man sich nicht auf die gleiche Weise mit den Problemen auseinander. Die Verstädterung ist im einen Fall abgeschlossen und im anderen noch mitten in der Entwicklung, zumindest in einigen Ländern. In China hat sich die Urbanisierungsrate in weniger als 40 Jahren verdreifacht, was angesichts der gleichzeitigen generellen Bevölkerungszunahme im Land einen Zuwachs von 600 Millionen Menschen zur Stadtbevölkerung bedeutet, eine beispiellose Entwicklung in der Menschheitsgeschichte. Umgekehrt wird die Stadtentwicklung in den am höchsten entwickelten Ländern als Umgestaltung von Räumen und Umverteilung von Menschen konzipiert, die ansonsten durch relativ geringe Zu- und Abflüsse und eine starke Neigung zum Denkmal- und Bautenschutz begrenzt ist. Im Grunde sind die Unterschiede nicht so eindeutig. Einerseits, weil das demografische Potenzial (Fruchtbarkeit und Landflucht) in vielen Ländern des „Südens" abnimmt, vor allem in Lateinamerika. Andererseits, weil die mit der Metropolbildung im „Norden" oft einhergehende bauliche Auflockerung einen beträchtlichen „Hunger nach Ausdehnung" bewirkt und der Geschwindigkeitszuwachs fast automatisch auch die Größe der urbanisierten Gebiete wachsen lässt, was vergleichbare Probleme mit sich bringt wie in den Städten mit innerem demografischen Wachstum. Letztendlich erscheinen die Städte – insbesondere die sehr großen Städte – weniger entwickelter Länder wie ein hyperrealistisches Abbild der Städte in den reichen Ländern. Da sich die urbane Welt dort schneller bewegt und die geringen finanziellen Mittel Kurskorrekturen schwierig macht, weil den oft diktatorischen oder zentralisierten Behörden nur schwache oppositionelle Kräfte gegenüber stehen, haben die urbanen Entscheidungen radikalere und spektakulärere Auswirkungen als anderswo.

Ist die „europäische" Stadt ein *Luxus* für den „Süden"? Man könnte es meinen, da sie umfangreiche Investitionen des Kollektivs erfordert, um gewisse alltägliche Dienstleistungen zu sichern, während bei dem anderen Ansatz die Betreiber direkt die Kosten für ihr Angebot im urbanen Raum tragen. Allerdings stimmt das so nicht, denn das Johannesburg-Modell ist insgesamt teurer, schafft mehr Ungleichheiten und belastet die Zukunft mit großen soziopolitischen und ökologischen Risiken. Das Amsterdam-Modell ist unzweifelhaft effektiver in Ländern, die über weniger politische oder zivilgesellschaftliche Mittel verfügen. Die „dichte Diversität" kostet weniger an Infrastrukturen, an Verkehrsnetzen, an Ausstattung von Wohn- oder Arbeitsorten, an Umweltschutz – also ganz generell in allen Bereichen, in denen die Stadt als integriertes System funktioniert. Eine „kompakte" Stadt schafft Mikro- (oder Meso-)Klimata, die sowohl wirtschaftlich als auch wenig aggressiv sind. Die oberflächliche Nüchternheit ist insgesamt *ceteris paribus* sehr vorteilhaft für den Umweltschutz. Die soziale Dynamik wirkt hier leichter integrativ, das politische Leben verständlicher, Innovationen breiten sich schneller aus, die Verhältnisse zwischen Zentrum und Randbezirken entwickeln hier leichter „negative feedbacks": Schwächen können sich in vergleichbare Vorteile verwandeln und Unterlegenheits- und Abhängigkeitssituationen umkehren. Wenn man zum Beispiel die Wasserversorgungsfrage betrachtet, stellt man fest, dass bei jedem der Probleme, vor die diese die Stadt stellt, die Lösung im [l1060] europäischen Modell einfacher, wirtschaftlicher und ökologischer ist: weniger ausgedehnte Wasserzufuhr- und Entwässerungsnetze als Ergebnis der Kompaktheit, weniger Verschwendung durch ein kollektiveres Management, geringere Flächenversiegelung durch ein weniger ausgebautes Verkehrsnetz, besser geregelte Hygrometrie durch die Anlage von Grünflächen und städtischen Wasserflächen. Tatsächlich entscheiden sich die erfolgreichsten Schwellenländer zumeist nach einer notwendigen Übergangsphase nach dem Johannesburg-Modell für das Modell der Stadt mit ausgeprägter Urbanität.

Die Dringlichkeit der Debatte. Wir haben hier versucht zu zeigen, dass es sich lohnt, die wissenschaftliche Debatte über die Analyse der zeitgenössischen Urbanität auf globaler Maßstabsebene zu führen und nicht nur anhand der Metropolen reicher Länder. Dieser Ansatz setzt bei allen Forschenden die Fähigkeit voraus, in der Eigentümlichkeit ihrer Forschungsobjekte das zu erkennen, was sich für die Übernahme in ein gemeinsames Theoriemodell eignet. Dieser gemeinsame konzeptuelle Rahmen hilft uns, die Komplexität der Konfigurationen zu verstehen, die sich vor unseren Augen entwickeln.

Die Existenz einer begrenzten Anzahl von Referenzmodellen bedeutet nicht, dass die konkreten Konfigurationen einfach wären. Im „Norden" wie im „Süden" gibt es eine große Bandbreite an nebeneinander bestehenden und sich überlagernden Merkmalen, an Kompromissen und Gegensätzen zwischen den beiden Idealtypen. In den Ländern der „Peripherie" verkompliziert der Einfluss externer Logiken zusätzlich die Dynamik dieser gegensätzlichen Entscheidungen. Im Grunde genommen handelt es sich hier noch nicht um die übersteigerte Form der Ambivalenzen und Verwirrungen, mit denen wir es in den Ländern des „Zentrums" zu tun haben.

Die Diskussion um die Wahl des wünschenswerten Urbanitätsmodells taucht tatsächlich überall auf, sowohl als übergeordnete politische Frage, die die gesamte Gesellschaft betrifft, als auch als marginalisierte, oft als „technisch" dargestellte Debatte, die teilweise eindeutig im Dunkeln gelassen wird. Diese verzerrte Darstellung wird so lange bestehen bleiben, wie die „Dominanz" unserer staatswirtschaftlich bleibenden (oder werdenden) politischen Kulturen nicht in der Lage ist, den Raum im Allgemeinen und die Stadt im Besonderen als herausragendes Problem des Zusammenlebens zu begreifen.

Man darf damit rechnen, dass in den kommenden Jahren die Herausforderung darin bestehen wird herauszufinden, auf welcher Basis der Kompromiss der Aufteilung der urbanen Räume oder hybriden Lösungen geschlossen wird. In den europäischen Städten war die Versuchung für die Akteure in den Stadtzentren unter dem Druck der Lobbys des Einzelhandels groß, das Johannesburg-Modell *nachzuäffen*, vor allem indem man unbegrenzt Autos hineinlässt, aber große Supermärkte ablehnt, wodurch man den Anwohnern das Leben erschwert und den Raum schwächt, den man vorgibt schützen zu wollen. Es scheint, dass das Amsterdam-Modell dann die meisten Chancen auf einen Weiterbestand hat, wenn es sich *auf seine Stärken besinnt*: die systematische Förderung von auf öffentlichem Verkehr beruhenden Metriken, die Akzeptanz eines Polyzentrismus, bei dem sich die historischen Stadtzentren, vielleicht zusammen mit den perizentralen Gebieten, vor den Augen der Bürger als *Showroom* eines Stadtentwurfs präsentieren. Die enge Begrenzung des Verkehrsnetzes (Straßen und vor allem Parkplätze) erweist sich als Schlüsselaspekt dieser offensiveren Haltung.

Statt die Mehrraumkinos am Stadtrand zu bekämpfen, können die Zentren ihre eigenen Multiplexkinos bauen, in denen sie Filme in Originalsprache zeigen. Beispiele für gelungene Versuche in dieser Richtung gibt es massenweise. Das Wirken des Politischen auf die Stadt beschränkt sich dann nicht mehr auf die öffentliche Hand, sondern ist ebenfalls in den Beiträgen zur Debatte zwischen den Bürgern enthalten. Das ist vielleicht die wichtigste Aufgabe, die man von einer urbanen Steuerung erwarten sollte.

BIBLIOGRAPHIE

BERQUE AUGUSTIN, *Du geste à la cité. Formes urbaines et lien social au Japon*, Paris, Gallimard, 1993.

JACOBS JANE, *The Economy of Cities*. New York, Random House, 1969.

JOSEPH ISAAC, *Le passant considérable. Essai sur la dispersion de l'espace public*, Paris, Méridiens-Kliencksieck, 1984.

LÉVY JACQUES, *Urbanité/s*, film, Lausanne: Chôros, 2013 (https://vimeo.com/84457863).

LOFLAND LYN H., *A World of Strangers: Order and Action in Urban Public Space*, New York, Basic Books, 1973.

PINSON DANIEL & THOMANN SANDRA, *La maison en ses territoires*, Paris, L'Harmattan, 2001.

SENNETT RICHARD, *Les tyrannies de l'intimité*, Paris, Seuil, 1995.

WIEL MARC, *Ville et automobile*, Paris, Descartes et Cie, 2002.

NETZWERKE – GRENZEN – DIFFERENZEN: AUF DEM WEG ZU EINER THEORIE DES URBANEN[*]

Christian Schmid

Der Urbanisierungsprozess hat sich in den letzten Jahren grundlegend verändert. Während mehr als einem Jahrhundert war die dominante Form der Urbanisierung konzentrisch. Die Vorstädte, die „suburbs" oder die „banlieues", legten sich gürtelartig um einen urbanen Kern. So entstanden die grossen Agglomerationsräume des 20. Jahrhunderts. Zur Jahrhundertwende hin zeichnete sich jedoch ein Bruch in dieser Form der Stadtentwicklung ab. Der Urbanisierungsprozess wird ungerichtet, die bisherigen Formen der Stadt beginnen sich aufzulösen, die Zentralität wird polymorph, exzentrische urbane Konfigurationen entstehen. Übergreifende, polyzentrische Stadtregionen bilden sich heraus. Sie sind äusserst heterogen strukturiert und schliessen alte Kernstädte ebenso ein wie bislang periphere Gebiete.

In diesem Prozess entstehen laufend neue urbane Konfigurationen. Schwach besiedelte, einst ländliche Gebiete werden von verschiedenen Formen der Periurbanisierung erfasst. In der früheren urbanen Peripherie haben sich neue Formen der Zentralität herausgebildet, die von der Stadtforschung mit immer neuen Begriffen belegt wurden: „Edge City" (GARREAU 1991), „Technoburb" (FISHMAN 1991) oder auch „Zwischenstadt" (SIEVERTS 1997). Eine allgemeine Beschreibung der neuen Form von Urbanisierung brachte Edward Soja auf den Begriff „Exopolis". Darunter versteht er jene unwahrscheinliche Stadt, die jenseits der alten Agglomerationskerne thront, sich gleichzeitig nach innen und nach aussen stülpt, in der das Gravitationszentrum leer ist wie bei einem „doughnut" und also jeder Ort ausserhalb des Zentrums liegt, hart am Rand, aber immer inmitten der Dinge. Die Zentralität ist virtuell allgegenwärtig und die Vertrautheit des Städtischen verdampft (SOJA 1992: 94 ff.).

In ähnlicher Weise versuchte Rem Koolhaas die neue Form des Urbanen mit dem Begriff „generic city" zu fassen: eine eigenschaftslose Stadt, die alles Authentische gnadenlos evakuiert, auf alles Funktionslose verzichtet und dem Würgegriff des Zentrums, der Zwangsjacke der Identität, entkommen ist (KOOLHAAS 1995).

Solche Verallgemeinerungen übersehen jedoch, dass auch gegenläufige Tendenzen zu beobachten sind: Parallel zur Neukonfiguration der Zentralität in der urbanen Peripherie kam es in den letzten Jahren auch zu einer „Wiederentdeckung des Städtischen". Die Beispiele für die Restrukturierung, Erneuerung und Aufwertung von Innenstädten sind zahlreich. Global tätige Unternehmen und wohlhabende Bevölkerungsschichten haben zentrumsnahe Gebiete in Beschlag genommen und zu privilegierten Räumen der Produktion, des Wohnens und des Konsums gemacht,

---

[*] Zuerst erschienen unter demselben Titel in: Roger Diener, Jacques Herzog, Marcel Meili, Pierre de Meuron, Christian Schmid, Die Schweiz. Ein städtebauliches Portrait, Basel: Birkhäuser Verlag, 2006, S. 164–174.

während ärmere soziale Gruppen in periphere, schlecht erschlossene Gebiete abgedrängt werden (vgl. z. B. SMITH 1996).

So entstand ein komplexes Wechselspiel von Peripherisierung und Zentralisierung. Häufig gebrauchte Begriffe wie „Desurbanisierung" und „Reurbanisierung" vermitteln nur einen verschwommenen Eindruck dieser Veränderungen. Das neue Merkmal der Urbanisierung liegt darin, dass die Zentralität allgemein wird, allgegenwärtig und doch flüchtig. Die Stadt lässt sich nicht mehr als Einheit fassen, es entstehen sich überlagernde urbane Wirklichkeiten mit unklaren Grenzen. Die alten Stadtmodelle werden obsolet. Bislang wurden diese komplexen Prozesse der Restrukturierung von Stadtregionen theoretisch nicht befriedigend erfasst. In der aktuellen wissenschaftlichen Debatte überwie- [|165] gen partielle Ansätze, die einzelne Aspekte und Prozesse analysieren oder Einzelbeispiele verallgemeinern. Um die gegenwärtigen Urbanisierungsprozesse umfassend begreifen zu können, müssen eine neue Sprache und eine neue theoretische Herangehensweise entwickelt werden. Stadt und Urbanisierung sind als allgemeine Phänomene zu erfassen und in einer übergreifenden Theorie miteinander zu verknüpfen.

Eine der wenigen Theorien auf diesem Feld stammt von dem französischen Philosophen Henri Lefebvre. Bereits vor über dreissig Jahren hat er eine bahnbrechende Theorie der Stadt und des Raumes entwickelt, die lange verkannt blieb und die ihre Wirkung erst heute voll entfaltet (LEFEBVRE 1968, 1970, 1974). Ihre Bedeutung liege darin, dass sie die Kategorien der „Stadt" und des „Raumes" systematisch in eine übergreifende Gesellschaftstheorie integriert und damit ermöglicht, räumliche Prozesse und Phänomene auf allen Massstabsebenen, von der privaten bis zur globalen Ebene, abzubilden und zu analysieren. Diese Theorie hat in den letzten Jahren eine bemerkenswerte Renaissance erfahren. Sie wurde in verschiedenen Fachbereichen, in den Sozialwissenschaften wie in der Architektur, zunehmend aufgegriffen und rezipiert, jedoch bislang kaum empirisch angewendet und weiterentwickelt.

Lefebvres Theorie bildet die konzeptionelle Grundlage des städtebaulichen Portraits der Schweiz. Die folgende Darstellung rekonstruiert einige ihrer zentralen Argumente und Konzepte (vgl. SCHMID 2005) und entwickelt ein neues theoretisches Gerüst für die praktische Analyse, das auf drei untersuchungsleitenden Begriffen basiert: Netzwerke, Grenzen und Differenzen.

DIE THESE DER VOLLSTÄNDIGEN URBANISIERUNG

Der Ausgangspunkt von Lefebvres Theorie ist die These der vollständigen Urbanisierung der Gesellschaft. Sie besagt, dass mit wenigen Ausnahmen die gesamte Welt von einem umfassenden Urbanisierungsprozess erfasst worden ist. Die heutige Wirklichkeit lässt sich nicht mehr mit den Kategorien von Stadt und Land erfassen, sondern muss mit Begriffen der urbanen Gesellschaft analysiert werden.

Für Lefebvre ist der Urbanisierungsprozess eng an die Industrialisierung gekoppelt. Mit der industriellen Revolution begann eine lang anhaltende Migration vom Land in die Städte und die flächenhafte Ausbreitung urbaner Gebiete. Industrialisierung und Urbanisierung bilden eine hoch komplexe und konfliktgeladene Einheit: Die Industrialisierung liefert die Bedingungen und die Mittel zur Urbanisierung, und die Urbanisierung ist die Konsequenz der Industrialisierung und der sich über den ganzen Globus ausbreitenden industriellen Produktion. Ausgehend von dieser Bestimmung versteht Lefebvre Urbanisierung als Überformung und Kolonisierung der ländlichen Gebiete durch ein urbanes Gewebe und zugleich als grundlegende Transformation und partielle Zerstörung der historischen Städte.

Auf der einen Seite ist Urbanisierung ein Prozess, der die agrarische Gesellschaft auflöst und sie derjenigen Elemente beraubt, die das ländliche Leben ausgemacht hatten: Gewerbe, Handwerk und kleine lokale Zentren. Die für das bäuerliche Dasein typische traditionale Gemeinschaft, das Dorf, verliert ihre Besonderheit. Ein urbanes Gewebe („tissu urbain") beginnt das Land zu überziehen. Mit diesem Begriff ist nicht nur das bebaute Gelände gemeint, sondern die Gesamtheit der Erscheinungen, welche die Dominanz der Stadt über das Land entstehen lässt: So sind auch ein zweiter Wohnsitz, eine Autobahn oder ein Supermarkt Teil des Stadtgewebes. Dieses Geflecht bildet die materielle Basis für ein ganzes urbanes System, das von den Medien über die Freizeitgestaltung bis zur Mode reicht und eine grundlegende Transformation des Alltagslebens mit weit reichenden Implikationen mit sich bringt. Das urbane Gewebe ist mehr oder weniger dicht gesponnen, zwischen seinen Maschen bleiben kleinere und grössere Inseln der „Ruralität" ausgespart: Weiler, Dörfer, auch ganze [|166] Regionen stagnieren oder verfallen und bleiben der „Natur" vorbehalten. Dieser weltumspannende Urbanisierungsprozess verändert nicht nur die traditionalen Formen der agrarischen Gesellschaften, er führt gleichzeitig auch zu einer grundlegenden Transformation der Städte. Aus der umgekehrten Perspektive manifestiert sich das Phänomen der Urbanisierung in einer gewaltigen Ausdehnung der städtischen Agglomerationen und der Ausbreitung der urbanen Netzwerke. Die Grossstadt explodiert und streut zahllose urbane Fragmente in ihrem Umfeld. Kleine und mittlere Städte geraten in ein Abhängigkeitsverhältnis, sie werden praktisch zu Kolonien der Grossstadt.

Zur Beschreibung dieses Doppelprozesses der Urbanisierung entlehnt Lefebvre eine Metapher aus der Atomphysik: Implosion – Explosion. Darunter versteht er eine „[…] ungeheure Konzentration (von Menschen, Tätigkeiten, Reichtümern, von Dingen und Gegenständen, Geräten, Mitteln und Gedanken) in der städtischen Wirklichkeit und ungeheures Auseinanderbersten, Ausstreuung zahlloser und zusammenhangsloser Fragmente (Randgebiete, Vororte, Zweitwohnungen, Satellitenstädte etc.)" (LEFEBVRE 1974: 20).

DIE STADT IN DER URBANEN GESELLSCHAFT

Lefebvres Theorie bedeutet einen radikalen Bruch mit dem herkömmlichen abendländischen Verständnis des Städtischen. Die Stadt lässt sich nicht mehr als Objekt, als abgrenzbare Einheit erfassen. Sie ist vielmehr eine historische Kategorie, die sich mit dem Urbanisierungsprozess auflöst. Damit verschiebt sich das Erkenntnisinteresse auf die Analyse eines Transformationsprozesses und der darin angelegten

Möglichkeit: der Entstehung einer urbanen Gesellschaft. Der Prozess der Urbanisierung bedeutet indes nicht, dass alle urbanisierten Gebiete uniform und homogen werden. Er bedeutet auch nicht, dass die Stadt als gebaute Form und soziale Wirklichkeit verschwindet. Wie können die neuen städtischen Formen erfasst werden? Durch welche Prozesse lassen sie sich charakterisieren? Was ist „die Stadt" in der urbanen Gesellschaft? Die Besonderheit des Städtischen in einer urbanisierten Welt zu erfassen erfordert eine grundlegende Umorientierung der Analyse: Die Stadt muss in einen gesamtgesellschaftlichen Kontext eingebettet und inhaltlich neu bestimmt werden. In Lefebvres Theorie sind vor allem drei Aspekte von Bedeutung: die Mediation, die Zentralität und die Differenz.

Mediation. In einer ersten Annäherung identifiziert Lefebvre das Städtische als eine spezifische Ebene oder Ordnung der gesellschaftlichen Wirklichkeit. Sie ist eine mittlere und vermittelnde Ebene, die sich zwischen zwei anderen situiert: der privaten Ebene, der nahen Ordnung, dem Alltagsleben, dem Wohnen einerseits, der globalen Ebene, der fernen Ordnung, dem Weltmarkt, dem Staat, dem Wissen, den Institutionen und den Ideologien anderseits. Dieser Zwischenebene kommt eine entscheidende Bedeutung zu: Sie dient als Relais, als Mediation, als Vermittlung zwischen der globalen und der privaten Ebene. In der urbanisierten Gesellschaft droht die urbane Ebene jedoch zwischen der globalen und der privaten zerrieben zu werden. Auf der einen Seite bringt eine universelle, durch die Technik bestimmte Rationalität, die von der Industrialisierung ausgeht, die Eigenheiten des Ortes und der Lage zum Verschwinden. Auf der anderen Seite wird der Raum parzelliert und einer privatwirtschaftlichen, individuellen Logik unterworfen. Mit der vollständigen Urbanisierung der Gesellschaft geht somit gerade die Ebene der Mediation verloren. In der extremsten These des Verschwindens der Stadt wird jedoch erst die Bedeutung des Städtischen sichtbar: Die Stadt ist als gesellschaftliche Ressource zu begreifen. Sie bildet ein wesentliches Dispositiv für die Organisation der Gesellschaft, sie führt unterschiedlichste Elemente der Gesellschaft zusammen und wird so produktiv. Deshalb zeigt die Stadt die erstaunliche Tendenz, sich wiederherzustellen. Im historischen Ablauf von Auflösung und Neukonstitution liegt die spezifische Qualität des Städtischen.

[l167] *Zentralität.* Ausgehend von diesen Überlegungen, findet Lefebvre eine neue Definition der Stadt: Die Stadt ist Zentrum. Sie definiert sich durch ihre Zentralität.

„Stadt" bedeutet für ihn Austausch, Annäherung, Konvergenz, Versammlung, zusammentreffen. Die Stadt schafft eine Situation, in der unterschiedliche Dinge nicht länger getrennt voneinander existieren. Als Ort der Begegnung, der Kommunikation und der Information ist sie auch ein Ort, an dem sich Zwänge und Normalitäten auflösen und das spielerische Moment und das Unvorhersehbare hinzutreten: „Das Städtische definiert sich als der Ort, an dem die Menschen sich gegenseitig auf die Füsse treten, sich vor und inmitten einer Anhäufung von Objekten befinden, bis sie den Faden der eigenen Tätigkeit verloren haben, Situationen derart miteinander verwirren, dass unvorhergesehene Situationen entstehen" (LEFEBVRE 1974: 46).

Für Lefebvre ist in dieser Definition des urbanen Raumes ein virtueller Nullvektor enthalten: Im urbanen Raum strebt der Raum-Zeit-Vektor gegen null, jeder
Punkt kann zum Brennpunkt werden, der alles auf sich zieht, zum privilegierten
Ort, an dem alles konvergiert. Die Stadt ist die virtuelle Annullierung, die Negation
der Entfernungen in Raum und Zeit: „[…] die Bewohner des städtischen Raumes
sind besessen davon, die Entfernung zu annullieren. Das ist ihr Traum, ihr Symbol
des Imaginären, das auf vielerlei Weise Gestalt annimmt" (ebd.).

Für Lefebvre definiert sich die Zentralität durch die Vereinigung und die Begegnung dessen, was gleichzeitig zusammen in einem Raum existiert. Sie entspricht
somit einer logischen Form: dem Punkt der Begegnung, dem Ort einer Zusammen-
kunft. Diese Form hat keinerlei spezifischen Inhalt. Ihre Logik steht für die Gleichzeitigkeit, die sie beinhaltet und deren Resultat sie ist: die Gleichzeitigkeit von allem, was sich an einem oder um einen Punkt zusammenbringen lässt. Diese Form
der Zentralität konstituiert sich sowohl als Akt des Denkens wie auch als sozialer
Akt. Mental ist sie die Gleichzeitigkeit der Ereignisse, der Wahrnehmungen, der
Elemente eines Ganzen im „Wirklichen". Sozial bedeutet sie das Zusammentreffen
und die Vereinigung von Gütern und Produkten, Reichtümern und Tätigkeiten. Die
Zentralität lässt sich somit auch als eine Gesamtheit von Differenzen verstehen.

Differenz. Damit ergibt sich die dritte Bestimmung des Städtischen: Die Stadt ist
ein Ort der Differenzen. Sie ist ein differenzieller Raum, in dem Unterschiede zutage treten. An die Stelle von Entfernungen und Raum-Zeit-Distanzen treten Gegensätze, Kontraste, Überlagerungen und das Nebeneinander verschiedener Wirk-
lichkeiten. Die Stadt lässt sich als Ort definieren, an dem die Unterschiede sich
kennen, anerkennen und erproben, sich bestätigen oder aufheben.

Dabei sind Differenzen klar von Eigenheiten zu unterscheiden: Differenzen
sind aktive Bezugselemente, während Eigenheiten gegeneinander isoliert bleiben.
Die Eigenheiten kommen von der Natur, der Lage, den natürlichen Ressourcen. Sie
sind an lokale Bedingungen gebunden und beziehen sich entsprechend noch auf die
rurale Gesellschaft. Sie sind isoliert, äusserlich und können leicht in Feindschaft
gegenüber anderen Eigenheiten umschlagen. Im Verlaufe der Geschichte treten sie
aber miteinander in Kontakt. Aus ihrer Konfrontation entsteht ein „Verständnis"
füreinander und damit die Differenz. Der Moment der Konfrontation ist immer
konflikthaft. Transformiert durch die Auseinandersetzung behaupten sich diejenigen Qualitäten, die überleben, nicht mehr getrennt voneinander. Stattdessen können
sie sich nur in ihren gegenseitigen Verhältnissen präsentieren und repräsentieren.
So taucht das Konzept der Differenz auf: Nicht nur durch das logische Denken,
sondern auf verschiedenen Wegen, demjenigen der Geschichte und denjenigen von
vielfältigen Dramen des Alltags erhält das Konzept einen Inhalt. Auf diese Weise
und unter diesen Umständen werden Eigenheiten zu Differenzen und bringen die
Differenz hervor.

[1168] *Das Recht auf die Stadt.* Stadt lässt sich also nach Lefebvre dreifach definieren: Sie ist erstens eine spezifische Ebene der gesellschaftlichen Wirklichkeit, die
Ebene der Mediation; zweitens ist sie eine soziale Form, die Zentralität; drittens ist

sie ein spezifischer Ort, der Ort der Differenz. Diese Definitionen sind alle formal. Der Inhalt des Städtischen bleibt theoretisch unbestimmt. Er lässt sich nur empirisch feststellen. Er entspringt den jeweiligen gesellschaftlichen Verhältnissen und ist das Resultat von Auseinandersetzungen um die Stadt. Unter veränderten historischen Bedingungen wird der Inhalt des Städtischen gesellschaftlich jeweils neu festgelegt.

Worin liegt das Spezifische des Städtischen in der gegenwärtigen, globalisierten Gesellschaft? Für Lefebvre gewinnt in dieser Gesellschaft die Zentralität durch die Techniken der Informations- und Datenverarbeitung eine neue Qualität: Kenntnisse und Informationen aus aller Welt können an einem Punkt vereinigt und bearbeitet werden. Damit erhöhen sich die Kapazitäten des Zusammentreffens und der Vereinigung, die Gleichzeitigkeit wird intensiviert und verdichtet. Die urbanen Zentren übernehmen zunehmend die Aufgabe, die Intellektualisierung des globalen Produktionsprozesses voranzutreiben. Aus all diesen Entwicklungen ergibt sich eine erneuerte Zentralität, die auf der Information basiert. Sie stösst periphere Elemente aus und kondensiert die Reichtümer, die Mittel der Aktion, die Kenntnisse, die Information, die Kultur. Und sie bringt schliesslich auch die höchste Macht hervor, die Konzentration der Mächte: die Entscheidung.

Lefebvre findet die neue Bestimmung des Urbanen im Entscheidungszentrum. Die heutigen Städte sind Zentren der Gestaltung und der Information, der Organisation und der institutionellen Entscheidungsfindung auf globalem Massstab. Sie sind Entscheidungs- und Machtzentren, die auf einem begrenzten Territorium die konstitutiven Elemente der gesamten Gesellschaft vereinigen. Die Transformation der Städte zu Entscheidungs- und Informationszentren bleibt jedoch nicht unbestritten. Die Zentralität wird zu einer politischen Frage, die Städte werden zu umkämpften Terrains. Programmatisch fordert Lefebvre deshalb ein „Recht auf die Stadt": das Recht, nicht in einen Raum abgedrängt zu werden, der bloss zum Zweck der Diskriminierung produziert wurde. Lefebvre stellt dieses Recht den anderen Rechten gleich, welche die urbane Zivilisation definieren: das Recht auf Arbeit, Ausbildung, Gesundheit, Wohnung, Freizeit, auf das Leben. Das Recht auf die Stadt bezieht sich dabei nicht auf die frühere Stadt, sondern auf das urbane Leben, auf eine erneuerte Zentralität, auf Orte des Zusammentreffens und des Austausches, auf Lebensrhythmen und eine Verwendung der Zeit, die einen vollen und ganzen Gebrauch dieser Orte erlauben. Dieses Recht kann nicht bloss als ein einfaches Recht des Besuchs oder der Rückkehr in die traditionellen Städte verstanden werden. Es lässt sich nur als das Recht auf ein transformiertes, erneuertes urbanes Leben formulieren.

Das grosse theoretische und praktische Projekt, das Lefebvre vorschwebt, besteht darin, einen möglichen Weg zu dieser urbanen Welt zu erkunden, in der sich die Einheit nicht mehr gegen die Verschiedenheit stellt, wo das Homogene das Heterogene nicht mehr bekämpft und Versammlung, Begegnung, Vereinigung nicht ohne Konflikte – an die Stelle des Kampfes der durch die Trennungen zu Antinomien gewordenen einzelnen städtischen Elemente treten: ein urbaner Raum als soziale Basis eines verwandelten Alltagslebens, der für die verschiedensten Möglichkeiten offen ist.

WAHRGENOMMENER, KONZIPIERTER UND ERLEBTER RAUM

Damit stellt sich die Frage, wie ein solcher urbaner Raum hergestellt werden kann, oder, anders formuliert, wie unter heutigen Bedingungen „Stadt" produziert wird. Diese Frage führt erneut zu einer radikalen Veränderung der analytischen Perspektive. Sie erfordert einen allgemeineren Begriff und eine allgemeinere Theorie, die es ermöglichen, unterschiedliche Aspekte miteinander zu verbinden: den Begriff des Raumes und die Theorie der [|169] Produktion des Raumes, die Lefebvre in „La production de l'espace" (1974) herausarbeitete. Den Raum zu produzieren – das mag erstaunlich klingen, wie Lefebvre selbst einräumt. Doch er setzt diesen Begriff bewusst und provokativ gegen die immer noch verbreitere Vorstellung, dass der Raum vor den „Dingen" existiert, die ihn besetzen und erfüllen. Für Lefebvre ist der Raum ein gesellschaftlich hergestelltes, soziales Produkt.

Im Zentrum von Lefebvres Theorie steht die Vorstellung, dass sich die Produktion des Raumes analytisch in drei dialektisch miteinander verbundene Dimensionen oder Prozesse aufspalten lässt. Diese Dimensionen – Lefebvre nennt sie auch Formanten oder Momente der Produktion des Raumes – sind doppelt bestimmt und dementsprechend auch doppelt benannt. Es handelt sich einerseits um die Triade von „räumlicher Praxis", „Repräsentation des Raumes" und „Räumen der Repräsentation", andererseits um den „wahrgenommenen", den „konzipierten" und den „erlebten" Raum. Diese doppelte Reihe von Begriffen weist auf einen zweifachen Zugang zum Raum hin: einerseits einen phänomenologischen, andererseits einen linguistischen und semiotischen.

Drei Dimensionen der Produktion des Raumes. „Raum" hat zunächst einen wahrnehmbaren Aspekt, der sich mit den fünf Sinnen erfassen lässt. Dieser wahrgenommene Raum („espace perçu") bezieht sich direkt auf die Materialität der Elemente, die einen Raum konstituieren. Die räumliche Praxis („pratique spatiale") verknüpft diese Elemente zu einer räumlichen Ordnung, einer Ordnung des Gleichzeitigen. Konkret lassen sich unter dem wahrgenommenen Raum Netzwerke der Interaktion vorstellen, wie sie im Alltagsleben (etwa die tägliche Verknüpfung von Wohnort und Arbeitsplatz) oder im Produktionsprozess (Produktions- und Austauschnetzwerke) entstehen. Diese Netzwerke basieren ihrerseits auf einer Materialität: den Strassen und Wegnetzen, den Wohnungen und Produktionsstätten. Ein Raum lässt sich indes nicht wahrnehmen, ohne dass er zuvor gedanklich konzipiert worden wäre. Das Zusammenbringen von einzelnen Elementen zu einem Ganzen, das dann als Raum betrachtet wird, setzt eine gedankliche Leistung voraus. So entsteht ein konzipierter Raum („espace conçu"). Konstruktionen oder Konzeptionen des Raumes stützen sich auf gesellschaftliche Konventionen, die festlegen, welche Elemente zueinander in Beziehung gesetzt und welche ausgeschlossen werden, Konventionen, die einerseits gelernt werden, die andererseits aber nicht unabänderlich sind, sondern oft umstritten und umkämpft, und die im diskursiven (politischen) Einsatz ausgehandelt werden. Es handelt sich um einen gesellschaftlichen Produktionsprozess, der mit der Produktion von Wissen verbunden und mit Machtstrukturen verknüpft ist. Ein konzipierter Raum ist mithin eine Darstellung, die einen

Raum abbildet und definiert und ihn damit repräsentiert („représentation de l'espace"). Repräsentationen des Raumes entstehen auf der Ebene des Diskurses, der Sprache als solcher. In einem engen Sinne umfassen sie verbalisierte Formen wie Beschreibungen, Definitionen und insbesondere (wissenschaftliche) Raumtheorien, aber auch Karten und Pläne, Informationen durch Bilder und Zeichen. In einem weiten Sinne umfassen die Repräsentationen des Raumes auch gesellschaftliche Regeln und eine Ethik.

Die dritte Dimension der Produktion des Raumes nennt Lefebvre „Räume der Repräsentation" („espaces de représentation"). Es handelt sich hierbei um Räume, die „etwas" bezeichnen. Räume der Repräsentation verweisen nicht auf den Raum selbst, sondern auf etwas anderes, drittes: eine göttliche Macht, den Logos, den Staat, das männliche oder das weibliche Prinzip. Diese Dimension der Produktion des Raumes bezieht sich auf den Bedeutungsprozess, der sich an einer (materiellen) Symbolik festmacht: Die Bedeutungsproduktion belegt Räume mit einem symbolischen Gehalt und macht sie so zu Räumen der Repräsentation. Die Symbole des Raumes können der Natur entnommen sein, wie Bäume oder markante Formationen, sie können reine Artefakte sein, Bauwerke und Monumente, sie [l170] können auch aus einer Verbindung von beidem entstehen, wie beispielsweise Kulturlandschaften. Dieser Aspekt des Raumes wird von den Menschen in ihrer Alltagspraxis erlebt oder erfahren, und Lefebvre nennt ihn deshalb auch „espace vécu", den erlebten oder gelebten Raum. Das Erlebte, die praktische Erfahrung, lässt sich durch die theoretische Analyse nicht ausschöpfen. Es bleibt immer ein Mehr: ein unaussprechliches und unanalysierbares Residuum, das sich nur mit künstlerischen Mitteln ausdrücken lässt.

Die Theorie der Produktion des Raumes umfasst im Kern also einen dreistufigen Produktionsprozess: erstens die materielle Produktion, zweitens die Produktion von Wissen, drittens die Produktion von Bedeutungen. Damit wird deutlich, dass der Gegenstand von Lefebvres Theorie nicht „der Raum an sich" ist und auch nicht die Anordnung von (materiellen) Objekten und Artefakten im Raum, sondern das praktische, mentale und symbolische Herstellen von Beziehungen zwischen diesen „Objekten". Raum ist in einem aktiven Sinne zu verstehen, als ein vielschichtiges Gewebe von Beziehungen, das laufend produziert und reproduziert wird. Der Gegenstand der Analyse sind somit aktive Produktionsprozesse, die sich in der Zeit abspielen.

Diese drei Dimensionen der Produktion des Raumes bilden eine widersprüchliche dialektische Einheit. Es handelt sich um eine dreifache Determination: Erst im Zusammenspiel aller drei Pole entsteht Raum.

Die Produktion der Stadt. Wie lässt sich Stadt als Raum erfassen? Lefebvre definiert die Stadt auf dreifache Weise: Sie ist die mittlere Ebene der gesellschaftlichen Wirklichkeit, der Ort der Vermittlung zwischen dem Globalen und dem Privaten. Die Form des Städtischen ist die Zentralität: Stadt ist der Ort des Zusammentreffens, der Begegnung, der Interaktion. Schliesslich ist das Städtische durch die Differenz gekennzeichnet, es ist ein Ort, an dem Unterschiede aufeinander prallen und dadurch Neues produzieren. Zugleich lässt sich der urbane Raum als dreidimensionaler Produktionsprozess darstellen: Die Stadt ist ein Produkt, das erst im widersprüchlichen Zusammenspiel von räumlicher Praxis, Repräsentation des Raumes und Räumen der Repräsentation beziehungsweise von wahrgenommenen, konzipierten und erlebten Räumen entsteht.

Der urbane Raum ist zunächst ein materieller, ein wahrnehmbarer Raum. Als solcher ist er ein Raum der materiellen Interaktion und des physischen Zusammentreffens, der durch Netzwerke und Informationsflüsse aufgespannt wird. So lässt sich die Stadt als eine spezifische räumliche Praxis erfassen, die oberhalb des Praktisch-Sinnlichen und unterhalb des Abstrakten angesiedelt ist: eine Praxis der Verknüpfung und damit des potenziellen Zusammentreffens, aus dem etwas Neues entstehen kann. Dieser praktische Aspekt der Zentralität lässt sich in den verschiedensten Bereichen fassen, als Überlagerung und Verknotung von Produktionsnetzwerken und Kommunikationskanälen, als Verbindung von sozialen Netzen des Alltagslebens, als Orte der Begegnung und des Austausches, die offen sind für Überraschungen und Innovationen.

Zweitens ist die Stadt auch ein konzipierter Raum oder eine Repräsentation des Raumes. Das, was unter Stadt verstanden wird, ist abhängig von der gesellschaftlichen Definition des Städtischen und damit auch vom Bild der Stadt, dem Entwurf, der Karte, aber auch der Planung, die versucht, das Städtische zu definieren und festzulegen. Als Repräsentation des Raumes bleibt das Städtische in einer urbanisierten Welt zunächst unbestimmt. Da die Stadt keine distinkte soziale Einheit, keine unabhängige Produktions- und Lebensweise mehr bildet, gibt es viele Möglichkeiten, eine Stadt zu definieren und abzugrenzen. Dies ist auch ein Grund dafür, warum heute so viele unterschiedliche Definitionen der Stadt existieren. Je nach Perspektive werden in Wissenschaft, Planung, Medien oder Politik unter Stadt andere Einheiten verstanden. Alle diese unterschiedlichen Definitionen sind spezifische Repräsentationen des Raumes. Sie bezeichnen diskursive Abgrenzungen des Gehalts des Städtischen und beinhalten [|171] entsprechende Einschluss- und Ausschlussstrategien. Stadtdefinitionen werden zum Einsatzfeld unterschiedlicher Strategien und Interessen.

Drittens ist die Stadt immer auch ein erlebter Raum, ein Ort der Bewohnerinnen und Bewohner, die ihn benützen und ihn sich in ihren Alltagspraktiken aneignen. Das Städtische kennzeichnet den Ort der Differenz: Die spezifische Qualität des urbanen Raumes entsteht durch die gleichzeitige Präsenz von ganz unterschiedlichen Welten und Wertvorstellungen, von ethnischen, kulturellen und sozialen Gruppen, Aktivitäten, Funktionen und Kenntnissen. Der urbane Raum schafft die Möglichkeit, all die unterschiedlichen Elemente zusammenzubringen und fruchtbar werden zu lassen. Zugleich besteht jedoch immer auch die Tendenz, dass sie sich gegeneinander abschotten und voneinander separieren. Entscheidend ist deshalb, wie diese Differenzen im konkreten Alltag erlebt und gelebt werden.

DER URBANE RAUM: NETZWERKE, GRENZEN, DIFFERENZEN

Lefebvres allgemeine Theorie der Produktion des Raumes lässt sich auf sehr unterschiedliche Arten empirisch anwenden. Sie offeriert keine präzise Methodik, sondern bildet vielmehr einen konzeptionellen Hintergrund, der für empirische Analysen zu konkretisieren ist. Je nach Fragestellung und Ziel der Analyse kann sie auf sehr unterschiedliche Weise operationalisiert und eingesetzt werden. Diese Aneignung der Theorie sollte nicht schematisch erfolgen, vielmehr sollte sie aufgegriffen, in die Wirklichkeit eingetaucht und kreativ umgesetzt werden. Für unsere Analyse ging es in erster Linie darum, einfache und imaginative Begriffe zu finden, die unsere Recherchen fruchtbar anleiten können und es ermöglichen, die Physiognomie des Urbanen zu umreissen. Dies machte eine Aneignung und Übersetzung der komplexen Theorie Lefebvres notwendig. Dabei haben wir drei untersuchungsleitende Begriffe herausgearbeitet: Netzwerke, Grenzen, Differenzen.

Netzwerke. Der urbane Raum ist ein Raum der materiellen Interaktion, des Austausches, des Zusammentreffens, der Begegnung. Er ist von allen Arten von Netzwerken durchzogen, die ihn nach innen und nach aussen verknüpfen und deren Ausdehnung je nach Funktion zwischen lokal und global aufgespannt ist: Netzwerke des Handels, der Produktion, des Kapitals, des Alltags, der Kommunikation, der Migration.

So lässt sich der urbane Raum durch die Netzwerke erfassen, die ihn durchziehen und bestimmen. Jedes urbane Gebiet ist durch ein charakteristisches Set von Netzwerken geprägt, das sich im Verlauf seiner historischen Entwicklung herausgebildet hat. Diese Netzwerke der Interaktion bezeichnen die materielle Seite des urbanen Raumes, sie beziehen sich auf eine räumliche Praxis und damit auf den wahrnehmbaren Aspekt des Raumes.

Sie basieren ihrerseits auf einer materiellen Infrastruktur, auf Strassen, Flughäfen oder Glasfaserkabeln, und legen die Qualitäten des urbanen Raumes und seine Orientierung fest. Ein zentraler Aspekt der Urbanisierung liegt gerade darin, dass diese materielle Infrastruktur immer weiter ausgebaut wird und so eine immer dichtere Vernetzung der Welt möglich wird. Die Urbanisierung ist gewissermassen die Kehrseite der Globalisierung, ihre materielle Basis. Die These der vollständigen Urbanisierung bedeutet in diesem Zusammenhang auch, dass sich die Netzwerke der Interaktion immer weiter ausdehnen und immer dichter verknüpfen.

Die Feststellung, dass heute alle Gebiete der Welt mithilfe von Satelliten und Handys zum globalen Dorf vernetzt sind, ist geradezu eine Binsenweisheit. Dennoch zeigt sich bei genauerer Betrachtung, dass die urbanen Gebiete in ganz unterschiedlichem Masse erschlossen sind und dass sie in ganz unterschiedliche Netzwerke involviert sind. Denn die Netzwerke sind nicht homogen über den Raum verteilt, es entstehen Maschen und Löcher, aber auch Knoten, Zonen intensiver Interaktion. Zentrum und Peripherie bestimmen sich nicht mehr allein durch die geografische Lage im Raum, sondern durch [|172] ihre relationale Positionierung innerhalb globaler Netzwerke. Die Netzwerke, die den urbanen Raum durchmessen und aufspannen, lassen sich nach verschiedenen Eigenschaften oder Merkmalen differenzieren. Dazu zählen ihre Intensität oder Dichte, Ausdehnung oder Reichweite und ihre Komplexität.

Das erste Merkmal ist die *Intensität* von Interaktionsbeziehungen: In welchem Masse ist ein Gebiet in Netzwerke einbezogen? Gibt es einen intensiven Austausch und vielfältige Verknüpfungen, oder ist das urbane Gebiet eher nach innen gerichtet? Traditionelle ländliche Gebiete zeichnen sich gerade durch die weitgehende Absenz von Netzwerken und grossräumigen Austauschbeziehungen aus, sie sind auf sich selbst bezogen und produzieren das, was sie brauchen, überwiegend selbst.

Damit ist ein zweites Merkmal verbunden: Die *Ausdehnung* oder die Reichweite der Netzwerke, in die soziale Interaktionsprozesse eingebunden sind, kann höchst unterschiedlich sein. Die Skala reicht von lokalen bis zu globalen Einzugsgebieten. Zur Bestimmung des städtischen Charakters sind vor allem zwei Ebenen bedeutend: die Verknüpfung in die Region und die Verbindung mit der Welt. Mit dem Urbanisierungsprozess hat die klassische morphologische Form des Städtischen mit einer Kernstadt und ihrem regionalen Umland einen grundlegenden Wandel erfahren. Auch wenn lokale Netzwerke, Quartier und Gemeinde im Alltag weiterhin eine wichtige Rolle spielen, hat sich der städtische Interaktionsrahmen auf eine regionale Ebene ausgedehnt. Auf dieser bilden sich komplexe, polyzentrische Netzwerke der Produktion, des Konsums und der Freizeit heraus. Durch die Überlagerung dieser Netzwerke mit je unterschiedlicher Skalierung entstehen komplexe Muster. Die neuen Stadtformen sind entsprechend vielgestaltig und äusserst schwierig abzugrenzen. Zugleich hat sich die Verbindung zur übergeordneten, globalen Ebene intensiviert. Globale Prozesse schlagen unmittelbar auf die lokale Ebene durch. Die heutigen Stadtregionen lassen sich als unterschiedlich ausgeformte Knoten globaler und regionaler Netzwerke begreifen.

Eine entscheidende Rolle spielt schliesslich drittens die *Heterogenität* der Netzwerke. Durch die Überlagerung von unterschiedlichen Netzwerken können sich überraschende Verknüpfungen ergeben. Die so entstehende Komplexität ist eine wichtige Ressource für gesellschaftliche Innovationsprozesse. Eine grosse Heterogenität ist deshalb ein zentrales Merkmal von metropolitanen Gebieten.

So lässt sich jedes urbane Gebiet durch ein spezifisches Set von Netzwerken charakterisieren. Dabei sind grosse Unterschiede möglich. Entsprechend lassen sich immer wieder neue urbane Konfigurationen entdecken.

Grenzen. Der materielle Raum der Interaktion und der Netzwerke ist diskontinuierlich, begrenzt und strukturiert. Urbane Gebiete sind von vielfältigen Grenzen durchzogen, die Territorien aus dem kontinuierlichen Fluss der Interaktionsnetzwerke schneiden.

Zwar ist Urbanisierung ein grenzüberschreitender Prozess, der sich durch administrative und politisch-territoriale Grenzen kaum aufhalten lässt. Grenzen sind deshalb zunächst keine urbane Eigenschaft. Der Urbanisierungsprozess begann im Gegenteil gerade in dem Moment, in dem sich die Grenzen zwischen Stadt und Land auflösten und die äusseren Barrieren, die Mauern, Wälle und Gräben gefallen sind, welche die Stadt einst geschützt und von der Umgebung abgegrenzt und abgetrennt hatten. Die Grüngürtel, die symbolisch ebenfalls eine Grenze zwischen den

Städten und dem Land markierten, sind heute, wenn sie noch existieren, innerurbane Parks und Freiflächen geworden. Urbane Gebiete lassen sich nicht mehr ein- und abgrenzen. Dies ist eine der wesentlichen Konsequenzen der vollständigen Urbanisierung der Gesellschaft.

Damit sind Grenzen heute auch ein wesentliches Kriterium der Unterscheidung von ruralen und urbanen Gebieten. Ein ländliches Gebiet beginnt seinen Urbanisierungsprozess, wenn seine Eingrenzungen ihren Status als Trennung von diskreten Einheiten einbüssen. Urbanisierung verwandelt Grenzen von Faktoren der [|173] Begrenzung, der Abschliessung, der Stille, des inaktiven Unterschiedes in Zonen des Austausches, des Ineinandergreifens von Unterschiedlichem, der überschreitenden Bewegung.

Die Bedeutung der Grenzen ist deshalb ambivalent: Grundsätzlich lässt sich, in Anlehnung an Lefebvre, jede Grenze als „Schnitt-Naht" verstehen: Grenzen sind Schnitte im kontinuierlichen Fluss der Interaktionen, sie umschliessen mehr oder weniger kohärente territoriale Einheiten mit eigenen Formen von Regeln, Vorschriften, Gesetzen, Gewohnheiten, Traditionen, Sprachen, Kulturen und Identitäten. Sie sind Instrumente der Strukturierung, der Kontrolle, der Ordnung. Zugleich markieren sie aber auch Übergänge und Unterschiede: An einer Grenze prallen zwei Welten, zwei unterschiedliche Ordnungen aufeinander. Damit enthält die Grenze ein Potenzial: Sie kann die getrennten Einheiten miteinander verbinden. Aus der urbanen Transformation von Grenzen entstehen neue Ordnungen, neue Konzepte, neue Bilder, neue urbane Konfigurationen.

Diese Grenzen kommen aus der Geschichte, sie bilden Ablagerungen historischer Kräftekonstellationen, die sich in ein Terrain einschreiben wie in ein Palimpsest. Im Kontext des Urbanisierungsprozesses werden sie überschrieben, bleiben aber – oft untergründig – wirksam und gewinnen eine neue Bedeutung. Nicht die Aufhebung von Grenzen weist also auf Urbanität hin, sondern ihre Transformation zu produktiven Momenten einer städtischen Kultur. Die Ausbildung und die Qualität der Grenzen ist ein entscheidendes Kriterium für die Art der Urbanität, die in einem Gebiet vorherrscht. Dabei spielen unterschiedliche Aspekte eine Rolle: Einerseits stellt sich die Frage des Unterschieds zwischen den benachbarten Gebieten und damit des Potenzials, das sich aus ihrer Verbindung ergibt. Andererseits spielt die *Permeabilität* oder Durchlässigkeit der Grenzen eine wichtige Rolle: Sie entscheidet wesentlich darüber, ob sich die verschiedenen Territorien eines urbanen Gebietes zueinander öffnen oder ob sie sich gegeneinander abschotten oder abkapseln. Damit stellt sich auch die Frage der neuen Grenzen, die geschaffen werden, um urbane Gebiete zu fassen und zu definieren. Sie sind zunächst Repräsentationen des Raumes, Bilder und Vorschläge, die immer auch von bestimmten Interessen geleitet sind. Alle Versuche, die äusseren Grenzen einer urbanen Konfiguration festzulegen, sind somit politische Projekte. Ihre Qualität bestimmt sich nicht zuletzt dadurch, wie die Gebiete gefasst sind: Öffnen sie Potenziale, setzen sie auf die Verbindung von Differenzen oder aber auf Homogenität und Abschottung.

Differenzen. Die Differenzen sind das dritte grundlegende Kriterium des Städtischen: Stadt ist da, wo gesellschaftliche Differenzen aufeinander prallen und produktiv werden. Das „urbane Versprechen" (LÜSCHER, MAKROPOULOS 1984) liegt darin, dass die Stadt die Möglichkeit bietet, unterschiedlichste Lebensentwürfe realisieren zu können. Urbane Lebensweisen oder Kulturen unterscheiden sich von dörflichen oder ruralen gerade dadurch, dass sie sich nicht über ihre Eigenheiten, sondern über ihre Differenzen beschreiben lassen. Das Vorhandensein von unterschiedlichen Kulturen und Handlungszusammenhängen ist jedoch nicht ausreichend für eine urbane Kultur. Entscheidend ist vielmehr, auf welche Weise sie ineinander greifen. Erst das Zusammenspiel von Differenzen setzt jene Energien frei, durch die sich die Stadt fortwährend neu erfindet. In diesem Sinne bezeichnet die Differenz ein Potenzial.

Differenzen basieren zwar auf materiellen Gegebenheiten, auf Netzwerken und Interaktionsprozessen, sie müssen sich im Alltag aber dauernd bestätigen oder widerlegen. Differenzen sind somit an das Erleben gebunden, sie kennzeichnen in erster Linie den erlebten Raum, den Raum der Repräsentation.

Zur Charakterisierung des urbanen Raumes lassen sich Unterscheidungen wie Heterotopie, Interaktionsfähigkeit und Dynamik heranziehen.

Zunächst geht es um das Vorhandensein von Differenzen, um die Heterogenität der Elemente, die in einem urbanen Raum vorhanden sind. Mit Lefebvre [1174] lässt sich ein Raum, in dem das Gleiche vorherrscht, als isotopischer Raum fassen. Demgegenüber sind Räume, die Unterschiedliches vereinigen, *heterotopische* Räume.

Eine zweite Unterscheidung betrifft die Beziehungen zwischen den Elementen des urbanen Raumes: Sind sie *aktiv* und somit auch produktiv, oder bleiben sie inert, reaktionslos und verharren in der Indifferenz? Während die Eingrenzung, Segregation und „Ghettoisierung" von Differenzen ihre vielfältigen Eigenschaften isoliert und unfruchtbar macht, verwandelt eine entwickelte Stadtform das Nebeneinander von Verschiedenem in reaktive Möglichkeiten. Das Ausmass der Reaktion und die Vielfalt der Wirkungen sind deshalb ein entscheidendes Kriterium für die Art der vorherrschenden Urbanität.

Damit ergibt sich drittens auch die Unterscheidung in *dynamische* und statische Differenzen: Werden Konflikte offen ausgetragen, oder werden sie domestiziert? Die Stadt lässt die Unterschiede in ihrem Inneren als Potenzial ihrer eigenen Dynamik wirksam werden. Differenzen müssen deshalb dynamisch begriffen werden: Sie sind nicht etwas, was eine Stadt „hat", sondern was sie ständig von neuem produziert und reproduziert.

Ein neues Verständnis des Städtischen. Durch die Kombination der drei Kriterien Netzwerke, Grenzen und Differenzen lassen sich unterschiedliche Formen des Städtischen bestimmen. Jedes städtische Gebiet zeichnet sich durch eine spezifische, unverwechselbare urbane Kultur aus, die von vielen Faktoren abhängig ist. Damit eröffnet sich, im Anschluss an Lefebvres Theorie des Urbanen, ein neues, relationales und dynamisches Verständnis des Städtischen.

Dieses Verständnis unterscheidet sich in vielfacher Hinsicht von den klassischen Konzeptionen des Urbanen, die nicht mehr geeignet sind, die heutige städtische Wirklichkeit zu erfassen. Kriterien wie Stadtgrösse, Dichte oder Heterogenität

(WIRTH 1938) können kaum mehr zur Analyse der heutigen urbanen Wirklichkeit herangezogen werden. So lässt sich die Grösse einer Stadt nicht mehr eindeutig bestimmen, und sie hat nur eine sehr begrenzte Aussagekraft – auch kleinere Städte können einen hohen Grad an Urbanität erreichen. Auch die Dichte einer Stadt lässt wenig Rückschlüsse auf die Qualität des Alltagslebens zu. Heterogenität schliesslich ist zwar eine notwendige, aber keine hinreichende Bedingung für städtisches Leben. Entscheidend ist vielmehr, ob zwischen den heterogenen Elementen produktive Differenzen entstehen. Es sind also nicht die Grösse, die Dichte oder die Heterogenität, die eine Stadt ausmachen, sondern es ist die Qualität von aktiven, alltäglichen Interaktionsprozessen.

Die vollständige Urbanisierung der Gesellschaft lässt das Städtische immer wieder neu entstehen. Die Stadt wird virtuell allgegenwärtig, potenziell kann jeder Punkt zentral werden, zu einem Ort der Auseinandersetzung, der Differenz, der Kreativität. An verschiedensten Orten sind immer wieder neue urbane Situationen möglich. Damit kann es nicht mehr darum gehen, das Städtische eindimensional zu bestimmen. Es gilt vielmehr, unterschiedliche Formen und Ausprägungen zu identifizieren.

LITERATUR

FISHMAN, ROBERT (1991): „Die befreite Megalopolis. Amerikas neue Städte", *Arch+* 109/110, S. 73–83.

GARREAU, JOEL (1991): *Edge City. Life on the New Frontier*, Doubleday, New York.

KOOLHAAS, REM (1995): „The Generic City", in: ders., *S, M, L, XL*, Rotterdam.

LEFEBVRE, HENRI (1968): *Le droit à la ville*, Anthropos, Paris.

LEFEBVRE, HENRI (1970): *La révolution urbaine*, Gallimard, Paris.

LEFEBVRE, HENRI (1974): *La production de l'espace*, Anthropos, Paris.

LÜSCHER, RUDOLF M., MAKROPOULOS, MICHAEL (1984): „Vermutungen zu den Jugendrevolten 1980/81, vor allem zu denen in der Schweiz", in: R. Lüscher: *Einbruch in den gewöhnlichen Ablauf der Ereignisse*, Limmat Verlag, Zürich, S. 123–139.

SCHMID, CHRISTIAN (2005): *Stadt, Raum und Gesellschaft – Henri Lefebvre und die Theorie der Produktion des Raumes*, Steiner, Stuttgart 2005.

SIEVERTS, THOMAS (1997): *Zwischenstadt. Zwischen Ort und Welt, Raum und Zeit, Stadt und Land*. Bauwelt Fundamente 118, Vieweg, Braunschweig/Wiesbaden.

SMITH, NEIL (1996): *The New Urban Frontier. Gentrification and the Revanchist City*, Routledge, London/New York.

SOJA, EDWARD W. (1992): „Inside Exopolis: Scenes from Orange County", in: M. Sorkin: *Variations on a Theme Park*, The Noonday Press, New York, S. 94–122.

WIRTH, LOUIS (1938): „Urbanism as a Way of Life", *The American Journal of Sociology*, 44/1, S. 1–24.

NACHWEIS DER URSPRÜNGLICHEN DRUCKORTE

Georg Simmel
Zuerst erschienen unter dem Titel: Die Großstädte und das Geistesleben. *Jahrbuch der Gehe-Stiftung*, Band 9, Dresden 1903, S. 187–206. © Suhrkamp Verlag Berlin 2006.

Louis Wirth
Urbanität als Lebensweise
Zuerst erschienen unter dem Titel „Urbanism as a Way of Life". *The American Journal of Sociology*, Vol. 44, Nr. 1, 1938, 1–24. Published by: The University of Chicago Press. Deutsche Erstübersetzung Nymphenburger Verlagshandlung München, 1974.

Paul-Henry Chombart de Lauwe
Die Untersuchung des Sozialen Raumes
Zuerst erschienen unter dem Titel „L'étude de l'espace social", in: Chombart de Lauwe, P.-H., *Essais de sociologie (1952–1964)*. Paris, Editions Ouvrières 1965, S. 21–43.

Edgar Salin
Urbanität
Aus: *Erneuerung unserer Städte. Vorträge, Aussprachen und Ergebnisse der 11. Hauptversammlung des Deutschen Städtetages*. Berlin: Deutscher Städtetag 1960, S. 9–34.

Melvin M. Webber
Der urbane Ort und die nicht-verortete urbane Domäne
Zuerst erschienen unter dem Titel „The Urban Place and the Nonplace Urban Realm" in: Webber, Melvin M. et al. (Hrsg.), *Explorations into Urban Structures*. Philadelphia: University of Pennsylvania Press 1964, S. 108–132.

Henri Lefebvre
Die Stadt und das Urbane
Zuerst erschienen unter dem Titel „La ville et l'urbain" *Espaces & Sociétés*, Nr. 2, © Éditions érès, 1971, S. 3–7.

Peter R. Gleichmann
Wandel der Wohnverhältnisse, Verhäuslichung der Vitalfunktionen, Verstädterung und siedlungsräumliche Gestaltungsmacht. *Zeitschrift für Soziologie*, Jahrgang 5, Heft 4, Berlin: DeGruyter, 1976, S. 319–329.

Ilse Helbrecht
Sokrates, die Stadt und der Tod. Individualisierung durch Urbanisierung. *Berichte zur deutschen Landeskunde* 75, Heft 2/3, DAL-Selbstverlag, Leipzig, 2001, S. 103–112.

Saskia Sassen
Global City: Internationale Verflechtungen und ihre innerstädtischen Effekte.
Aus: *New York. Strukturen einer Metropole*. Häußermann, Hartmut/Siebel, Walter Hrsg. Frankfurt/Main: Suhrkamp 1993, S. 71–90.

Boris Beaude / Nicolas Nova
Netzwerkartige Topographien.
Zuerst erschienen unter dem Titel „Topographies réticulaires". *Réseaux*, Nr. 195, 2016, S. 53–83.

Augustin Berque
Repräsentationen der japanischen Urbanität.
Zuerst erschienen unter dem Titel „Représentations de l'urbanité japonaise". *Géographie & Cultures*, Nr. 1, 1992, S. 72–80. © Editions l'Harmattan.
Zitiert nach: http://journals.openedition.org/gc/2548 DOI: 10.4000/gc.2548

Jacques Lévy
Urbanitätsmodell
Zuerst erschienen unter dem Titel: „Modèle d'urbanité", in: Lévy Jacques/Lussault Michel (Hrsg), *Dictionnaire de la géographie et de l'espace des sociétés*. Paris: Belin, 2013, S. 1055–1060.

Christian Schmid
Netzwerke – Grenzen – Differenzen: Auf dem Weg zu einer Theorie des Urbanen
Aus: Diener, R. et al. (Hrsg), *Die Schweiz. Ein städtebauliches Portrait. Einführung*. Basel: Birkhäuser 2006, S. 164–174.

BIBLIOGRAFIE ZUR URBANITÄT

AMIN, ASH, THRIFT, NIGEL (2002). *Cities: Reimagining the Urban*. London.

ANTWEILER, CHRISTOPH (2004). Urbanität und Ethnologie: aktuelle Theorietrends und die Methodik ethnologischer Stadtforschung. *Zeitschrift für Ethnologie* 129, 285–307.

BASTEN, LUDGER, GERHARD, ULRIKE (2016). Stadt und Urbanität. In: FREYTAG, TIM, GEBHARDT, HANS, GERHARD, ULRIKE, WASTL-WALTER, DORIS (Hrsg.). *Humangeographie kompakt*. Berlin/Heidelberg, 115–139.

BEAUDE, BORIS (2015). From Digital Footprints to Urbanity. Lost in transduction. In: LÉVY, JACQUES (Hrsg.). *A Cartographic Turn*. London, 273–297.

BEAUDE, BORIS, NOVA, NICOLAS (2016). Topographies réticulaires, *Réseaux* 195, 53–83.

BERKING, HELMUTH, LÖW, MARTINA (Hrsg.). (2008). *Eigenlogik der Städte*. Frankfurt am Main: Campus.

BERQUE, AUGUSTIN (1992). Représentations de l'urbanité japonaise. *Géographie et cultures* 1, 72–80.

BLOTEVOGEL, HANS HEINRICH (2003). Das Ruhrgebiet – Vom Montanrevier zur postindustriellen Urbanität? In: HEINEBERG, HEINZ, TEMLITZ, KLAUS (Hrsg.). *Strukturen und Perspektiven der Emscher-Lippe-Region im Ruhrgebiet*. Münster (= Siedlung und Landschaft in Westfalen 32), 5–17.

BÖHME, GÜNTHER (1982). *Urbanität. Ein Essay über die Bildung des Menschen und die Stadt*. Frankfurt am Main.

BOURDIEU, PIERRE (1962). Célibat et condition paysanne. *Études rurales* 5–6, 32–135.

BRENNER, NEIL (Hrsg.). (2014). *Implosions/Explosions: Towards a Study of Planetary Urbanization*, Berlin.

BRENNER, NEIL, SCHMID CHRISTIAN (2014). The 'Urban Age' in Question. *International Journal of Urban and Regional Research* 38 (3), 731–755.

BRENNER, NEIL, SCHMID, CHRISTIAN (2015). Toward a new epistemology of the urban. *City* 19 (2–3), 151–182.

CASTELLS, MANUEL (1975). *Kampf in den Städten: Gesellschaftliche Widersprüche und politische Macht*. Hamburg/Westberlin.

CEFAÏ, DANIEL & JOSEPH, ISAAC (Hrsg.). (2002). *L'héritage du pragmatisme. Conflits d'urbanité et épreuves de civisme*, La Tour d'Aigues.

CHOMBART DE LAUWE, PAUL-HENRI (1970). *Des hommes et des villes*. Paris.

CHOMBART DE LAUWE, PAUL-HENRI (Hrsg.). (1952). *Paris et l'agglomération parisienne. Tome premier: L'espace social dans une grande cité*. Paris.

CHOMBART DE LAUWE, PAUL-HENRI (1965). L'étude de l'espace social, In: CHOMBART DE LAUWE, PAUL-HENRI. *Paris. Essais de sociologie (1952–1964)*. Paris, 21–43.

DEAR, MICHAEL, FLUSTY, STEVEN (1998). Postmodern Urbanism. *Annals of the Association of American Geographers* 88, 50–72.

DEVISME, LAURENT (2005). *La ville décentrée. Les figures centrales à l'épreuve des dynamiques urbaines*. Paris.

DIRKSMEIER, PETER (2006). Habituelle Urbanität. *Erdkunde* 60, 221–230.

DIRKSMEIER, PETER (2009). *Urbanität als Habitus. Zur Sozialgeographie städtischen Lebens auf dem Land*. Bielefeld.

DIRKSMEIER, PETER (2018). Die Emergenz der Masse – zur Urbanität im globalen Süden. *Geographica Helvetica* 73, 11–17.

DIRKSMEIER, PETER, LIPPUNER, ROLAND (2015). Mikrodiversität und Anwesenheit. Zur Raumordnung urbaner Interaktionen. In: GOEKE, PASCAL, LIPPUNER, ROLAND, WIRTHS, JOHAN-

NES (Hrsg.). *Konstruktion und Kontrolle. Zur Raumordnung sozialer Systeme*. Wiesbaden, 243–263.

DÖRFLER, THOMAS (2011). Antinomien des (neuen) Urbanismus. Henri Lefebvre, die HafenCity Hamburg und die Produktion des posturbanen Raumes: eine Forschungsskizze. *Raumforschung und Raumordnung* 69, 91–104.

DUMONT, MARC (2008). La mondialisation de l'urbain, In: LÉVY, JACQUES (Hrsg.). *L'invention du monde: une géographie de la mondialisation*. Paris.

FISCHER, CLAUDE S. (1971). A Research Note on Urbanism and Tolerance. *American Journal of Sociology* 76, 847–856.

FISCHER, CLAUDE S. (1975). Toward a Subcultural Theory of Urbanism. *American Journal of Sociology* 80, 1319–1341.

FISCHER, CLAUDE S. (1995). The Subcultural Theory of Urbanism: A Twentieth-Year Assessment. *American Journal of Sociology* 101, 543–577.

FISHMAN, ROBERT (1994). Urbanity and Suburbanity: Rethinking the 'Burbs. *American Quarterly* 46, 35–39.

FRIEDMANN, JOHN, WOLFF, GOETZ (1984). World City Formation: An Agenda for Research and Action. *International Journal of Urban and Regional Research* 6 (3), 309–344.

FÜLLER, HENNING, MARQUARDT, NADINE, GLASZE, GEORG, PÜTZ, ROBERT (2013). Urbanität nach exklusivem Rezept. Die Ausdeutung des Städtischen durch hochpreisige Immobilienprojekte in Berlin und Los Angeles. *s u b \ u r b a n. zeitschrift für kritische stadtforschung* 1, 31–48.

GANDY, MATTHEW (Hrsg.). (2011). *Urban constellations*. Berlin.

GLEICHMANN, PETER (1976). Wandel der Wohnverhältnisse, Verhäuslichung der Vitalfunktionen, Verstädterung und siedlungsräumliche Gestaltungsmacht. *Zeitschrift für Soziologie* 5, 319–329.

GRAHAM, STEPHEN, MARVIN, SIMON (2001). *Splintering Urbanism*. London.

GUSY, CHRISTOPH (2009). Der öffentliche Raum – Ein Raum der Freiheit, der (Un-)Sicherheit und des Rechts. *Juristen Zeitung* 64, 217–224.

GUTERMAN, STANLEY S. (1969). In Defense of Wirth's „Urbanism as a Way of Life". *American Journal of Sociology* 74, 492–499.

HAFERBURG, CHRISTOPH, ROTHFUSS, EBERHARD (2019). Relational Urbanity: Perspectives of a Global Urban Society beyond Universalism and Localism. *Geographische Zeitschrift* 107 (3), 166–187.

HANNERZ, ULF (1980). *Exploring the City: Inquiries toward an urban anthropology*. New York.

HARVEY, DAVID (1989). *The Urban Experience*. Baltimore.

HARVEY, DAVID (2012). *Rebel Cities*. London.

HOFFMAN, LILY, FAINSTEIN, SUSAN, JUDD, DENNIS (Hrsg.). (2003). *Cities and Visitors. Regulating People, Markets and City Space*. Oxford.

HÄUSSERMANN, HARTMUT (Hrsg.). (2000). *Großstadt: Soziologische Stichworte* (2. Auflage). Opladen.

HÄUSSERMANN, HARTMUT, SIEBEL, WALTER (1987). *Neue Urbanität*. Frankfurt am Main.

HÄUSSERMANN, HARTMUT, SIEBEL, WALTER (1997). Stadt und Urbanität. *Merkur* 51, 293–307.

HASSE, JÜRGEN (2002). *Subjektivität in der Stadtforschung*. Frankfurt am Main (= Natur – Raum – Gesellschaft Band 3).

HELBRECHT, ILSE (2001). Sokrates, die Stadt und der Tod. Individualisierung durch Urbanisierung. *Berichte zur deutschen Landeskunde* 75, 103–112.

HELBRECHT, ILSE (2014). Urbanität und Ruralität. In: LOSSAU, JULIA, FREYTAG, TIM, LIPPUNER, ROLAND (Hrsg.). *Schlüsselbegriffe der Kultur- und Sozialgeographie*. Stuttgart, 167–181.

HELBRECHT, ILSE, DIRKSMEIER, PETER (2009). New Downtowns. Eine neue Form der Zentralität und Urbanität in der Weltgesellschaft. *Geographische Zeitschrift* 97 (2/3), 60–77.

HELBRECHT, ILSE, DIRKSMEIER, PETER (2012). Auf dem Weg zu einer Neuen Geographie der

Architektur: Die Stadt als Bühne performativer Urbanität. *Geographische Revue* 14 (1), 11–26.

HELBRECHT, ILSE, DIRKSMEIER, PETER (Hrsg.). (2012). *New urbanism: Life, Work, and Space in the New Downtown*. Farnham.

HERTERICH, FRANK (1987). Urbanität und städtische Öffentlichkeit. In: PRIGGE, WALTER (Hrsg.). *Die Materialität des Städtischen. Stadtentwicklung und Urbanität im gesellschaftlichen Umbruch*. Basel, 211–219.

JACOBS, JANE (1961). *The Death and Life of Great American Cities*. New York.

JOSEPH, ISAAC (1994). Le droit à la ville, la ville à l'œuvre. Deux paradigmes de la recherche. *Les Annales de la recherche urbaine* 64, 5–10.

JOSEPH, ISAAC (1998). *La ville sans qualités*. La Tour d'Aigues.

KELLY, PHILIP F. (1999). Everyday Urbanization: The Social Dynamics of Development in Manila's Extended Metropolitan Region. *International Journal of Urban and Regional Research* 23, 283–303.

KLOOSTERMAN, ROBERT (2009). Die Lehre aus Amsterdam. Neue Urbanität in der alten Stadt. *Geographische Zeitschrift* 97, 113–129.

KRÄMER-BADONI, THOMAS (2001). Urbanität und gesellschaftliche Integration. *Deutsche Zeitschrift für Kommunalwissenschaften* 40, 12–26.

LEFEBVRE, HENRI (1968). *Le droit à la ville 1*. Paris (dt. *Das Recht auf Stadt*. Hamburg: Edition Nautilus 2016).

LEFEBVRE, HENRI (1970). *La révolution urbaine*. Paris (dt. *Die Revolution der Städte*. Berlin 2003).

LEFEBVRE, HENRI (1970). *Du rural à l'urbain* (3. Auflage 2001). Paris.

LEFEBVRE, HENRI (1971). La ville et l'urbain. *Espaces et Société* 1 (2), 3–7.

LEFEBVRE, HENRI (1972). *Le droit à la ville 2. Espace et politique*. Paris

LEFEBVRE, HENRI (1972). *La pensée marxiste et la ville*. Tournai (dt. *Die Stadt im marxistischen Denken*. Ravensburg 1975).

LEFEBVRE, HENRI (1974). *La production de l'espace*. Paris (4. Auflage 2001).

LEFEBVRE, HENRI (1996). *Writings on Cities*. Oxford.

LEPETIT, BERNARD, TOPALOV, CHRISTIAN (Hrsg.). (2001). *La ville des sciences sociales*. Paris.

LÉVY, JACQUES (1994). *L'espace légitime*. Paris.

LÉVY, JACQUES (1996). La ville, concept géographique, objet politique. *Le Débat* 92, 111–125.

LÉVY, JACQUES (1999). Penser la ville. In: LÉVY, JACQUES, *Le tournant géographique. Penser l'espace pour lire le monde*. Paris.

LÉVY JACQUES (2013a). *Urbanité/s*, film, Lausanne: Chôros (https://vimeo.com/84457863).

LÉVY JACQUES (2013b). Modèle d'urbanité. In: LÉVY, JACQUES, LUSSAULT, MICHEL (Hrsg.), 2013, *Dictionnaire de la géographie et de l'espace des sociétés*, Paris, 1055–1060.

LÉVY, JACQUES (2014). Science + Space + Society: urbanity and the risk of methodological communalism in social sciences of space. *Geographica Helvetica* 69 (2), 99–114.

LICHTENBERGER, ELISABETH (1998). *Stadtgeographie. Band 1. Begriffe, Konzepte, Modelle, Prozesse*. Stuttgart/Leipzig.

LINDNER, ROLF (1990). *Die Entdeckung der Stadtkultur. Soziologie aus der Erfahrung der Reportage*. Frankfurt am Main.

LOFLAND, LYN H. (1998). *The Public Realm: Exploring the City's Quintessential Social Territory*. Hawthorne.

LUSSAULT, MICHEL (2007). *L'homme spatial. La construction sociale de l'espace humain*. Paris.

LUSSAULT, MICHEL (2013a). Citadinité. In: LÉVY, JACQUES, LUSSAULT, MICHEL (Hrsg.). *Dictionnaire de la géographie et de l'espace des sociétés*. Paris, 182–184.

LUSSAULT, MICHEL (2013b). Urbain. In: LÉVY, JACQUES, LUSSAULT, MICHEL (Hrsg.). *Dictionnaire de la géographie et de l'espace des sociétés*. Paris, 1040–1044.

LUSSAULT, MICHEL, SIGNOLES, PIERRE (Hrsg.). (1996). *La Citadinité en questions*. Tours.

MITCHELL, WILLIAM J. (1999). *e-topia. „Urban Life, Jim – But not as we know it"*. Cambridge.

MITCHELL, WILLIAM J. (2003). *Me++. The Cyborg Self and the Networked City*. Cambridge.

MITSCHERLICH, ALEXANDER (1996). *Die Unwirtlichkeit unserer Städte. Anstiftung zum Unfrieden.* Frankfurt am Main.

MOLOTCH, HARVEY (1976). The City as a Growth Machine: Toward a Political Economy of Place. *American Journal of Sociology* 82, 309–332.

MONNET, JERÔME (2000). Les dimensions symboliques de la centralité. *Cahiers de Géographie du Québec* 44 (123), 399–418.

MORICONI-EBRARD, FRANÇOIS (1993), *L'urbanisation du monde depuis 1950.* Paris.

NAHRATH, STÉPHANE, STOCK, MATHIS (Hrsg.). (2012). Themenheft „Urbanité et tourisme". *Espaces et Société* 151.

NASSEHI, ARMIN (1999). Fremde unter sich. Zur Urbanität der Moderne. In: NASSEHI, ARMIN. *Differenzierungsfolgen. Beiträge zur Soziologie der Moderne.* Opladen/Wiesbaden, 227–240.

NIJMAN, JAN (2007). Introduction – Comparative Urbanism. *Urban Geography* 28, 1–6.

OTREMBA, ERICH (1969). Die Bevölkerung der Erde auf dem Wege in die Urbanität. In: MOHNHEIM, FELIX, MEYNEN, EMIL (Hrsg.). *36. Deutscher Geographentag Bad Godesberg 2. bis 5. Oktober 1967. Tagungsbericht und wissenschaftliche Abhandlungen.* Wiesbaden, 53–68.

PAQUOT, THIERRY, LUSSAULT MICHEL, BODY-GENDROT, SOPHIE (Hrsg.). (2000). *La Ville et l'urbain. L'état des savoirs.* Paris.

PARNELL, SUSAN, OLDFIELD SOPHIE (Hrsg.). (2014). *The Routledge Handbook on Cities of the Global South.* New York.

QUERRIEN, ANNE, DEVISME, LAURENT (2006). France: Centrality or Proximity, Consumption or Culture? *Built Environment* 32 (1), 73–87.

REDEPENNING, MARC (2019). Stadt und Land. In: NELL, WERNER, WEILAND, MARC (Hrsg.). *Dorf. Ein interdisziplinäres Handbuch.* Berlin, 315–325.

ROBINSON, JENNIFER (2011). Cities in a World of Cities: The Comparative Gesture. *International Journal of Urban and Regional Research* 53 (1), 1–23.

ROY, ANANYA, ONG, AIWA (Hrsg.) (2012). *Worlding Cities: Asian Experiments and the Art of Being Global.* Oxford.

ROY, ANANYA, (2009). The 21st-Century Metropolis: New Geographies of Theory. *Regional Studies* 43 (6), 819–830.

SALIN, EDGAR (1960). Urbanität. In: Deutscher Städtetag (Hrsg.). *Erneuerung unserer Städte. Vorträge, Aussprachen und Ergebnisse der 11. Hauptversammlung des Deutschen Städtetags, Augsburg 1.–3. Juni 1960.* Stuttgart, 9–34.

SALIN, EDGAR (1970). Von der Urbanität zur „Urbanistik". *Kyklos. Internationale Zeitschrift für Sozialwissenschaften* 23, 869–881.

SALOMON-CAVIN, JOELLE, MARCHAND, BERNARD (Hrsg.) (2010). *Antiurbain. Origines et conséquences de l'urbaphobie.* Lausanne.

SASSEN, SASKIA (1993). Global City: Internationale Verflechtungen und ihre innerstädtischen Effekte. In: HÄUSSERMANN, HARTMUT, SIEBEL, WALTER (Hrsg.). *New York. Strukturen einer Metropole.* Frankfurt am Main, 71–90.

SASSEN, SASKIA (2001). *The Global City: New York, London, Tokyo,* Princeton.

SCHINDLER, SETH (2017). Towards a Paradigm of Southern Urbanism. *City: Analysis of Urban Trends, Culture, Theory, Policy, Action* 21, 47–64.

SCHLÖR, JOACHIM (2005). *Das Ich der Stadt. Debatten über Judentum und Urbanität 1822–1938.* Göttingen (= Jüdische Religion, Geschichte und Kultur, Band 1).

SCHLÖR, JOACHIM (1991). *Nachts in der großen Stadt: Paris, Berlin, London 1840–1930.* München.

SCHMID, CHRISTIAN (2005). *Stadt, Raum und Gesellschaft: Henri Lefebvre und die Theorie der Produktion des Raumes.* Stuttgart.

SCHMID, CHRISTIAN (2006). Netzwerke – Grenzen – Differenzen: Auf dem Weg zu einer Theorie des Urbanen. In: DIENER, ROGER, HERZOG, JACQUES, MEILI, MARCEL, DE MEURON, PIERRE, SCHMID, CHRISTIAN (Hrsg.). *Die Schweiz – ein städtebauliches Portrait.* Basel, 164–174.

SCHMID, CHRISTIAN (2018). Journeys through Planetary Urbanization: Decentering Perspectives on the Urban, *Environment and Planning D: Society and Space*, 36 (3), 591–610.

SCHÖNHÄRL, KORINNA (2013). „Urbanität" in Zeiten der Krise: Der Basler Arbeitsrappen. In: WILHELM, KARIN, GUST, KERSTIN (Hrsg.). *Neue Städte für einen neuen Staat. Die städtebauliche Erfindung des modernen Israel und der Wiederaufbau in der BRD. Eine Annäherung.* Bielefeld, 46–63.

SCHUBERT, HERBERT (2000). *Städtischer Raum und Verhalten. Zu einer integrierten Theorie des öffentlichen Raumes.* Opladen.

SCOTT, ALLEN J., SOJA, EDWARD W. (Hrsg.). (2005). *The City: Los Angeles and Urban Theory at the End of the Twentieth Century.* Berkeley.

SCOTT, ALLEN J., STORPER, MICHAEL, M. (2014). The Nature of Cities: The Scope and Limits of Urban Theory. *International Journal of Urban and Regional Research*, 39 (1), 1–15.

SENNETT, RICHARD (1994). *Civitas: Die Großstadt und die Kultur des Unterschieds.* Frankfurt am Main.

SENNETT, RICHARD (1997). *Fleisch und Stein. Der Körper und die Stadt in der westlichen Zivilisation.* Frankfurt am Main.

SENNETT, RICHARD (2018). *Die offene Stadt. Eine Ethik des Bauens und Bewohnens.* Frankfurt am Main.

SIEBEL, WALTER (1999a). Ist Urbanität eine Utopie? *Geographische Zeitschrift* 87, 116–124.

SIEBEL, WALTER (1999b). Anmerkungen zur Zukunft europäischer Urbanität. *Vorgänge 145. Zeitschrift für Bürgerrechte und Gesellschaftspolitik* 38, 119–124.

SIEBEL, WALTER (2010). Bedingungen der Reurbanisierung. *disP – The Planning Review 46* (180), 106–114.

SIEVERTS, THOMAS (1997). *Zwischenstadt. Zwischen Ort und Welt, Raum und Zeit, Stadt und Land.* Basel.

SIMMEL, GEORG (1903). Die Großstädte und das Geistesleben. In: PETERMANN, THEODOR (Hrsg.). *Die Großstadt. Vorträge und Aufsätze zur Städteausstellung.* Dresden, 185–206 (= Jahrbuch der Gehe-Stiftung Dresden, Band 9).

SIMONE, ABDOUMALIQ (2016). Urbanity and Generic Blackness. *Theory, Culture and Society* 33 (7–8), 183–203.

SOJA, EDWARD W. (2006). *Postmetropolis: Critical Studies of Cities and Regions.* Oxford.

SONNE, WOLFGANG (2014). *Urbanität und Dichte im Städtebau des 20. Jahrhunderts.* Berlin.

SORRE, MAXIMILIEN (1948). La notion de genre de vie et sa valeur actuelle. *Annales de Géographie* 307, 193–204.

STOCK, M. (2007). European Cities: Towards a Recreational Turn? *Hagar. Studies in Culture, Polity and Identities,* 7 (1), 115–134

STOCK, MATHIS (2016). Habiter touristiquement les métropoles: une culture urbaine. In: LUSSAULT, MICHEL, MONGIN, OLIVIER (Hrsg.). *Culture et créations dans les métropoles-monde.* Paris, 139–149.

STOCK, MATHIS (2019). Inhabiting the City as Tourist. Issues for Urban and Tourism Theory. In: FRISCH, THOMAS, SOMMER, CHRISTOPH, STOLTENBERG, LUISE, STORS, NATHALIE (Hrsg.). *Tourism and Everyday Life in the City.* London, 42–66.

STOCK, MATHIS, LÉOPOLD, LUCAS (2012). La double révolution urbaine du tourisme. *Espaces & Sociétés* 151, 15–30.

TARRIUS, ALAIN (1992). *Les fourmis d'Europe. Migrants riches, migrants pauvres et nouvelles villes internationales.* Paris.

TAYLOR, PETER (2004). *World City Network. A Global Urban Analysis.* London.

TAYLOR, PETER & LANG, ROBERT (2004). The Shock of the New: 100 Concepts Describing Recent Urban Change. *Environment and Planning A* 36, 951–958.

THRIFT, NIGEL (2005). But Malice Aforethought: Cities and the Natural History of Hatred. *Transactions of the Institute of British Geographers, New Series* 30, 133–150.

TITTLE, CHARLES R., GRASMICK, HAROLD G. (2001). Urbanity: Influences of Urbanness, Structure, and Culture. *Social Science Research* 30, 313–335.

TOPALOV, CHRISTIAN (Hrsg.). (2002). *Les divisions de la ville*. Paris

TOPALOV, CHRISTIAN, COUDROY DE LILLE, LAURENT, DEPAULE, JEAN-CHARLES, MARIN, BRIGITTE (Hrsg.). (2010). *L'Aventure des mots de la ville*. Paris.

TRAINER, ADAM (2016). Perth Punk and the Construction of Urbanity in a Suburban City. *Popular Music* 35, 100–117.

TUCH, STEVEN A. (1987). Urbanism, Region, and Tolerance Revisited: The Case of Racial Prejudice. *American Sociological Review* 52, 504–510.

WEBBER, MELVIN M. (1964). The Urban Place and the Non-Place Urban Realm. In: WEBBER, MELVIN M., DYCKMAN, JOHN W., FOLEY, DONALD, GUTTENBERG, ALBERT Z., WHEATON, WILLIAM L. C., BAUER WURSTER, CATHERINE (Hrsg.). *Explorations Into Urban Structure*. Philadelphia, 79–153.

WERLEN, BENNO (2002). Urbanität und Lebensstile. Die geographische Stadtforschung und der „cultural turn". In: MEURER, MANFRED, MAYR, ALOIS, VOGT, JOACHIM (Hrsg.). *Stadt und Region: Dynamik von Lebenswelten. Tagungsbericht und wissenschaftliche Abhandlungen 53. Dt. Geographentag Leipzig 2002*. Stuttgart, 210–217.

WIEWIORKA, MICHEL (Hrsg.). (2011). *La ville*. Auxerre.

WILSON, THOMAS C. (1991). Urbanism, Migration, and Tolerance: A Reassessment. *American Sociological Review* 56, 117–123.

WIRTH, LOUIS (1938). Urbanism as a Way of Life. *American Journal of Sociology* 44, 1–24.

WOOD, GERALD (2003). Die postmoderne Stadt: Neue Formen der Urbanität im Übergang vom zweiten ins dritte Jahrtausend. In: GEBHARDT, HANS, REUBER, PAUL, WOLKERSDORFER, GÜNTER (Hrsg.). *Kulturgeographie. Aktuelle Ansätze und Entwicklungen*. Heidelberg, 131–147.

WÜST, THOMAS (2004). *Urbanität. Ein Mythos und sein Potential*. Wiesbaden.

REGISTER

Annegret Harendt

Gesellschaft. Raum. Narration.

Geographische Weltbilder im Medienalltag

Mit einem Vorwort von Doris Wastl-Walter

SOZIALGEOGRAPHISCHE BIBLIOTHEK – BAND 20
368 Seiten mit 4 s/w-Abbildungen und 15 Tabellen
978-3-515-11875-0 KARTONIERT
978-3-515-11889- E-BOOK

Die Literatur von Weltendeutern wie Klaus Bednarz, Dieter Kronzucker, Jürgen Todenhöfer oder Peter Scholl-Latour hat in den letzten Jahrzehnten die deutschsprachige Sachbuch-Bestsellerliste in bemerkenswertem Maße geprägt. In ihr spielen geographische Weltbilder – die weitgehend mit jenen der wissenschaftlichen Geographie des späten 19. Jahrhunderts übereinstimmen – eine entscheidende Rolle. Der belletristische Erfolg dieser Weltdeutungen lässt auf eine breit geteilte Weltsicht schließen. Einer kritischen Analyse dieser Geographien, die auch in politischen Debatten eine Rolle spielen, kommt daher eine zentrale gesellschaftspolitische Bedeutung zu. Sie kann die Punkte benennen, an denen die geographische Forschung und Bildung ansetzen sollte, um für künftige Generationen ein geographisches Weltverständnis verfügbar zu machen, das mit jenen räumlichen Bedingungen des Handelns kompatibel ist, mit denen wir alltäglich konfrontiert sind. Annegret Harendt thematisiert in diesem Kontext den Nexus von Gesellschaft, Raum und Narration. Die Verbindung von Geographie und Literatur bzw. Raum und Narration leistet einen innovativen Beitrag zum jungen Forschungsfeld geographischer Narrationen.

AUS DEM INHALT
Gesellschaftliche Raumverhältnisse im Wandel | Geographie-Machen. Kognition. Emotion. | Geographische Weltbilder | Perspektiven einer Sozialgeographie der Medien – zur Medienmacht des Weltenkenners Peter Scholl-Latour | Raum und Narration – zum Verhältnis von Geographie und Literatur | Forschungsmethodik | Geographische Narrationen als Konstitutionsmedien traditionell-geographischer Weltbilddimensionen | Zusammenfassung und Diskussion | Fazit und Ausblick | Literaturverzeichnis

Franz Steiner
Verlag

Hier bestellen:
service@steiner-verlag.de

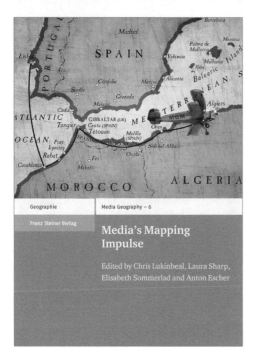

Chris Lukinbeal / Laura Sharp /
Elisabeth Sommerlad / Anton Escher (ed.)

Media's Mapping Impulse

MEDIA GEOGRAPHY AT MAINZ — VOL. 6
324 pages with 63 b/w illustrations and 9 tables
978-3-515-12424-9 SOFTCOVER
978-3-515-12425-6 E-BOOK

Cartography is one of the oldest forms of media. With cartography and media, meaning, ideology, and power are habitually arbitrated across and through space and time. Media has an underlying mapping impulse – a proclivity to comprehend itself and be rendered comprehensible through metaphors of topologies, networks, and flows that lead to the constant evacuation of spaces in order to produce places of communication. Both media and cartography are never static, but instead, are ongoing scopic and discursive regimes that continually make and remake how we understand and interact with our world. Developments in mobile computing have not only increased the pace, flow, and interaction of media across space, but also the ubiquity, and thus the taken-for-grantedness, of mapping. Owing to the practices of the neogeographers of the Geoweb, media requires geographical situatedness in which and for which media can take place. *Media's Mapping Impulse* is an interdisciplinary collection that explores the relationship between cartography, geospatial technologies, and locative media on the one hand, and new and traditional media forms such as social media, mobile apps, and film on the other.

CONTRIBUTORS

Chris Lukinbeal & Laura Sharp, Denis Wood, Marcus A. Doel, Giorgio Avezzù, Paul C. Adams, David B. Clarke, Sam Hind & Alex Gekker, Eva Kingsepp, Gertrud Schaab & Christian Stern, Víctor Aertsen & Agustín Gámir & Carlos Manuel & Liliana Melgar, Tobias Boos, Gregor Arnold, Mengqian Yang & Sébastien Caquard, Matthew Zook & Ate Poorthuis

Franz Steiner
Verlag

Please order here:
service@steiner-verlag.de

Anton Escher / Sandra Petermann (Hg.)

Raum und Ort

BASISTEXTE GEOGRAPHIE – BAND 1
214 Seiten
978-3-515-09121-3 KARTONIERT

Seit Beginn der wissenschaftlichen Geographie gelten „Raum und Ort" als die zentralen Schlüsselbegriffe und Basiskategorien geographischer Forschung. Ende des 20. Jahrhunderts vollzieht sich in nahezu allen Geistes-, Sozial- und Gesellschaftswissenschaften eine Hinwendung (*spatial turn*) zur Thematisierung von „Raum und Ort". Inzwischen liegen nicht nur in der Geographie, sondern auch außerhalb der Fachdisziplin zahlreiche Publikationen mit einer Fülle von unterschiedlichen Definitionen und vielfältigen Konzepten dazu vor.

Der in der Reihe *Basistexte Geographie* erscheinende Band umfasst eine Auswahl der für die Entwicklung der Geographie wegweisenden und Impulse gebenden Texte, welche die Vielfalt der unterschiedlichen Raumverständnisse und Vorstellungen für Orte widerspiegelt. Ein besonderes Augenmerk wird hierbei auf aktuelle sozialgeographische Ansätze und die kulturalistische Geographie gelegt, die davon ausgehen, dass Räume soziale Konstrukte sind.

MIT BEITRÄGEN VON

Gerhard Hard & Dietrich Bartels, Benno Werlen, Peter Weichhart, Andreas Pott, Pierre Bourdieu, Michel Foucault, Yi-Fu Tuan, David Harvey, Doreen Massey

Hier bestellen:
service@steiner-verlag.de